Henseler/Kern/Pfeiffer

Prüfbescheinigungen nach DIN EN 10204

Peter Henseler
Andreas Kern
Esther Pfeiffer

Prüfbescheinigungen nach DIN EN 10204

Praxisleitfaden für Herstellung, Weiterverarbeitung und Vertrieb von Stahlprodukten

Die Autoren:
Rechtsanwalt Peter Henseler, Burscheid
Prof. Dr.-Ing. habil. Andreas Kern, thyssenkrupp Steel Europe AG, Duisburg
Dipl.-Kffr. Esther Pfeiffer, thyssenkrupp Steel Europe AG, Duisburg

Bibliografische Information der Deutschen Nationalbibliothek:
Die Deutsche Nationalbibliothek verzeichnet diese Publikation in der Deutschen Nationalbibliografie; detaillierte bibliografische Daten sind im Internet über http://dnb.d-nb.de abrufbar.

Lektorat: Julia Stepp
Herstellung: Björn Gallinge
Coverkonzept: Marc Müller-Bremer, www.rebranding.de, München
Titelmotiv: © thyssenkrupp Steel Europe AG
Coverrealisation: Max Kostopoulos
Satz: Kösel Media GmbH, Krugzell
Druck und Bindung: Friedrich Pustet GmbH & Co. KG, Regensburg
Printed in Germany

Print-ISBN: 978-3-446-46119-2
E-Book-ISBN: 978-3-446-46120-8

Inhalt

TEIL A
Grundlagen

1 Kennzeichnung technischer Normen

1.1 Überblick

Technische Normen sind bewährte Lösungen für häufig wiederkehrende Aufgaben und dienen der Vereinheitlichung. Auch die Rechtsprechung betont die hohe Bedeutung technischer Normen *„in Bezug auf Rationalisierung, Qualitätssicherung, Verständigung der am Wirtschaftsleben beteiligten Kreise, aber auch für die Sicherheit der Produkte der industriellen Massenfabrikation"* (BGH-Urteil vom 10.3.1987).

Technische Normen lassen sich nach verschiedenen Kriterien ordnen, so z. B. nach betrieblichen und überbetrieblichen Normen:

- Betriebliche Normen sind nach DIN 820 Teil 3 Nr. 3.3.20 *„das Ergebnis der Normungsarbeit eines Unternehmens (Betriebes, Werkes), einer Behörde oder einer Körperschaft (Verbands, Vereins) für eigene Bedürfnisse"*. Sie werden auch „Werksnormen" genannt. Viele Stahlverbraucher verwenden solche Werksnormen, z. B. die Bahn AG („BN"), Bosch („Bosch-Norm") sowie praktisch alle Kfz-Hersteller.
- Unter überbetrieblichen Normen versteht man die in Gemeinschaftsarbeit der interessierten Kreise (Industrie, Handel, Verbraucher, Überwachungsgesellschaften) auf nationaler, regionaler und internationaler Ebene erstellten technischen Regeln.

Überbetriebliche Normen existieren in großer Zahl. Alleine an DIN-Normen gibt es ca. 250.000 Normen zu Maß-, Form- und Gewichtsabweichungen legen u. a. Zusammensetzung, Eigenschaftsprüfung und zulässige Abweichungen der Abmessungen (Toleranzen) der Erzeugnisse fest.

Je nach ihrem Zweck unterteilt man Normen noch in

- Gebrauchstauglichkeitsnormen,
- Maßnormen,
- Prüfnormen,

- Qualitätsnormen und
- Sicherheitsnormen,

wobei einzelne Normen mehrere solcher Zwecke erfüllen können.

Die Stahlherstellung weist eine lange „Normentradition“ und dadurch bedingt einige Besonderheiten auf. Stahlwerkstoffe und -erzeugnisse werden seit mehr als 130 Jahren genormt. Stahlnormen mit ihren Festlegungen schaffen eine wichtige Voraussetzung für die Verfügbarkeit und Austauschbarkeit der Erzeugnisse und erleichtern den freien Warenverkehr. Die DIN EN 10020 teilt die verschiedenen Stahlsorten in Klassen auf. Daraus ergeben sich für die industrielle Praxis

- über 550 unlegierte und legierte Qualitätsstähle,
- über 450 nichtrostende Stähle; hitzebeständige und hochwarmfeste Werkstoffe (RSH-Stähle),
- über 150 unlegierte Edelstähle,
- über 1000 andere legierte Edelstähle.

Verantwortlich für die Normung in der Bundesrepublik ist das Deutsche Institut für Normung e. V. (DIN) in Berlin, auf europäischer Ebene das CEN in Brüssel und auf internationaler Ebene das ISO mit Sitz in Genf. Die Normen werden in den Fachnormenausschüssen erarbeitet, gegebenenfalls als Entwurf mit Einspruchsmöglichkeit und -frist, als Vornorm zur versuchsweisen Benutzung oder als endgültige Fassung veröffentlicht. Sie unterliegen ständiger Überprüfung und Überarbeitung nach dem jeweils neusten Stand der Technik. Zuständig für Stahlnormen in Deutschland ist der Fachnormenausschuss Eisen und Stahl (FES) im DIN.

Neben den Stahlnormen sind für Stahlerzeugnisse die vom Stahlinstitut VDEh Düsseldorf herausgegebenen Stahl-Eisen-Blätter zu beachten. Sie enthalten normenähnliche Festlegungen zu bestimmten Stahlsorten und -güten sowie zu Stahleigenschaften und -anwendungen. Stahl-Eisen-Blätter umfassen (Stahl-Eisen-)Prüfblätter (SEP), Werkstoffblätter (SEW), Lieferbedingungen (SEL) und Einsatzlisten (SEE) sowie Betriebsblätter (SEB), sämtlich technische Richtlinien, die im Rahmen der gemeinsamen Arbeiten in technisch-wissenschaftlichen Fachkreisen erstellt werden. Die Stahl-Eisen-Blätter sind, wie DIN und EN-Normen, unverbindliche Empfehlungen, die jedermann frei zur Anwendung stehen. Sie sind ein bedeutendes Mittel im Vorfeld der Normung zur Vereinheitlichung von Prüfverfahren und Eigenschaften der Stähle, in die Kenntnisse und Erfahrungen von Herstellern und Anwendern von Stahlerzeugnissen einfließen.

Diese Blätter

- beschreiben den Stand der Technik,
- vereinheitlichen Prüfbedingungen und Werkstoffeigenschaften,
- sammeln Erfahrungen,

- dienen der Konsensbildung unter Experten,
- beschleunigen die Umsetzung neuer Erkenntnisse in deren Anwendung und
- bereiten DIN- und EN-Normen vor.

Stahl-Eisen-Prüfblätter (SEP)

SEP enthalten Richtlinien und Angaben zur sachgerechten Durchführung von Prüfungen zur Ermittlung bestimmter Werkstoffkennwerte an Stählen z.B. zur Durchführung von Simulationsrechnungen sowie Absicherung und Auslegung von Bauteilen (Leichtbau, Ressourcenschonung). Aufgabe der Prüfblätter ist es, Prüfbedingungen im Vorfeld der Normung so zu vereinheitlichen, dass die Prüfergebnisse vergleichbar sind. SEP fließen häufig in Kundenspezifikationen ein und tragen erheblich dazu bei, den Prüfaufwand für die Stahlhersteller und -anwender zu reduzieren.

Stahl-Eisen-Werkstoffblätter (SEW) und -Lieferbedingungen (SEL)

SEW und SEL dienen der Vereinheitlichung von Gebrauchseigenschaften der Stähle und deren Anwendung im Vorfeld der Normung. Berücksichtigt werden Kenntnisse und Erfahrungen sowohl der Stahlhersteller als auch der Stahlverwender. SEW und SEL beschreiben die Eigenschaftsprofile von noch nicht genormten Stählen, die aber von ähnlicher Bedeutung für Stahlhersteller und deren Kunden sind wie genormte Stähle. Ihre Erfassung und Beschreibung in SEW und SEL sollen ihren zielgerichteten Einsatz ermöglichen und gleichzeitig Erfahrungen bei ihrer Herstellung, Lieferung und Anwendung sowie ihren Erzeugnisformen sammeln, die später in die industrielle Normung einfließen.

Stahl-Eisen-Einsatzblätter (SEE)

SEE dienen der zweckmäßigen Auswahl von Stählen für Werkzeuge, die in bestimmten Formgebungsverfahren zum Einsatz kommen.

Stahl-Eisen-Betriebsblätter (SEB)

In SEB werden spezielle Anforderungen der Stahlindustrie definiert, um Planung, Herstellung, Montage und Instandhaltung von Hüttenwerksanlagen zu vereinheitlichen und somit sicher und wirtschaftlich durchführen zu können. Bei Auslegung nach SEB wird auch die Austauschbarkeit hinsichtlich der Anschlussmaße gewährleistet. Neben Maßen, Werkstoffen und Berechnungsverfahren enthalten sie außerdem Festlegungen für die Bestellung, Lieferung und Qualitätssicherung.

1.2 Normen als technische Regeln

Art. 1 Nr. 4 der EG-Richtlinie 98/34 definiert die Norm als eine *„technische Spezifikation, die von einem anerkannten Normengremium [...] angenommen wurde, deren Einhaltung jedoch nicht zwingend vorgeschrieben ist."* Technische Spezifikationen oder Regeln sind ganz allgemein *„Anleitungen für handwerkliche oder industrielle Verfahrensweisen zur Herstellung oder Verwendung technischer Anlagen, Geräte, Maschinen, Bauwerke oder dergleichen"* (Marburger 1983). Ihr Kennzeichen ist ihre rechtliche Unverbindlichkeit, sie ist eine bereitliegende Regel, die von jedem angenommen werden kann.

Auch die höchstrichterliche Rechtsprechung sieht in DIN-Normen keine Rechtsnormen, sondern private technische Regelungen mit Empfehlungscharakter (BGH-Urteil vom 25.9.1968): *„Die ‚DIN'-Normen sind Empfehlungen [des deutschen Normenausschusses], deren freiwillige Anwendung erwartet wird."*). Demgegenüber sind technische Vorschriften dadurch gekennzeichnet, dass ihre Beachtung verbindlich ist, weil sie von einer mit Gesetzgebungskraft versehenen Stelle erlassen sind, so z. B. die Unfallverhütungsvorschriften (UVV) der gesetzlichen Berufsgenossenschaften; sie sind echte Rechtsnormen (§ 15 Abs. 1 SGB VII). Nach Art. 9 der Richtlinie 98/34 sind technische Vorschriften – verkürzt – technische Spezifikationen sowie sonstige Vorschriften, deren Beachtung de jure oder de facto für das Inverkehrbringen oder die Verwendung eines Erzeugnisses verbindlich ist.

1.3 Normen als allgemein anerkannte Regeln der Technik

Nach der heute noch gültigen Definition des Reichsgerichts (Urteil vom 11.10.1910) handelt es sich bei den allgemein anerkannten Regeln der Technik um *„Technische Regeln, die in Theorie und Praxis allgemein als richtig anerkannt und deshalb auch allgemein angewendet werden."*

In Abschnitt 1.5 der EN 45020 wird die anerkannte Regel der Technik als *„technische Festlegung"* definiert, *„die von einer Mehrheit repräsentativer Fachleute als Wiedergabe des Standes der Technik angesehen wird."* In der Anmerkung hierzu heißt es: *„Ein normatives Dokument zu einem technischen Gegenstand wird zum Zeitpunkt seiner Annahme als der Ausdruck einer anerkannten Regel der Technik anzusehen sein, wenn es in Zusammenarbeit der betroffenen Interessen durch Umfrage- und Konsensverfahren erzielt wurde."*

Demgegenüber beschreibt der Stand der Technik einen *„zu einem bestimmten Zeitpunkt erreichten Stand technischer Einrichtungen, Erzeugnisse, Methoden und Verfahren, die sich nach Meinung der Mehrheit von Fachleuten in der Praxis bewährt haben oder deren Eignung für die Praxis von der Mehrheit der Fachleute als nachgewiesen angehen wird“* (Bahke 2006).

Die Einhaltung des Standes der Technik wird z. B. in den folgenden gesetzlichen Vorschriften verlangt:

- Bundesimmissionsschutzgesetz/BImSchG § 5 und § 22
- Wasserhaushaltsgesetz/WHG § 3
- Betriebssicherheitsverordnung/BetrSichV § 4
- Rohrfernleitungsverordnung/RohrFLtgV § 3
- Gashochdruckleitungsverordnung/GasHDrLtgV § 2

DIN-Normen sind nicht – jedenfalls nicht ohne Weiteres – anerkannte Regeln der Technik. Sie können vielmehr die anerkannten Regeln der Technik wiedergeben oder hinter diesen zurückbleiben, so wie in dem Fall der „Luftschallschutz“-Entscheidung des BGH vom 14.5.1998: Dort ging es darum, ob in den von der Beklagten 1991 errichteten Eigentumswohnungen bei den Wohnungstrennwänden und Wohnungstrenndecken der Mindestschallschutz bei der Luftschalldämmung eingehalten worden war. Die Frage war, ob als Beurteilungsmaßstab die DIN 4109 in ihrer Fassung 1984 oder in ihrer (strengeren) Fassung 1989 zugrunde zu legen war, die erhöhte Anforderungen an den Schallschutz stellte als die Vorgängernorm. Hierzu der BGH:

„Der Besteller kann redlicherweise erwarten, dass das Werk zum Zeitpunkt der Fertigstellung und Abnahme diejenigen Qualitäts- und Komfortstandards erfüllt, die auch vergleichbare andere zeitgleich fertiggestellte und abgenommene Bauwerke erfüllen. Der Unternehmer sichert üblicherweise stillschweigend bei Vertragsschluss die Einhaltung dieses Standards zu. Es kommt deshalb im Allgemeinen auf den Stand der anerkannten Regeln der Technik zur Zeit der Abnahme an (...). ... Maßgebend ist nicht, welche DIN-Norm gilt, sondern ob die Bauausführung zur Zeit der Abnahme den anerkannten Regeln der Technik entspricht. DIN-Normen können die anerkannten Regeln der Technik wiedergeben oder hinter diesen zurückbleiben. Für den hier zu beurteilenden Bereich des Luftschallschutzes ist naheliegend, dass die bewerteten Schalldämm-Maße des Entwurfs von 1984 für Wohnungstrennwände und Wohnungstrenndecken, der den Werten der DIN 4109 Ausgabe 1962 entsprach, nicht mehr den anerkannten Regeln der Technik genügten ...“

Wäre also die DIN 4109/84 vereinbart gewesen, wäre das Werk fehlerfrei gewesen. Ohne eine solche Vereinbarung richtete sich die Frage der Fehlerfreiheit nach den anerkannten Regeln der Technik, die sich hier in der DIN 4109/89 widerspiegelten.

Später entschied der BGH in einem ähnlichen Fall (Urteil vom 14.6.2007), dass die Schalldämm-Maße der DIN 4109 schon deshalb nicht für den geschuldeten Schallschutz von Trennwänden eines Doppelhauses herangezogen werden konnten, weil sie lediglich Mindestanforderungen zur Vermeidung unzumutbarer Belästigungen regelten. Bei gleichwertigen, nach den anerkannten Regeln der Technik möglichen Bauweisen dürfe der Besteller angesichts der hohen Bedeutung des Schallschutzes im modernen Haus- und Wohnungsbau erwarten, dass der Unternehmer jedenfalls dann diejenige Bauweise wählt, die den besseren Schallschutz erbringt, wenn sie ohne nennenswerten Mehraufwand möglich sei.

Nach Ansicht des OLG Düsseldorf (Urteil vom 4.5.2012) stellen DIN-Normen im privaten Baurecht ganz allgemein anerkannte Regeln der Technik dar. Das dürfte zu weit gehen; zu folgen ist vielmehr der Ansicht des BGH in den vorangehend genannten Schallschutz-Entscheidungen.

1.4 DIN-/EN-/ISO-Normen

DIN-Normen können nationale Normen, europäische Normen oder internationale Normen sein. Welchen Ursprung und Wirkungsbereich eine DIN-Norm hat, ist aus deren Bezeichnung zu ersehen. Jedes Normdokument verfügt über eine DIN-Nummer. Die DIN-Nummer setzt sich aus dem Kurzzeichen und der Zählnummer zusammen. Seit 2004 wird die DIN-Nummer im Nummernfeld oben mittig des Dokuments genannt, im Feld rechts daneben das „DIN“-Zeichen. Der Titel steht seit 2004 mittig auf der Titelseite der Norm. Bis 2004 war das Titelfeld oben mittig und das Nummernfeld oben rechts angeordnet. Wenn eine europäische oder internationale Norm nicht übernommen wird, steht als Kurzzeichen nur das Verbandszeichen des Deutschen Instituts für Normung e. V. (DIN). Auf das Verbandszeichen folgt eine höchstens sechsstellige Zahl. Diese Zählnummer hat keine klassifizierende Bedeutung.

An der Normnummer lässt sich erkennen, welchen Ursprung eine Norm hat.

- DIN (beispielsweise DIN 1623) ist eine DIN-Norm, die ausschließlich oder überwiegend nationale Bedeutung hat oder als Vorstufe zu einem übernationalen Dokument veröffentlicht wird
- DIN EN (beispielsweise DIN EN 10027) ist eine deutsche Übernahme einer europäischen Norm (EN). Europäische Normen müssen, wenn sie übernommen werden, unverändert von den Mitgliedern von CEN oder CENELEC übernommen werden.
- DIN EN ISO (beispielsweise DIN EN ISO 9000) ist eine deutsche Übernahme einer unter Federführung von ISO oder CEN entstandenen Norm, die dann von beiden Organisationen veröffentlicht wurde.

1.5 Harmonisierte Normen

Normung ist private Rechtsetzung. Normen können aber als sogenannte harmonisierte Normen gesetzesnahe Gestalt annehmen, indem sie Lücken in europäischen Rechtsakten füllen, die Kommission und Rat als europäische Gesetzgeber dort bewusst offen gelassen haben in der Absicht, die Regelung bestimmter technischer Details den von der jeweiligen Regelung (Richtlinie; Verordnung) betroffenen industriellen Kreisen zu überlassen. Dieses Modell einer „normkonkretisierenden Verweisung" birgt den Vorteil eines EU-einheitlichen Standards und ist zugleich ein wirksames Instrument gegen Marktabschottung und Protektionismus durch technische Normung der einzelnen EU-Mitgliedsstaaten.

Grundsätze für die Umsetzung der betreffenden Richtlinien hat die Europäische Kommission zuletzt in ihrem „Leitfaden für die Umsetzung der Produktvorschriften der EU" (sogenannter „Blue Guide") im Jahre 2016 veröffentlicht (Abl. EU C 272 vom 26.7.2016, S. 1). Vorschriften für die wechselseitige Anerkennung („Akkreditierung") von Normen und die Überwachung ihrer Einhaltung im Rahmen der einschlägigen europäischen Regeln enthält die Verordnung (EG) Nr. 765/2008. Eine europäische Norm gilt als „harmonisiert", wenn sie auf der Grundlage eines Auftrags der EU-Kommission zur Durchführung von Harmonisierungsrechtsvorschriften der Union angenommen, von den Europäischen Normungsgremien ausgearbeitet und im Amtsblatt der EU veröffentlicht wurde.

Die entsprechenden Normen werden also als Auftrag („Mandat", daher auch „mandatierte" Normen) der Kommission an das betreffende Normengremium (für Stahlerzeugnisse: das CEN) gegeben, das es in Abstimmung mit den nationalen Normengremien und Vertretern der Kommission erarbeitet. Ebenso gut können aber auch bereits vorhandene EN-Normen harmonisiert werden. Der Gefahr einer „Parallelgesetzgebung" durch Normung wird dadurch entgegengewirkt, dass die Einhaltung harmonisierter Normen freiwillig ist. Vergleiche z. B. Art. 2 Nr. 27 der Richtlinie 2005/32/EG vom 6.7.2005, wo die „harmonisierte Norm" als eine technische Spezifikation definiert wird, *„die jedoch nicht rechtsverbindlich ist."* Auch die Maschinenrichtlinie 2006/42 betont in Nr. 18 ihrer Erwägungsgründe, dass der *„nicht rechtsverbindliche Charakter [der harmonisierten Normen] gewahrt werden"* müsse.

Allerdings entfaltet die betreffende Norm eine Vermutung dahingehend, dass sie die entsprechenden grundlegenden Anforderungen der Richtlinie oder Verordnung erfüllt und vollständig umsetzt: Der Hersteller kann davon ausgehen, dass bei korrekter Anwendung dieser Normen die grundlegenden Anforderungen an Sicherheit und Gesundheit der entsprechenden EU-Richtlinie erfüllt sind. Diese Vermutung ist widerleglich: Es bleibt den Adressaten der Richtlinie/Verordnung unbenommen, in anderer Weise deren Anforderungen zu erfüllen.

Trotzdem geht von harmonisierten Normen ein großer faktischer Befolgungszwang aus; denn welcher Hersteller oder sonstiger Marktteilnehmer setzt sich schon der Mühe aus zu beweisen, dass sein Verfahren dem einer harmonisierten Norm entspricht?

Der Begriff „(europäisch) harmonisierte Norm" ist also eine von der Europäischen Kommission im Rahmen der Neuen Konzeption („New Approach" 1985; „New Legislative Framework/NLF" 2008) festgelegte Definition mit folgendem Inhalt:

- Für die Norm liegt ein Mandat bzw. Normungsauftrag der Europäischen Kommission an CEN, CENELEC oder ETSI (European Telecommunications Standards Institute) vor, und
- die Fundstelle der Norm wurde von der Europäischen Kommission im EU-Amtsblatt bekannt gegeben.

2 Rechtliche Aspekte der technischen Normen

2.1 Normen im Vertrag

Technische Normen sind keine Rechtsnormen, sie bedürfen daher zu ihrer Geltung der vertraglichen Vereinbarung. Das geschieht regelmäßig durch ihre ausdrückliche Nennung in der Bestellung/Auftragsbestätigung der Vertragspartner, z. B. *„S355JR nach DIN EN 10025-2:2005"*, aber auch dadurch, dass eine vereinbarte Norm auf eine weitere verweist, z. B. wenn in Abschnitt 8.1 der DIN EN 10305-5 auf die technischen Lieferbedingungen der DIN EN 10021 oder in Abschnitt 9.2.1 und Abschnitt 9.2.2.1 für den Inhalt von Prüfbescheinigungen auf die DIN EN 10168 und DIN EN 10204 verwiesen wird. Im Baurecht reicht der Bezug auf die VOB/C zur Einbeziehung der dort aufgelisteten einschlägigen Baunormen.

Andere Normen enthalten weitgehende Verpflichtungen des „Lieferers", so z. B. die DIN EN 10095. Dort heißt es in Abschnitt 7.1: *„Der Lieferer muss ein Qualitätssicherungssystem nach EN ISO 9002 unterhalten und attestieren."* Auch eine solche Verpflichtung wird im Zweifel Vertragsinhalt. Vergleiche auch die in Abschnitt 5.5 der DIN EN 10130 beschriebenen mechanischen Eigenschaften kaltgewalzter Erzeugnisse aus weichen Stählen zum Kaltumformen: Hiernach *„gelten"* die in Tabelle 2 der Norm beschriebenen mechanischen Eigenschaften nur für die dort angegebene Zeitdauer, also für Material der Sorten DC 03, 04, 05 und 06 für sechs Monate. Für Erzeugnisse der Sorte DC 01 ist die *„Gültigkeit der mechanischen Eigenschaften nicht … garantiert"*, für DC 03 bis DC 07 für sechs Monate ab dem Datum der Verfügbarkeit im Herstellerwerk. Solche Fristen verkürzen im Zweifel die gesetzlichen Gewährleistungsfristen des § 438 BGB, allerdings können solche Verkürzungen gegen § 309 Nr. 8 b) ff) BGB verstoßen, der die AGB-mäßige Verkürzung von kauf- und werkvertraglichen Fristen verbietet.

Ob auch ohne Nennung einer Norm in der Bestellung/Auftragsbestätigung oder sogar bei nur mündlichem Vertragsschluss die „zuständige" Norm Inhalt des Vertrages wird, bestimmt sich nach den Umständen des Einzelfalles, z. B. danach, ob die Vertragsparteien die betreffende Norm bereits in der Vergangenheit für das betreffende Erzeugnis vereinbart hatten; im Übrigen nach der Verkehrssitte, also danach, ob in den einschlägigen Kreisen die Erwähnung einer bestimmten Stahlsorte („Baustahl") automatisch die Geltung der zuständigen Norm bedeutet. Diese Frage lässt sich nicht allgemein beantworten, sondern muss im Streitfall durch eine Umfrage bei den beteiligten Kreisen (z. B. durch die zuständige IHK) geklärt werden. Unabhängig davon dürfte aber dort, wo die vereinbarte Stahlsorte („Baustahl") einer Norm entspricht, der Wille der Vertragsparteien die zuständige Norm (DIN EN 10025-1) umfassen. Ein entsprechender Handelsbrauch nach § 346 HGB wurde – soweit erkennbar – bislang nicht festgestellt.

Ist eine Norm für die Lieferung eines bestimmten Erzeugnisses vereinbart und geht es um die Frage, ob das Erzeugnis einen Sachmangel im Sinne von § 434 BGB hat, beantwortet sich diese Frage in erster Linie aus der vereinbarten Norm.

Viele Stahlnormen legen Eigenschaften der in ihnen genormten Erzeugnisse fest; siehe z. B. Abschnitt 7.4.1 der DIN EN 10021: *„Alle Erzeugnisse müssen eine dem angewendeten Formgebungsverfahren entsprechende Oberfläche aufweisen. Kleinere äußere oder innere Ungänzen, wie sie unter normalen Herstellungsbedingungen auftreten können, sind kein Grund zur Zurückweisung."* Ist die betreffende Norm vereinbart, gilt das auch für die in ihr festgelegten Eigenschaften. Ist die *„zuständige"* Norm nicht vereinbart und besteht Streit über die Beschaffenheit einer verkauften Sache, kann die Norm dennoch über die Frage der „üblichen" bzw. „zu erwartenden" Beschaffenheit im Sinne von § 434 Abs. 1 BGB Nr. 2 BGB entscheiden.

2.2 Normen als zivilrechtlicher Sorgfaltsmaßstab

Nach § 276 Abs. 2 BGB handelt fahrlässig, *„wer die im Verkehr erforderliche Sorgfalt außer Acht lässt."* Der Sorgfaltsmaßstab ergibt sich aus Rechtsnormen wie der Straßenverkehrsordnung (StVO), aber auch aus technischen Normen wie in dem Fall des BGH (Urteil vom 3.11.2004). Dort ging es um Rostschäden an verzinkten Stahlrohrleitungen einer Fernwärmeversorgung, deren Ursache in dem Einbau von kupferverlöteten Wärmetauschern lag. Der BGH bestätigte den Pflichtenverstoß der beklagten Stadtwerke, weil sie die Regeln der DIN 50930 Teil 3 nicht beachtet hatten. Nach Ziff. 6.4.2 (Kupfer-Zink-Mischinstallation) dieser Norm *„müssen nach DIN 1988 Teil 7 die Installationskomponenten so angeordnet sein, dass Bauteile aus Kupfer und Kupferlegierungen nicht in der Fließrichtung des Wassers vor Bauteilen aus feuerverzinkten Eisenwerkstoffen eingebaut sind."* Durch den Einbau der Wärmetauschergeräte war eine solche Kupfer-Zink-Mischinstallation in Fließrichtung des Wassers entstanden, und durch die Ausschwemmung von Kupferionen wurde der in der DIN 50930 Teil 3 genannte Schwellenwert um das Dreifache überschritten. Die Abgabe von Kupferionen aus den Wärmetauschern in das Leitungsrohrsystem hatte also die aufgetretenen Schäden verursacht. Der BGH sah in der Nichtbeachtung dieser DIN-Normen einen Sorgfaltsverstoß, den sich die Stadtwerke als Auftraggeber für den Austausch der Wärmetauscher zurechnen lassen müssten. Wörtlich heißt es in dem Urteil: *„Das Berufungsgericht ist zutreffend davon ausgegangen, dass die Gefahr von Lochkorrosion an den Leitungen ... spätestens im Zeitpunkt des Einbaus der Wärmetauschergeräte erkennbar war. Nach den Feststellungen des Berufungsgerichts ... war spätestens bei der Montage der Wärmetauscher zu ersehen, dass Bauteile mit Kupfer verlötet waren. Aufgrund dessen mussten die ausführenden Installateure erkennen, dass durch den Einbau der Wärmetauschergeräte in Verbindung mit den verzinkten Rohrleitungen ... eine Kupfer-Zink-Mischinstallation entstand. Des Weiteren haben Fachplaner und ausführende Betriebe die Vorgaben der DIN 1988 Teil 7 und der DIN 50930 Teil 3 über die Installationsanordnung und die Korrosionswahrscheinlichkeit zu beachten; .... Somit mussten die ausführenden Monteure unter Berücksichtigung der DIN 50930 Teil 3 erkennen, dass der Einbau von kupferhaltigen Geräten in Fließrichtung des Wassers vor feuerverzinkten Werkstoffen die Gefahr von Lochkorrosion begründe.“*

■ 2.3 Normen als Konkretisierung der Verkehrssicherungspflichten

Verkehrssicherungspflichten bestimmen Art und Umfang von Pflichten zur Gefahrabwendung, die jemandem gegenüber der Allgemeinheit obliegen. Sie entspringen dem allgemeinen Rechtssatz, wonach derjenige, der eine Gefahrenlage schafft, verpflichtet ist, die notwendigen und zumutbaren Vorkehrungen zu treffen, um eine Schädigung anderer möglichst zu verhindern. Zur Ausfüllung solcher Pflichten können DIN-Normen dienen, die jedoch im Allgemeinen keine abschließenden Verhaltensanforderungen gegenüber den Schutzgütern enthalten. In den Worten des BGH (Urteil vom 29.11.1983): *„Die Regeln der Technik, wie sie in Normen ihren Niederschlag finden, können zur Konkretisierung der Verkehrssicherungspflichten herangezogen werden und stellen oft, zumal sie von Experten-Kommissionen erarbeitet sind, einen brauchbaren Maßstab für die zu fordernde Sorgfalt dar.“* Andererseits gilt der Grundsatz, dass nicht jeder abstrakten Gefahr durch vorbeugende Maßnahmen begegnet werden kann. Ein allgemeines Verbot, andere zu gefährden, wäre unrealistisch.

Ein anschauliches Beispiel derart überzogener Erwartungen der Allgemeinheit an die Sicherheit bestimmter Anlagen (hier: einer Wasserrutsche in einem Schwimmbad) bietet der „Wasserrutschenfall“ des BGH (Urteil vom 3.2.2004).

Dort war ein neunjähriger Benutzer einer mit sensorgesteuerter Ampelanlage und Warnhinweisen ausgestatteten sowie videoüberwachten „Röhrenrutsche“ in einem öffentlichen Schwimmbad mit der vor ihm rutschenden, offenbar bei „Rot“ eingestiegenen Person zusammengestoßen und hatte dabei zwei Schneidezähne eingebüßt. Seine Klage auf ein angemessenes Schmerzensgeld wies der BGH jedoch endgültig ab. Die Anlage hatte der DIN 1069-2 entsprochen. DIN-Normen, so der BGH, *„sind ... zur Bestimmung des nach der Verkehrsauffassung zur Sicherheit Gebotenen in besonderer Weise geeignet.“* Damit sei allerdings die Frage noch nicht geklärt, ob der beklagte Betreiber des Schwimmbades alle erforderlichen Maßnahmen zum Schutz der Badegäste getroffen hatte. Bestimmungen wie Unfallverhütungsvorschriften der Berufsgenossenschaften oder DIN-Normen enthielten im Allgemeinen keine abschließenden Verhaltensanforderungen gegenüber den Schutzgütern. Im konkreten Fall gebiete die Verkehrssicherungspflicht, *„im Rahmen des Möglichen und Zumutbaren Vorkehrungen dagegen zu treffen, dass ein Badegast bei Rotlicht in die Rutsche einsteigt und auf diese Weise sich und andere gefährdet.“*

Eine geeignete Maßnahme, mit der sich Unfälle im Bereich der Rutsche weitgehend verhindern ließen, könnte eine lückenlose Beaufsichtigung der Badegäste am Rutscheneinstieg durch einen dort präsenten Bademeister sein. Die Gewährleistung einer solchen lückenlosen Aufsicht in Schwimmbädern sei aber, so der BGH, weder üblich noch erforderlich. Wörtlich: *„In Schwimmbädern drohen an vielen Stellen Gefahren. Ihnen durch eine allgegenwärtige Aufsicht zu begegnen, ist weder geboten noch möglich. Die im Verkehr erforderliche Sorgfalt ... umfasst nicht jede denkmögliche Sicherheitsmaßnahme. Ihr ist vielmehr genügt, wenn im Ergebnis derjenige Sicherheitsgrad erreicht ist, den die in dem entsprechenden Bereich herrschende Verkehrsauffassung für erforderlich.“*

■ 2.4 Normen im Strafrecht

Technische Standards können auch im Strafrecht von Bedeutung sein. So kann die Befolgung oder Nichtbefolgung technischer Regelwerke eine Rolle für die Frage spielen, ob jemandem eine fahrlässige Sorgfaltspflichtverletzung vorgeworfen werden kann. Prominentes Beispiel für einen Straftatbestand, der auf einen technischen Standard Bezug nimmt, ist § 319 StGB (Baugefährdung). Danach wird mit Freiheitsstrafe bis zu fünf Jahren oder mit Geldstrafe bestraft, wer bei der Planung, Leitung oder Ausführung eines Baus gegen die allgemein anerkannten Regeln der Technik verstößt und dadurch Leib oder Leben eines anderen Menschen gefährdet. Nach Abs. 2 wird bestraft, wer in Ausübung eines Berufs oder Gewerbes bei der

Planung, Leitung oder Ausführung eines Vorhabens, technische Einrichtungen in einem Bauwerk einzubauen oder eingebaute Einrichtungen dieser Art zu ändern, gegen die allgemein anerkannten Regeln der Technik verstößt und dadurch Leib oder Leben eines anderen Menschen gefährdet. Der Vorwurf lautet hier also, dass der Täter bei der Planungs-, Leitungs- oder Ausführungstätigkeit gegen die einschlägigen, allgemein anerkannten Regeln der Technik verstößt. Die Aufnahme in technische Regelwerke wie DIN-/EN-Normen ist regelmäßig ein erhebliches Indiz für die allgemeine Anerkennung. Zudem ist der Verstoß gegen technische Regelwerke häufig ein Anhaltspunkt für eine fahrlässig begangene Sorgfaltspflichtverletzung. Verletzt sich z. B. ein Kind beim Spiel an einem normwidrig hergestellten Klettergerüst, kann dessen Hersteller wegen fahrlässiger Körperverletzung bestraft werden, wie der Fall des AG Ahaus (Urteil vom 9.7.2013) anschaulich belegt: Dort hatte sich ein Mädchen in einem Kindergarten mit sogenannten Aufstiegshilfen an einem Klettergerüst hochgezogen. Dabei wurden sein Kopf und Hals in eine Öffnung geklemmt, was zur Bewusstlosigkeit und schließlich zum Tod des Mädchens führte. Das Gericht stellte fest, dass der Hersteller des Gerüsts gegen die einschlägige DIN 1176 verstoßen hatte, und verurteilte sowohl den Geschäftsführer als auch den Projektleiter und den Monteur wegen fahrlässiger Körperverletzung zu Geldstrafen.

3 Kennzeichnung DIN EN 10204 – Metallische Erzeugnisse – Arten von Prüfbescheinigungen

3.1 Zweck von Prüfbescheinigungen

Der Zweck der Prüfbescheinigungen ist in erster Linie der Nachweis, dass die geprüften Erzeugnisse die in der Bestellung und der zuständigen Norm festgelegten Eigenschaftsanforderungen erfüllen. Siehe z. B. Abschnitt 8.1 der DIN EN 10021-2: *„Die Erzeugnisse sind zwecks Nachweis ihrer Übereinstimmung der Bestellung und diesem Dokument entweder mit spezifischer oder nichtspezifischer Prüfung entsprechend den Festlegungen in EN 10025-2 bis EN 10025-6 zu liefern."* Prüfbescheinigungen dienen damit der Bestätigung der Konformität im weiteren Sinne (Bild 3.1a). Im weiteren Sinne deshalb, weil sie keine Konformitätserklärungen nach DIN EN ISO/IEC 17050 sind, denn diese Konformitätserklärungen bestätigen die vollständige Übereinstimmung eines Produkts, eines Prozesses oder Verfahrens, einer Dienstleistung, eines Managementsystems oder sogar einer Person mit in gesetzlichen Vorschriften, Normen und/oder vertrags-/kundenbezogenen Dokumenten enthaltenen Anforderungen. Demgegenüber bestätigen Prüfbescheinigungen die Übereinstimmung nur bestimmter Merkmale eines Werkstoffs oder Bauteils. Sie geben Auskunft über die im Erzeugnis erreichte Qualität hinsichtlich der in der Bestellung gestellten Qualitätsziele. Dies ist wichtig im Hinblick auf eine Bewertung der Verarbeitbarkeit. Sie dienen häufig als Datenspeicher und Spiegel für die Produktmerkmale des vom Hersteller gelieferten Produktes und können so auch Fehler des betreffenden Produktes aufzeigen (Henseler 2011).

Ein weiterer wesentlicher Zweck ist die Rückverfolgbarkeit: Prüfbescheinigungen sichern den Nachweis über die Herkunft des Materials und erleichtern damit deren Rückverfolgung in einem Schadensfall. Diese Rückverfolgbarkeit ist wichtig im Zusammenhang mit der Qualitätssicherung gemäß den unterschiedlichen QS-Systematiken (u. a. DIN EN ISO 9001). Bild 3.1b fasst den Zweck von Prüfbescheinigungen zusammen.

Vergleiche OLG Düsseldorf, Urteil vom 29.12.1988: Dort beschreibt das Gericht den Zweck eines Abnahmeprüfzeugnisses „3.1.B" so: *„Das Zeugnis hat ersichtlich* *u. a. den Zweck, im Falle von Schäden und Unfällen, die auf Fehler der Materialbeschaffenheit zurückzuführen sind, dem Geschädigten die Geltendmachung von Ansprüchen – z. B. aus der Produzentenhaftung – zu erleichtern.“*

Prüfbescheinigungen dokumentieren also, dass die Erzeugnisse die in der Bestellung festgelegten Anforderungen erfüllen und sind somit für die industrielle Praxis von großer Bedeutung. Dies gilt heute mehr denn je: Vor dem Hintergrund sich stetig verschärfender Regeln für das Qualitätsmanagement und der Sicherstellung einer lückenlosen Dokumentation über Fertigungsabläufe und -prozesse bei Stahlherstellern kommt der Prüfbescheinigung eine zentrale Rolle zu.

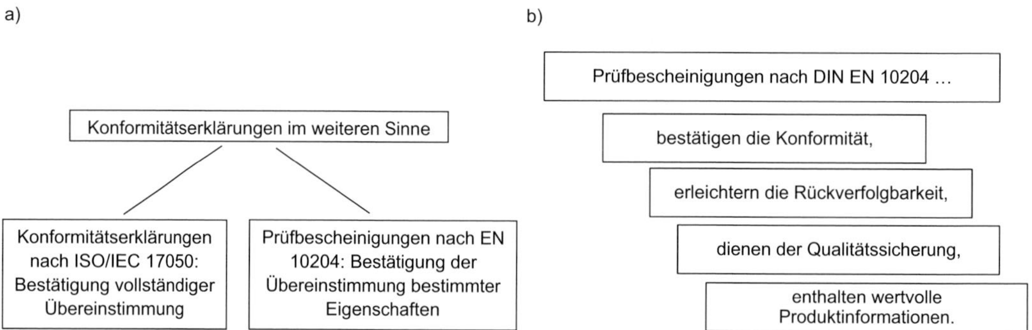

Bild 3.1 a) Prüfbescheinigungen als Konformitätserklärungen, b) Zweck von Prüfbescheinigungen

3.2 Aufbau der DIN EN 10204

Die DIN EN 10204 ist eine der kürzesten Werkstoffnormen. Sie kommt ohne mitgeltende Normen aus und ist gemäß Bild 3.2 inhaltlich klar gegliedert.

Anhang ZA und das Schaubild ZA.1 – Übereinstimmung mit Anhang I, Unterabschnitt 4.3 der Direktive 97/23/EG (inzwischen abgelöst durch die Richtlinie 2014/68) – weisen auf einen wesentlichen Schwerpunkt der Anwendung der DIN EN 10204 hin, nämlich Werkstoffe zur Herstellung von Druckgeräten.

Bei den Arten von Prüfbescheinigungen unterscheidet die Norm zwischen solchen auf der Grundlage nichtspezifischer und spezifischer Prüfung, also der Werksbescheinigung 2.1 und dem Werkszeugnis 2.2 einerseits und den Abnahmeprüfzeugnissen 3.1 und 3.2 andererseits. Letztere haben eine große Bedeutung im Bereich der Stahlproduktion warmgewalzter Flachprodukte. Auf die Ausführungen in Teil B (Kommentierung) wird verwiesen.

Vorwort

1	Anwendungsbereich
2	Begriffe
3	Prüfbescheinigungen auf der Grundlage nichtspezifischer Prüfung
4	Prüfbescheinigungen auf der Grundlage spezifischer Prüfung
5	Bestätigung und Weitergabe der Prüfbescheinigungen
6	Weitergabe von Prüfbescheinigungen durch einen Händler

Anhang A (informativ): Zusammenstellung der Prüfbescheinigungen

Anhang ZA (informativ): Die Beziehung zwischen dieser Europäischen Norm und den grundlegenden Anforderungen der EU-Direktive 97/23/EG

Literaturhinweise

Bild 3.2 Gliederung der DIN EN 10204

3.3 Geschichtliche Entwicklung der DIN EN 10204

Technische Regeln über die Lieferung von Stahlerzeugnisse haben eine lange Tradition. Soweit erkennbar, wurden erstmalig in der Zeitschrift Stahl und Eisen – Zeitschrift für das deutsche Eisenhüttenwesen, Ausgabe Mai 1889, *„Vorschriften für Lieferungen von Eisen und Stahl"*, aufgestellt vom Verein deutscher Eisenhüttenleute, veröffentlicht, und zwar für Eisenbahnmaterial, Bauwerk-Eisen, Bleche, Handelseisen sowie Draht und Gusseisen. In den „Allgemeinen Bestimmungen" jener „Vorschriften" werden die Art der Proben, die Herrichtung der Probestäbe sowie die Ausführung der Proben beschrieben und in den nachfolgenden Teilen für die erwähnten Erzeugnisse konkretisiert. In den Abschnitten „Prüfung und Abnahme" heißt es meist: *„Die Prüfung und Abnahme hat in dem Walzwerke zu erfolgen"*; für die Lieferung von Eisenbahnmaterial und Blechen gibt es jedoch ausführlichere Vorschriften zur Prüfung und Abnahme.

Die DIN EN 10204:2005 ihrerseits hat ihren Ursprung in der DIN 50049, „Bescheinigungen über Werkstoffe", Ausgabe Dezember 1951 (in Österreich ÖNORM M 3000). Diese Norm enthielt unter der Überschrift *„Zur Bestätigung der für die Ablieferung von Werkstoffen vorgenommen Prüfungen kommen in Betracht"* lediglich drei Abschnitte:

- **Werksbescheinigungen:** Sie bestätigen in Form eines Textes (ohne Zahlenergebnisse) die Einhaltung von Bestellvorschriften und werden vom Herstellerwerk ausgefertigt.
- **Werkszeugnisse:** Sie enthalten die Ergebnisse der in der Bestellung vorgeschriebenen Prüfungen, für die die laufenden Betriebsaufzeichnungen als Unterlage dienen; eine Prüfung der Lieferung selbst braucht nicht stattzufinden. Die Werkszeugnisse werden vom Herstellerwerk gefertigt. In einer Fußnote zum Begriff „Herstellerwerk" wird in Abschnitt 1 und 2 der Norm klargestellt, dass Werksbescheinigungen und Werkszeugnisse *„von anderen Stellen als vom Herstellerwerk – z. B. Verarbeitungsbetrieben oder Handelsgesellschaften – nur dann ausgestellt werden [dürfen], wenn diese die entsprechenden Prüfungen selbst durchgeführt haben."*
- **Abnahmezeugnisse:** Sie enthalten die Ergebnisse von Prüfungen, die an der Lieferung selbst durchgeführt worden sind, und zwar
  - nach amtlichen Vorschriften durch amtlich anerkannte Sachverständige,
  - soweit nach amtlichen Vorschriften zulässig oder in Lieferbedingungen vereinbart durch das Herstellerwerk, sofern die Prüfungen durch einen von den beteiligten Fertigungsbetrieben unabhängigen Sachverständigen durchgeführt werden (Werksabnahmezeugnis),
  - nach Lieferbedingungen des Bestellers durch vom Besteller beauftragte Sachverständige, wobei die Abnahmezeugnisse nach diesem Abschnitt als solche eindeutig gekennzeichnet sein sollen und erkennen lassen sollen, nach welchen Vorschriften oder Lieferbedingungen die Abnahmeprüfung vorgenommen ist.

Gegenüber DIN EN 10204:1995-08 wurden im weiteren Verlauf folgende Änderungen vorgenommen:

a) Einführung neuer Begriffe wie „Hersteller", „Händler" und „Erzeugnisspezifikation"

b) Verringerung der Anzahl der Prüfbescheinigungen:
  - Streichung des Werkszeugnisses 2.3 der früheren Ausgabe
  - Abnahmeprüfzeugnis 3.1 ersetzt 3.1 B der früheren Ausgabe
  - Abnahmeprüfzeugnis 3.2 ersetzt 3.1 A, 3.1 C und 3.2 der früheren Ausgabe

c) Änderung der deutschen Bezeichnung „Sachverständiger" in „Abnahmebeauftragter"

Frühere Ausgaben:

- DIN 50049:1951-12, 1955-04, 1960-04, 1972-07, 1982-07, 1986-08, 1991-11, 1992-04
- DIN EN 10204:1995-08

3.4 Inhalt und Form von Prüfbescheinigungen nach DIN EN 10204

Der Inhalt von Prüfbescheinigungen nach DIN EN 10204 richtet sich in erster Linie nach den Anforderungen in Abschnitt 3 und 4 der Norm. Sämtlichen dort aufgeführten Bescheinigungen ist die Bestätigung gemein, *„dass die gelieferten Erzeugnisse den Anforderungen der Bestellung entsprechen“* (Abschnitt 3) bzw. *„dass die gelieferten Erzeugnisse die in der Bestellung festgelegten Anforderungen erfüllen“* (Abschnitt 4), wobei die Unterschiede im Wortlaut keine materielle Bedeutung haben. Vergleiche auch Abschnitt 4 (Grundsätze) der DIN EN 10168: *„In allen Arten von Prüfbescheinigungen muss eine Angabe enthalten sein, dass die gelieferten Erzeugnisse mit den Bestellanforderungen übereinstimmen.“* Tabelle 3.1 weist aus, welche Arten von Prüfbescheinigungen es nach DIN EN 10204 gibt.

Tabelle 3.1 Übersicht zu den Prüfbescheinigungen und deren Inhalt

Bezeichnung	Inhalt der Bescheinigung	Bestätigung durch
Werksbescheinigung 2.1	Bescheinigung, dass die gelieferten Erzeugnisse den Anforderungen der Bestellung entsprechen, ohne Angabe von Prüfergebnissen	den Hersteller
Werkszeugnis 2.2	Bescheinigung, dass die gelieferten Erzeugnisse den Anforderungen der Bestellung entsprechen, mit Angabe von Ergebnissen nichtspezifischer Prüfungen	den Hersteller
Abnahmeprüfzeugnis 3.1	Bescheinigung, in der bestätigt wird, dass die gelieferten Erzeugnisse die in der Bestellung festgelegten Anforderungen erfüllen, mit Angabe der Prüfergebnisse spezifischer Prüfungen	den von der Fertigungsabteilung unabhängigen Abnahmebeauftragten des Herstellers
Abnahmeprüfzeugnis 3.2	Bescheinigung, in der bestätigt wird, dass die gelieferten Erzeugnisse die in der Bestellung festgelegten Anforderungen erfüllen, mit Angabe der Prüfergebnisse spezifischer Prüfungen	den von der Fertigungsabteilung des Herstellers unabhängigen Abnahmebeauftragten des Herstellers und den vom Besteller beauftragten Abnahmebeauftragten oder den in amtlichen Vorschriften genannten Abnahmebeauftragten

Im Übrigen richtet sich der Inhalt von Prüfbescheinigungen nach ihrem Typ (Tabelle 3.2).

Tabelle 3.2 Typ von Prüfbescheinigungen

Typ	
Werksbescheinigung 2.1	Ohne Angabe von Prüfergebnissen
Werkszeugnis 2.2	Mit Angabe von Ergebnissen nichtspezifischer Prüfungen
Abnahmeprüfzeugnis 3.1 und 3.2	Mit Angabe von Ergebnissen spezifischer Prüfungen

Für Art und Umfang der Prüfungen selbst ist die Erzeugnisspezifikation maßgebend. Das ist nach Abschnitt 2.5 der Norm die *„Gesamtheit der für den Auftrag zutreffenden technischen Anforderungen, festgelegt im Auftrag selbst und/oder durch Bezugnahme auf z. B. Regelwerke, Normen und andere Spezifikationen.“* Art und Umfang der Prüfungen richten sich damit in erster Linie nach der für das Erzeugnis geltenden Erzeugnisspezifikation (z. B. DIN EN 10021-2), dann aber auch nach den weiteren in der Bestellung niedergelegten Anforderungen wie z. B. an die Kerbschlagarbeit.

Prüfbescheinigungen sind somit ein Report, in dem alle in der Erzeugnisspezifikation geforderten Kenndaten des gelieferten Erzeugnisses in strukturierter Form zusammenfassend dargestellt sind:

- Angaben zum Geschäftsvorgang, insbesondere zur Identifizierung des Herstellers, des Bestellers, des Werksauftrages, der vereinbarten Lieferspezifikation und der Art der Prüfbescheinigung
- Daten zur Kennzeichnung des Erzeugnisses, wie die Erzeugnisform (z. B. Grobblech, Warmband etc.), die Abmessungen des Produktes, die Stahlgütebezeichnung, der Lieferzustand, die Identifizierungsnummern des Produktes (z. B. Blechident, Schmelzennummer) und die Stückzahlen bzw. Gewichtsangaben sowie die Kenndaten der Qualitätsprüfung zu den gelieferten Erzeugnissen; bei warmgewalzten Produkten also die chemische Zusammensetzung und die mechanisch-technologischen Eigenschaften, nämlich zur Festigkeit aus dem Zugversuch, zur Zähigkeit aus dem Kerbschlagbiegeversuch sowie zur Härte aus der Härteprüfung, aber auch – soweit gefordert – Resultate aus Biegeversuchen
- Informationen zum Probenentnahmeort, zur Probenform, zu Prüftemperaturen sowie Anforderungen an die Entnahme der Proben, deren Vorbereitung und die Festlegung von Prüfhäufigkeit/Prüfeinheiten, soweit sie sich nicht schon aus den Erzeugnisspezifikationen ergeben; Angaben zu den äußeren Eigenschaften des gelieferten Erzeugnisses, also der Oberflächenbeschaffenheit, zumeist bewertet nach DIN EN 10163, zu Abmessungs- und Ebenheitstoleranzen nach z. B. DIN EN 10029 sowie der Ultraschallprüfung nach DIN EN 10160
- schließlich die Namen der Abnahmebeauftragten sowie etwaige Stempel- und Übereinstimmungszeichen

Maßgeblich für den Inhalt von Prüfbescheinigungen ist zudem die DIN EN 10168. Diese Norm benennt in den Blöcken A, B, C, D und Z diejenigen Angaben, die in Prüfbescheinigungen für Stahlerzeugnisse enthalten sein können (Tabelle 3.3). Gemäß Abschnitt 1 der EN 10168 liegt der Zweck der Norm darin, *„durch die Festlegung genormter Bezeichnungen und Definitionen von für Prüfbescheinigungen infrage kommenden Angaben und die Einführung von Kennnummern für jede derartige Bezeichnung zur Beseitigung von Verständigungsschwierigkeiten im europäischen Handel beizutragen."* Tabelle 3.4a zeigt beispielhaft die Nomenklatur für den Angabenblock B (Tabelle 3 der Norm) zur Beschreibung der Erzeugnisse, für die die Prüfbescheinigungen gelten. Tabelle 3.4b weist ergänzend die Nomenklatur für Angaben zur Qualitätsprüfung und zu den Ergebnissen aus dem Zugversuch aus (Tabelle 4 der Norm). Jede einzelne Angabe enthält eine Kennnummer, für die es in der Norm auch englische und französische Übersetzungen gibt und die in der Prüfbescheinigung an der jeweiligen Stelle vermerkt werden muss. Eine Prüfbescheinigung entsteht somit immer aus einem kollektiven Zusammenwirken der DIN EN 10204, der jeweiligen Erzeugnisspezifikation bzw. Liefervorschrift und der DIN EN 10168 (Bild 3.3).

Tabelle 3.3 Angabenblöcke für Bezeichnungen in Prüfbescheinigungen

Kurzzeichen	Angabenblöcke für	Fest vergebene Felder	Frei verfügbare Felder	Siehe Tabelle (Norm 10168)
		Von - bis	Von - bis	
A	**Angaben zum Geschäftsvorgang und zu den daran Beteiligten**	A01 - A09	A10 - A99	2
B	**Beschreibung der Erzeugnisse**	B01 - B13	B14 - B99	3
C	**Prüfung**			4
	▪ Allgemeine Angaben	C0 - C03	C04 - C09	
	▪ Zugversuch	C10 - C13	C14 - C29	
	▪ Härteprüfung	C30 - C32	C33 - C39	
	▪ Kerbschlagbiegeversuch	C40 - C43	C44 - C49	
	▪ Sonstige mechanische Prüfungen		C50 - C69	
	▪ Chemische Zusammensetzung und Stahlherstellungsverfahren	C70 - C92	C93 - C99	
D	**Sonstige Prüfungen**	D01 - D50	D51 - D99	5
Z	**Bestätigung**	Z01 - Z04	Z05 - Z99	5

Tabelle 3.4 a) Bezeichnungen im Angabenblock B (Tabelle 3), b) Bezeichnungen im Angabenblock C - Zugversuche (Tabelle 4)

Kenn-nummern	Angabenbezeichnung	Erläuterungen
a)		
B01	Erzeugnisse	Die Erzeugnisform (z. B. Grobblech, Formstahl, Breitflachstahl, Rohr, Hohlprofil usw.) sowie ggf. deren Oberflächenausführung ist, soweit zutreffend, unter Bezugnahme auf eine entsprechende Maßnorm anzugeben.
B02	Stahlbezeichnung	Stahl-Kurzname oder- Werkstoffnummern und Zusatzsymbole sowie Erzeugnisspezifikation für den Stahl
B03	Zusätzliche Anforderungen	Bei der Bestellung vereinbarte Sonderanforderungen, die nicht in Feld B01 oder B02 erfasst sind.
B04	Lieferzustand	In der betreffenden Erzeugnisspezifikation festgelegter Lieferzustand und Erzeugnisse
B05	Referenz(wärme) behandlung von Probenabschnitten	(Wärme-)Behandlung von Probenabschnitten, an denen Prüfungen zum Nachweis der mechanischen Eigenschaften durchzuführen sind. Dieses Feld kommt nur in Betracht, wenn der Behandlungszustand des Probenabschnittes vom Lieferzustand abweicht.
B06	Kennzeichnung von Erzeugnissen	Verfügbar über Angaben zur Kennzeichnung
B07	Identifizierung des Erzeugnisses	Angaben für die Rückverfolgbarkeit der Erzeugnisse durch z. B. Schmelzennummer, Blocknummer, Walznummer, Losnummer, Prüfnummer
B08	Stückzahl	Zahl der gelieferten Erzeugnisse (dies kann ein Verweis auf die Artikelnummer nach Feld A09 sein)
B09 - B11	Maße des Erzeugnisses	Nennmaße des bestellten Erzeugnisses. Bei nicht genormten Erzeugnissen komplizierter Form ist z. B. zu schreiben: „entsprechende Zeichnung xyz". Die Zeichnung ist im Anhang der Bescheinigung beizufügen.
B12	Theoretische Masse	Aus den Nennmaßnahmen des Erzeugnisses und einer festgelegten Dichte errechnete Masse
B13	Ist-Masse	Zum Zeitpunkt der Lieferung, z. B. mittels Wägung, ermittelte Masse
B14 - B99	Ergänzende Angaben	Verfügbar für Angaben zur Beschreibung der Erzeugnisse (siehe Abschnitt 5, Absatz 3)

Kenn-nummern	Angabenbezeichnung	Erläuterungen
b)		
Allgemeine Angaben		
C00	Identifizierung des Probenabschnittes	Diese Angabe ist nur erforderlich, wenn sie von der Erzeugnisnummer (siehe B07) abweicht.
C01	Lage des Probenabschnittes	Die Stelle, an der der Probenabschnitt zu entnehmen ist, ist in der Erzeugnisspezifikation oder Bestellung festgelegt. Diese Angabe ist nur in folgenden Fällen erforderlich: ▪ Die Erzeugnisspezifikation legt für die Prüfung mehrere Lagen fest. ▪ Die Erzeugnisspezifikation bietet für die Prüfung die Wahl der Probenlage an. In diesen Fällen ist der Probenentnahmeort z. B. durch seine Lage in Bezug zur Länge, Breite und/oder Dicke des Erzeugnisses oder bei geschweißten Rohren in Bezug auf Grundwerkstoff und Schweißnaht zu beschreiben.
C02	Probenrichtung	Festgelegt in der Erzeugnisspezifikation in Bezug zur Hauptverformungsrichtung, mitunter aber auch in Bezug zur Geometrie des Erzeugnisses. Folgende Kurzzeichen sind zu verwenden: ▪ für Längsproben der Buchstabe L ▪ für Querproben der Buchstabe T ▪ für Proben in Dickenrichtung der Buchstabe Z ▪ Falls Proben in Richtung der Diagonale entnommen worden sind, ist das besonders zu vermerken.
C03	Prüftemperatur	–
C04 – C09	Ergänzende Angaben	Verfügbar für Angaben zu Prüfungen (siehe Abschnitt 5, Absatz 3)
Zugversuch		
C10	Probenform	Im Allgemeinen in der Erzeugnisspezifikation festgelegt. Sofern Wahlmöglichkeiten bestehen, sind die Form des Probenquerschnittes und gegebenenfalls weiterer Einzelheiten anzugeben.
C11	Streck- oder Dehngrenze	Angaben in MPa
C12	Zugfestigkeit	Angaben in MPa
C13	Bruchdehnung	Angegeben in %. Falls keine Proportionalproben verwendet werden oder falls bei Proportionalproben der Proportionalitätsfaktor ungleich 5,65 ist, ist im Kopf dieses Feldes die Messlänge mit anzugeben.
C14 – C29	Ergänzende Angaben	Verfügbar für Angaben zum Zugversuch (siehe Abschnitt 5, Absatz 3)

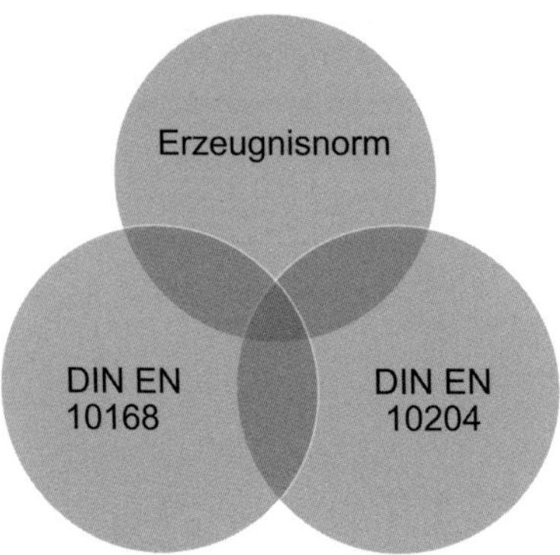

Bild 3.3 Zusammenwirken der normativen Bestandteile von Prüfbescheinigungen

Prüfbescheinigungen haben kein normativ geregeltes und damit kein einheitliches Layout. Das erschwert ihre digitale Erfassung und Speicherung.

Zusammenfassend sind für den Inhalt der Prüfbescheinigungen folgende Grundsätze aus der DIN EN 10168 zu beachten:

- Alle in EN 10204 festgelegten Arten von Prüfbescheinigungen besitzen als gemeinsames Element Angabenblöcke, über die sie eindeutig den entsprechenden gelieferten Erzeugnissen zugeordnet werden können (siehe Tabelle 1 der Norm, Angabenblöcke A und B).
- Mit Ausnahme der Art 2.1 „Werksbescheinigung“ enthalten alle Prüfbescheinigungen Angaben über durchgeführte nichtspezifische oder spezifische Prüfungen entsprechend der zugrunde liegenden Erzeugnisspezifikation (siehe Tabelle 1 der Norm, Angabenblöcke C und D).
- In allen Arten von Prüfbescheinigungen muss eine Angabe enthalten sein, dass die gelieferten Erzeugnisse mit den Bestellanforderungen übereinstimmen (siehe Tabelle 1 der Norm, Angabenblock Z).
- Die für die Ausstellung einer Prüfbescheinigung zuständige Stelle darf die Reihenfolge und das Layout der in Abschnitt 5 und in den Tabellen 2 bis 5 der Norm erwähnten Angaben verändern. Sie darf auch – je nach Erzeugnis – nicht erforderliche Felder weglassen.
- Die Kennnummer für die verschiedenen Felder in Tabelle 2 bis 5 ist verbindlich. Andere Nummern dürfen nicht verwendet werden.
- Die in Tabelle 2 bis 5 der Norm aufgeführten Angabenbezeichnungen sollten in den betreffenden Feldern der Prüfbescheinigungen angegeben werden. Sie dürfen abgekürzt werden, wenn dadurch kein Missverständnis verursacht wird (Beispiel: „Richtung“ statt „Probenrichtung“).

- Falls in einem Feld Platz für die erforderlichen Angaben fehlt, darf in dem betreffenden Feld auf einen Anhang oder ein Freifeld in der Prüfbescheinigung verwiesen werden. In diesem Falle müssen die Angaben in dem Anhang oder in dem Freifeld unter der betreffenden Kennnummer aufgeführt werden.

Einige Erzeugnisspezifikationen und Liefervorschriften enthalten Vorgaben dazu, welche Angaben mit Kennnummern in der Prüfbescheinigung aufzuführen sind. Dies wird häufig durch folgende Vorgabeformulierung erreicht: „*... in diesen Prüfbescheinigungen sind, soweit zutreffend, die Angabenblöcke A, B, D und Z sowie die Kennnummern C01 bis C03, C10 bis C13, C40 bis C43 und C71 bis C92 nach DIN EN 10168 zu erfassen.*“ Bild 3.4 zeigt beispielhaft eine modern gestaltete Prüfbescheinigung nach DIN EN 10204 für ein Baustahlprodukt, in der alle Angaben mit den zugehörigen Kennnummern nach DIN EN 10168 versehen und so eindeutig zu identifizieren sind. Die Abschnitte mit den Angaben zum Geschäftsvorgang, zur Kennzeichnung des Produktes, zu Probennahme- und Prüfungsergebnissen, Resultaten der Maßkontrollen etc. sind klar getrennt.

Weglassen von Inhalten in Prüfbescheinigungen. Besteller und Hersteller können vereinbaren, auf bestimmte Angaben in der Prüfbescheinigung zu verzichten. Dies gilt insbesondere für Daten nach Angabenblock A, z. B. im Feld A06 (Besteller/Empfänger). Allerdings ist darauf zu achten, dass die Aussagefähigkeit der Prüfbescheinigung hinsichtlich des Nachweises von Produkteigenschaften etc. nicht verloren geht.

Mehrfachtestierungen. Oft werden Stahlprodukte aus warmgewalzten Flachprodukten nach mehreren Erzeugnisspezifikationen bestellt und gefertigt. Auf solche Fälle kann die DIN EN 10204 problemlos angewandt werden. Man spricht hier von sogenannten Mehrfachabnahmen oder Mehrfachtestierungen für das betreffende Produkt: Ein und dasselbe Stahlprodukt wird so gefertigt, dass es die Vorgaben für die chemische Zusammensetzung, die mechanisch-technologischen Eigenschaften und sonstige Merkmale von mehreren Erzeugnisspezifikationen gleichzeitig erfüllt. In diesen Mehrfachtestierungen werden vielfach Baustähle nach DIN EN 10025 mit Druckbehälterstählen nach DIN EN 10028 kombiniert. Dazu kommen gerade im Druckbehälterbau auch Mehrfachtestierungen mit Beteiligung der ASTM-Vorschriften. Bild 3.5 zeigt am Beispiel einer Grobblechfertigung mit Mehrfachtestierung für die Güten S355/P355/ASTM A 516 Gr. 70, dass hierbei die Zielfenster für die mechanisch-technologischen Eigenschaften sehr eng werden können und an die Stahlhersteller besondere Anforderungen nach geringer Streubreite in der betrieblichen Fertigung gestellt werden (Schäf et al. 2012). Die Abnahmeprüfzeugnisse weisen dann diese Mehrfachtestierungen in der Stahlgütebezeichnung aus. Alternativ kann aber auch für jede Güte dieser Mehrfachtestierung eine eigene Prüfbescheinigung ausgestellt werden.

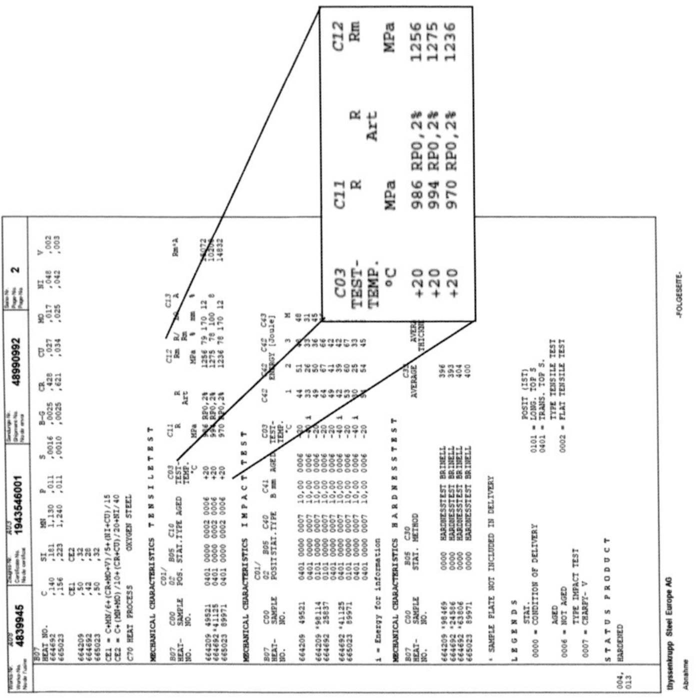

C03 TEST-TEMP. °C	C11 R MPa	R Art	C12 Rm MPa
+20	986	RP0,2%	1256
+20	994	RP0,2%	1275
+20	970	RP0,2%	1236

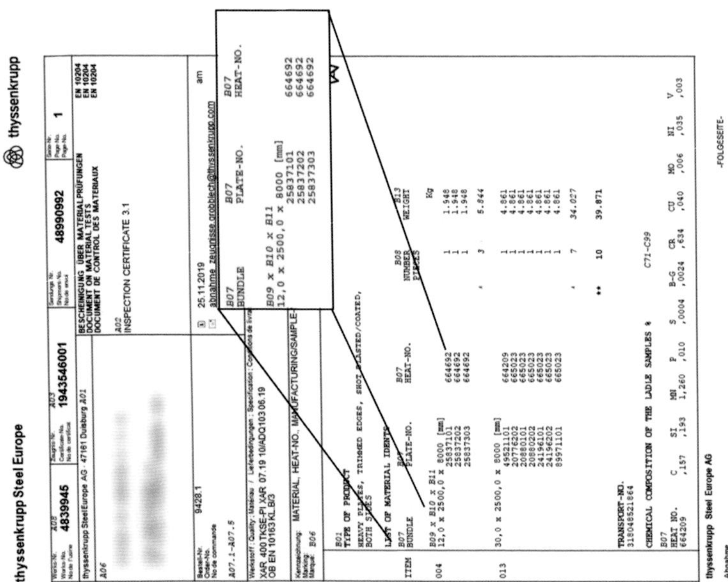

thyssenkrupp Steel Europe

4839945 1943546001 48990992 1

INSPECTION CERTIFICATE 3.1

25.11.2019

B07	B09 x B10 x B11	B07	B07
BUNDLE	12,0 x 2500,0 x 8000 [mm]	PLATE-NO.	HEAT-NO.
		25837101	664692
		25837202	664692
		25837303	664692

Bild 3.4 Moderne Prüfbescheinigung für Grobblecherzeugnisse

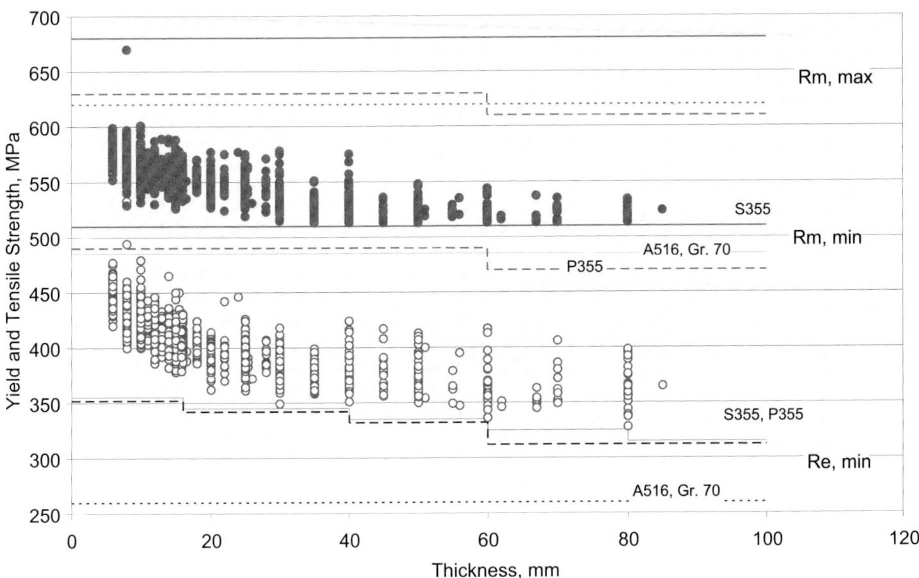

Bild 3.5 Mechanische Eigenschaften von Grobblechen mit Mehrfachtestierung nach unterschiedlichen Erzeugnisspezifikationen, hier: S355 nach DIN EN 10025, P355 nach DIN EN 10028 und ASTM A516 Gr. 70 nach ASTM

Besteht die Erzeugnisspezifikation aus herstellerbezogenen Werkstoffdatenblättern, ist darauf zu achten, dass dort auch die jeweils mögliche oder definierte Art der Prüfbescheinigung nach DIN EN 10204 vermerkt ist. Andernfalls muss sie gesondert vereinbart werden. Zudem müssen alle für die Ausstellung von Prüfbescheinigungen notwendigen Randbedingungen über die Erzeugnisspezifikation(en) abgedeckt sein.

Fehlen einer Erzeugnisspezifikation. Fehlen in der Bestellung Angaben zur Erzeugnisspezifkation, mit den für die Erzeugung notwendigen Angaben, so gelten die Vorgaben der DIN EN 10021. Hiernach muss der Besteller folgende Angaben machen:

- Masse, Länge oder Stückzahl
- Erzeugnisform
- Nennmaße/festgelegte Maße
- Grenzabmaße der vorangehend genannten Merkmale
- Stahlsortenbezeichnung
- Lieferzustand (Kennzeichnung des Walz-, Wärmebehandlungszustandes, der Oberflächenbehandlung
- Anforderungen an die Oberfläche/Innenbeschaffenheit
- Anforderungen für Kennzeichnung, Verpackung und Verladung

Zusätzlich muss der Besteller Angaben zu folgenden Punkten machen:

- Art der Prüfbescheinigung
- bei nichtspezifischen Prüfungen (Werkszeugnis 2.2):
  für welche Merkmale des Erzeugnisses Prüfergebnisse in der Bescheinigung aufzuführen sind
- bei spezifischen Prüfungen (Abnahmeprüfzeugnis 3.1 oder 3.2):
  - zur Art der Bescheinigung (3.1 oder 3.2)
  - zum Prüfumfang
  - zu den Anforderungen an die Entnahme und Vorbereitung der Probenabschnitte und Proben
  - zu den Prüfverfahren
  - ggfs. zur Identifizierung der Prüfeinheiten

Bei der Prüfbescheinigung 3.2 sind darüber hinaus geeignete Angaben zur Kontaktaufnahme mit dem externen Abnahmebeauftragten zu machen.

3.5 Technische Informationen in Prüfbescheinigungen

Prüfbescheinigungen enthalten je nach Typ wertvolle technische Informationen zum gelieferten Produkt. Neben den Abmessungen des Produkts und den Informationen zur äußeren Beschaffenheit (Oberfläche, Ebenheit, Toleranzen) sind besonders die Angaben zu den inneren Eigenschaften des Erzeugnisses und damit zu dessen Verarbeitbarkeit und Gebrauchsverhalten technisch von großer Bedeutung. Im Einzelnen:

Chemische Zusammensetzung. Aus der Stahlzusammensetzung gehen wichtige Informationen über den Legierungsaufbau des Stahlerzeugnisses hervor. Die Zuordnung zu den verschiedenen Stahlgruppen ist möglich. Moderne Stähle haben hinsichtlich des Verhältnisses von Mangan (Mn) zu Kohlenstoff (C) hohe Werte. Der niedrige C-Gehalt bewirkt in Verbindung mit hohen Mn-Gehalten in der Regel ein feinkörniges Endgefüge. Dies ist besonders günstig zur Einstellung hoher Festigkeiten und Zähigkeiten. An der Höhe der Gehalte an Phosphor und Schwefel lässt sich ablesen, wie intensiv darauf geachtet wurde, dass der Stahl keine unerwünschten Verunreinigungen enthält. Je niedriger diese Gehalte sind, z.B. unter einem Hundertstelprozent bei Phosphor, umso sauberer ist der Stahl und damit umso wertiger seine Eigenschaften.

Vielfach wird in den Prüfbescheinigungen auch das sogenannte Kohlenstoffäquivalent (Carbon Equivalent Value/CEV) angegeben. Dies ist eine Summenformel aus den Gehalten der Legierungszugaben in Prozent, durch die in geeigneter Weise die Wirkung des Gesamtlegierungsgehaltes erfasst wird. Bewährt in der Praxis haben sich dabei die Summenformel CET und CE_{IIW} (Kern 2017). Die entsprechenden Gleichungen sind in Bild 3.6 wiedergegeben. Das CEV gibt dem Verbraucher wichtige Hinweise auf das Verarbeitungsverhalten, insbesondere auf die Schneid- und Schweißeignung des Stahlproduktes.

$$CE_{IIW} = C + Mn / 6 + (Cr + Mo + V) / 5 + (Ni + Cu) / 15$$

$$CET = C + (Mn + Mo) / 10 + (Cr + Cu) / 20 + Ni/40$$

Bild 3.6 Kohlenstoffäquivalente CE_{IIW} und CET

Darüber hinaus lassen sich aus den Angaben zu einzelnen Elementen der chemischen Zusammensetzung weitere technische Informationen zur Verzinkbarkeit, Emaillierbarkeit und Einsatzhärtbarkeit des Stahlerzeugnisses ableiten. Die Wirkungsweise einzelner Elemente ist in Teil A, Abschnitt 6.6, ausführlich dargestellt.

Festigkeitseigenschaften. Festigkeitskennwerte wie Streckgrenze und Zugfestigkeit sind wesentliche Informationen für die Bemessung der statischen und dynamischen Tragfähigkeit von Bauteilen, die aus dem gelieferten Stahlwerkstoff erzeugt werden. Besonders wichtig ist hier die Streckgrenze. Wird sie auch für Prüftemperaturen > 20 °C angegeben, so können hieraus Informationen über die Warmfestigkeit des Stahlerzeugnisses gewonnen werden.

Das Streckgrenzenverhältnis ist weiterhin der Quotient aus Streckgrenze zur Zugfestigkeit und ein Maß dafür, wie weit ein Werkstoff ohne nennenswerte bleibende Verformung ausgenutzt werden kann. Dieser Wert ist als Information im Hinblick auf das Kaltumformverhalten wichtig. Je nach gewählter Prüftemperatur enthalten diese Werte auch Informationen über das Verhalten des Stahlwerkstoffes bei höheren Temperaturen, das je nach Einsatzbereich der Konstruktion von Bedeutung ist.

Die Bruchdehnung und auch die Brucheinschnürung geben Auskunft über die Verformungsfähigkeit des Produktes. Je höher diese Kennwerte sind, umso besser ist üblicherweise ihr Umformverhalten bei der Kaltumformung. Mitunter wird in Prüfbescheinigungen auch der Elastizitätsmodul angegeben. Dieser gibt Auskunft über die Steifigkeit des Werkstoffes und spielt bei der Berechnung von Knicken und Beulen im Rahmen der Auslegung von Stahlkonstruktionen eine wichtige Rolle.

Zähigkeitseigenschaften. Über die Zähigkeitseigenschaften des Stahlwerkstoffes wird in der Regel durch Angabe der Kerbschlagarbeit in Joule in der Prüfbescheinigung informiert. Mit der gleichzeitigen Information über die gewählte Prüftemperatur kann vor allem die Tieftemperaturzähigkeit und damit die Sprödbruchneigung abgeschätzt werden. Ein typischer Wert für Baustahl ist eine Mindestkerbschlagarbeit von 27 J bei -20 °C. Zumeist werden dabei Prüfergebnisse aus drei Einzelprüfungen angegeben. Je nach Streuung wird in Verbindung mit der absoluten Höhe der Kerbschlagarbeit ein Hinweis darauf gegeben, ob der zugehörige Bruch eher ein Zähbruch oder ein Sprödbruch ist (vgl. Teil A, Abschnitt 6.5.3). Bei der Angabe der Kerbschlagarbeit ist zu beachten, ob sich der angegeben Prüfwert auf den Standardquerschnitt oder auf Untermaßproben bezieht.

Mit den zusätzlichen Angaben in den Prüfbescheinigungen zum Lieferzustand und zum Zustand der jeweils geprüften Proben ergibt sich so ein Gesamtbild über das Eigenschaftsprofil des gelieferten Stahlerzeugnisses.

Die technischen Informationen aus Prüfbescheinigungen lassen sich auch nutzen, um ein Controlling über das Qualitätsniveau von Lieferungen gleichartiger Stahlprodukte zu praktizieren. Dabei sind die Beachtung der Prüfeinheiten und der Prüfhäufigkeiten sehr wichtig.

4 Rechtliche Aspekte der Prüfbescheinigung

Die zivil-, straf- und öffentlich-rechtlichen Bezüge der Prüfbescheinigungen nach EN 10204:2004 sind vielfältig und sollen im Folgenden umrissen werden.

4.1 Prüfbescheinigungen im Liefervertrag

Abschnitt 1.1 der EN 10204 stellt klar, dass Prüfbescheinigungen „bei der Bestellung" vereinbart werden müssen, und zwar sowohl ihre Mitlieferung („Beistellung") selbst als auch ihr Typ, also 2.1, 2.2, 3.1 oder 3.2. Regelmäßig wird die Mitlieferung einer Prüfbescheinigung in der Weise vereinbart, dass der Käufer sie in seiner Bestellung („Angebot") aufführt und der Verkäufer sie in seiner Auftragsbestätigung („Annahme") bestätigt. Ohne ihre ausdrückliche Erwähnung in der Bestellung und Auftragsbestätigung wird sie im Grundsatz nicht Vertragsinhalt, und dementsprechend ist der Verkäufer nicht zu ihrer Beistellung verpflichtet. Eine Pflicht zur Mitlieferung solcher Bescheinigungen ergibt sich auch weder aus einem Handelsbrauch (§ 346 HGB) noch aus einer Verkehrsübung.

Möglich ist aber die mittelbare Vereinbarung von Prüfungen und Prüfbescheinigungen über die für das Erzeugnis zuständige Norm, also in solchen Fällen, in denen die Norm den Nachweis von Prüfungen durch entsprechende Prüfbescheinigungen fordert, so z. B. in den Teilen 2 bis 6 der DIN EN 10025 und auch in der DIN EN 10028er-Normenreihe. Dort wird gefordert, dass die Erzeugnisse zwecks Nachweis ihrer Übereinstimmung mit der Bestellung und der Norm entweder mit spezifischer oder nichtspezifischer Prüfung zu liefern sind. In solchen Fällen ersetzt der betreffende Hinweis die entsprechende Vereinbarung. Damit werden vertragliche Pflichten zur Beistellung von Prüfbescheinigungen begründet. Der Verweis auf das Erfordernis bestimmter Prüfungen ist vor dem Hintergrund zu sehen, dass die DIN EN 10025 und DIN EN 10028 harmonisierte Normen zur Bauproduktenverordnung 305/2011 und Druckgeräterichtlinie 2014/68 sind, die den erhöhten Sicherheitsanforderungen der betreffenden Erzeugnisse Rechnung tragen.

Allerdings stehen die entsprechenden vertraglichen Pflichten unter dem Vorbehalt der richtigen und vollständigen Bestimmung von Art und Umfang der Prüfungen. So fordert die DIN EN 10025-2 vom Besteller in Abschnitt 8.2.1 die Angabe, welche der in EN 10204 genannten Prüfbescheinigungen verlangt wird. Solange der Besteller diese Angaben nicht macht, ist der Verkäufer (Hersteller; Zwischenhändler) nicht zur Mitlieferung der betreffenden Prüfbescheinigung verpflichtet. Es handelt sich um eine Obliegenheit des Bestellers: Kommt er ihr nicht nach, kann der Verkäufer mit seiner Pflicht zur Beistellung der betreffenden Prüfbescheinigung nicht in Verzug geraten.

Manche Normen schreiben zwar bestimmte Prüfungen vor, jedoch – ohne entsprechende Vereinbarung – keine Prüfbescheinigung, so z. B. Abschnitt 8.1.1 der DIN EN 10246: *„Soweit bei der Anfrage und Bestellung nichts anderes vereinbart wurde ..., sind die Erzeugnisse mit nicht spezifischer Prüfung ohne Prüfbescheinigung zu liefern.“*

Die für das Erzeugnis geltende Norm sollte daher stets sorgfältig daraufhin durchgesehen werden, ob sie eine entsprechende Verpflichtung des Herstellers zur Beistellung von Prüfbescheinigungen enthält; wenn ja, gilt diese Verpflichtung im Zweifel auch im Verhältnis des Händlers zu dessen Kunde.

Macht dagegen die Norm die Beistellung einer Prüfbescheinigung von einer entsprechenden Vereinbarung zwischen den Vertragsparteien abhängig, wie z. B. die DIN EN 10130 in Abschnitt 6.7 (*„Auf entsprechende Vereinbarung zum Zeitpunkt der Anfrage und Bestellung ist eine der in EN 10204 genannten Prüfbescheinigungen auszustellen.“*), reicht dies für eine „mittelbare Vereinbarung“ nicht aus.

Prüfbescheinigungen sind dem Besteller (Händler; Verbraucher) – wenn auch nicht kostenlos, sondern im Zweifel nach der Preisliste des Herstellers oder Händlers – zur Verfügung zu stellen. Das bedeutet: Sind die vertraglichen Voraussetzungen zur Beistellung einer Prüfbescheinigung gegeben, muss der Verkäufer (Hersteller; Zwischenhändler) sie nach Maßgabe des Kaufvertrages übergeben, d. h. im Zweifel zusammen mit der verkauften Ware. Die Beistellung der Prüfbescheinigung ist „Gegenleistung“ des Verkäufers im Sinne des § 320 BGB und nicht bloße „Nebenpflicht“. Sie ist nach dem Vertragszweck von wesentlicher Bedeutung für die Erfüllung des Vertrages; ihr Fehlen berechtigt daher den Käufer zur Zurückbehaltung des Kaufpreises. Zudem kann er nach Maßgabe der §§ 323 Abs. 1, 324 BGB vom Vertrag zurücktreten und nach Maßgabe der §§ 281 Abs. 1, 282 BGB Schadensersatz statt der Leistung verlangen. Das gilt für sämtliche Arten von Bescheinigungen nach EN 10204, im Besonderen die Abnahmeprüfzeugnisse 3.1 und 3.2 sowie für das Werkszeugnis 2.2; denn sie enthalten Prüfergebnisse, die für die Verwendung des Erzeugnisses wichtig sind oder zumindest sein können. Das gilt aber auch für die Werksbescheinigung 2.1; denn auch sie bescheinigt, dass das betreffende Erzeugnis geprüft wurde. Das OLG Düsseldorf spricht in seinem Urteil vom 29.12.1988 von der „besonderen Bedeutung“, die einem 3.1.B-Zeugnis (heute

Abnahmeprüfzeugnis 3.1) für geschweißte Rohre nach DIN 2470 Teil 1 (heute DIN EN 12007-3) zukomme (im Übrigen siehe Erläuterungen in Teil B, Kapitel 8, zu Abschnitt 6 der EN 10204).

Bei der Vereinbarung von Prüfbescheinigungen ist auf deren genaue Bezeichnung zu achten. Angaben wie „Werkszeugnis 3.1", „Werksprüfzeugnis" oder „WAZ" (für „Werksabnahmezeugnis", das die Norm so nicht kennt!), erst recht aber Begriffe wie „Testat", „Attest", „Zertifikat" oder „Prüfprotokoll" lassen nicht mit der erforderlichen Klarheit erkennen, was gemeint ist, und stiften Streit. Verbreitet ist immer noch die Bezeichnung eines Abnahmeprüfzeugnisses (APZ) 3.1 B. Im Zweifel führt diese Bezeichnung zu der entsprechenden Bescheinigung nach der (alten) DIN EN 10204:1991/1995 und kann auch als solche gemeint sein, zumal diese Art der Prüfbescheinigung in einigen Stahlnormen (noch) zugelassen wird, wie z.B. der DIN EN 10217-1.

4.2 Prüfbescheinigungen und Produkthaftung

Bei den rechtlichen Aspekten von Prüfbescheinigungen geht es in erster Linie um die Frage, ob und inwieweit die Ausstellung und Verwendung solcher Prüfbescheinigungen die Produkthaftung des Ausstellers und/oder Verwenders begründet oder verstärkt. Dem besseren Verständnis dieser Frage soll der folgende Überblick dienen.

Die Produkthaftung stellt die Frage nach der Verantwortung für einen Fehler (Mangel) eines Produkts und/oder dessen Folgen (Mangelfolgeschaden). Sie ist im deutschen Recht dreispurig ausgestaltet:

- als vertragliche Haftung für Sachmängel („Gewährleistung") nach den Vorschriften des Bürgerlichen Gesetzbuchs (BGB) zum Kauf- und Werkvertragsrecht (4.2.1)
- als außervertragliche (deliktische) Haftung auf Schadensersatz für (schuldhafte, d.h. fahrlässige oder vorsätzliche) Verletzungen des Eigentums, des Körpers oder der Gesundheit nach den Vorschriften über „unerlaubte Handlungen" im BGB (4.2.3)
- als (vom Verschulden unabhängige) außervertragliche Haftung auf Schadensersatz nach dem Produkthaftungsgesetz/PHG (4.2.4)

Diese drei Haftungsformen bestehen unabhängig voneinander. Sie haben unterschiedliche Voraussetzungen und Folgen, die im Folgenden zunächst allgemein und danach im Zusammenhang mit der Verwendung von Prüfbescheinigungen gemäß EN 10204 vorgestellt werden sollen.

4.2.1 Vertragliche Haftung: Überblick

Die vertragliche Haftung resultiert aus dem (gebrochenen) Versprechen, die verkaufte Sache oder das hergestellte Werk ohne Mangel zu liefern. § 433 Abs. 1 Satz 2 BGB sagt das für den Kaufvertrag so: *„Der Verkäufer hat dem Käufer die Sache frei von Sach- und Rechtsmängeln zu verschaffen."* Ähnlich heißt es in § 633 Abs. 1 BGB für den Werkvertrag: *„Der Unternehmer hat dem Besteller das Werk frei von Sach- und Rechtsmängeln zu verschaffen."*

Kauf- und Werkvertrag unterscheiden sich in ihrer Zielrichtung: Während der Kaufvertrag den Käufer in § 433 Abs. 1 BGB dazu verpflichtet, dem Käufer die verkaufte Sache zu übergeben und das Eigentum daran zu verschaffen, verpflichtet der Werkvertrag in § 631 Abs. 1 BGB den (hier sogenannten) Unternehmer zur Herstellung des versprochenen Werks für den (hier sogenannten) Besteller. Dementsprechend unterscheiden sich die Voraussetzungen und Folgen vertraglicher Haftung:

Hat die <u>verkaufte</u> Sache einen (Sach-)Mangel, kann der Käufer in erster Linie Nacherfüllung verlangen, d. h. nach seiner Wahl die Beseitigung des Mangels („Reparatur") einschließlich bestimmter Aufwendungen für den Ausbau der mangelhaften und (Wieder-)Einbau mangelfreier Sachen (§ 439 BGB) oder die Lieferung einer mangelfreien Sache. Diese Rechte (gemeinhin als „Gewährleistung" bezeichnet) stehen dem Käufer unabhängig davon zu, ob er die betreffende Sache unmittelbar vom Hersteller oder von einem Händler erworben hat. Nach § 434 Abs. 1 BGB ist eine verkaufte Sache frei von Sachmängeln, wenn sie bei Gefahrübergang, also regelmäßig bei ihrer Übergabe an den Käufer, die vereinbarte Beschaffenheit hat bzw. mangels entsprechender Vereinbarung sich zu der vorausgesetzten, hilfsweise gewöhnlichen Verwendung eignet und in diesem Fall eine Beschaffenheit aufweist, die bei Sachen gleicher Art üblich ist und die ein Käufer nach der Art der Sache erwarten darf.

Hat die <u>hergestellte</u> Sache (das „Werk") einen Mangel, besteht das Recht des Bestellers auf Nacherfüllung in der Mängelbeseitigung oder Neuherstellung des Werks. Zwar steht das Wahlrecht zwischen Mängelbeseitigung und Neuherstellung gem. § 635 Abs. 1 BGB dem Unternehmer (Hersteller) zu. Trotzdem kann der Aufwand der Nacherfüllung ungleich höher sein als beim Kaufvertrag, so z. B. bei einem Vertrag über die Verlegung von Betonstahl in ein Bauobjekt: Hier ist der Unternehmer für den Fall, dass der (von ihm gestellte) Betonstahl sich als mangelhaft erweist, unter Umständen zur Neuherstellung des Werks, also zur Neulieferung des Betonstahls und dessen (erneuter) Einbringung in das Bauwerk verpflichtet, und zwar auch und gerade dann, wenn – wie in aller Regel – er den Betonstahl nicht selbst hergestellt, sondern zugekauft hat. Ähnlich wie beim Kaufvertrag ist nach § 633 Abs. 2 BGB für die Mangelfreiheit eines „Werkes" in erster Linie die Vereinbarung entscheidend, hilfsweise die vertraglich vorausgesetzte und äußerst hilfsweise die gewöhnliche Verwendung des Werkes und dessen Beschaffenheit, die bei Werken der gleichen Art üblich ist und die der Besteller nach der Art des Werkes erwarten darf.

Beim Stahlvertrieb überwiegt der Kaufvertrag. Selbst auf einen Vertrag, der die Lieferung noch herzustellender beweglicher Sachen zum Gegenstand hat wie z. B. eines Trägers mit angeschweißten Kopf- und Fußstützen („Werklieferungsvertrag"), findet nach § 651 Satz 1 BGB im Grundsatz das Kaufrecht Anwendung.

Eine allgemeine Haftung auf Schadensersatz wegen der Lieferung mangelhafter Sachen bzw. der Herstellung eines mangelhaften Werkes kennt weder das Kauf- noch das Werkvertragsrecht. Vielmehr gilt hier der allgemeine Grundsatz des § 280 Abs. 1 BGB: Danach haftet der Schuldner der entsprechenden Leistung, also der Verkäufer der Sache bzw. der Hersteller des Werkes, auf Schadensersatz wegen Verletzung seiner Vertragspflichten im Grundsatz nur, wenn er die Pflichtverletzung, also die mangelhafte Lieferung bzw. die mangelhafte Herstellung, „zu vertreten" hat. Entsprechendes gilt für den Fall, dass der Käufer Schadensersatz „statt der Leistung" nach § 281 BGB verlangt. Nach § 276 Abs. 1 BGB hat ein „Schuldner", hier also ein Verkäufer bzw. Werkunternehmer = Hersteller, im Grundsatz nur Vorsatz und Fahrlässigkeit „zu vertreten", also Kenntnis und fahrlässige Unkenntnis von dem betreffenden Mangel.

Das heißt: Hat die gelieferte Sache bzw. das hergestellte Werk einen Mangel, gibt dieser Mangel allein dem Käufer/Besteller noch nicht das Recht, wegen dieses Mangels vom Verkäufer/Hersteller Ersatz solcher Schäden zu fordern, die ihm als Folge des Mangels entstanden sind. Hat also das von einem Händler gelieferte Blech Einschlüsse, die der Verkäufer als bloßer Zwischenhändler weder kannte (Vorsatz!) noch erkennen konnte (Fahrlässigkeit!), kann der Käufer allein deswegen von dem Händler keinen Schadensersatz z. B. wegen der Fertigung fehlerhafter Teile aus jenem Blech geltend machen. Anders aber, wenn der Käufer die Bleche unmittelbar vom Hersteller bezogen hat: Dann dürften in aller Regel die Einschlüsse auf ein fahrlässiges Verhalten im Betrieb des Herstellers zurückzuführen sein und sie damit dessen Haftung begründen.

Entsprechendes gilt für den Werkvertrag: Verlegt z. B. ein Installateur („Unternehmer" im Sinne des Werkvertragsrechts) Rohre, die wegen eines Materialfehlers undicht sind, muss er diese Rohre zwar austauschen („nacherfüllen"), haftet aber wegen dieses Mangels nicht auf den Ersatz solcher Schäden, die dem Auftraggeber („Besteller") infolge dieses Fehlers entstanden sind, z. B. Baustillstandskosten.

Daneben und zusätzlich können Verkäufer und Werkunternehmer auch aus Garantien und sonstigen Zusagen („Zusicherungen") auf Schadensersatz haften. § 276 BGB stellt klar, dass sich eine strengere Haftung des Schuldners (also des Verkäufers bzw. des Werkunternehmers) aus dem sonstigen Inhalt des betreffenden Schuldverhältnisses ergeben kann, insbesondere aus der Übernahme einer

Garantie, und § 443 BGB beschreibt für das Kaufrecht die (zusätzlichen) Rechte des Käufers für den Fall, dass der Verkäufer, der Hersteller der verkauften Sache oder ein sonstiger Dritter eine solche Garantie gibt. Die Vorschrift unterscheidet zwischen der Beschaffenheits- und der Haltbarkeitsgarantie, also der Erklärung einerseits, dass die verkaufte Sache eine bestimmte Eigenschaft hat (z. B. dass der verkaufte Träger „garantiert verzinkungsfähig" ist), und der Erklärung andererseits, dass die verkaufte Sache eine bestimmte Zeit lang bestimmte Eigenschaften aufweist und behält (z. B. dass ein Stahlblech garantiert zehn Jahre lang wetterfest bleibe). Solche Erklärungen können, müssen aber nicht Teil des jeweiligen Kaufvertrages sein, sie können auch in anderen Erklärungen des Verkäufers selbst oder auch des Herstellers der verkauften Sache, insbesondere in Werbeerklärungen, enthalten sein („XY-Bleche sind garantiert wetterfest") und sich in jedweder Form darstellen, sei es auf einer Website, in einem Prospekt, einer Zeitungsanzeige, einem Werbebrief oder einem Fernsehspot. Voraussetzung ist lediglich, dass die Erklärung vor oder bei Abschluss des Kaufvertrages „verfügbar" war und sich gerade auf die betreffende Kaufsache bezieht. Herstellergarantien werden auch selbstständige Garantien genannt im Gegensatz zu den unselbstständigen Garantien des Verkäufers (Händlers), die die Gewährleistungsrechte des Käufers nicht erst begründen, sondern verstärken.

Fehlt der Sache die garantierte Eigenschaft, kann der Käufer den Garantiegeber wahlweise aus der gesetzlichen Sachmängelhaftung („Gewährleistung") oder der Garantie in Anspruch nehmen. Das ist wichtig und vorteilhaft bei der sogenannten Herstellergarantie, aus der der Käufer sowohl gegen den Hersteller als auch gegen den eigentlichen Verkäufer (Händler) vorgehen kann. Dabei hat er die Wahl, gegen wen er vorgeht und was er verlangt. In aller Regel gehen solche Garantien über die gesetzliche Sachmängelhaftung hinaus und gewähren dem Käufer für den Fall, dass der verkauften Sache die garantierte Eigenschaft fehlt, einen Schadensersatzanspruch. Rosten also die als „wetterfest" garantierten Bleche während der Garantiezeit, kann der Käufer sowohl von seinem unmittelbaren Verkäufer (Händler) als auch vom Hersteller nicht nur Ersatz der Bleche, sondern auch Ersatz der Kosten für deren Austausch verlangen. Letztlich entscheidend für Art und Umfang der Ansprüche des Käufers ist der Inhalt der Garantieerklärung, der im Zweifel mittels Auslegung zu bestimmen ist. Vergleiche BGH-Urteil vom 29.11.2006: Die Übernahme einer Garantie setzt voraus, *„dass der Verkäufer in vertragsmäßig bindender Weise die Gewähr für das Vorhandensein der vereinbarten Beschaffenheit der Kaufsache übernimmt und damit seine Bereitschaft zu erkennen gibt, für alle Folgen des Fehlens dieser Beschaffenheit einzustehen. ... Diese Einstandspflicht erstreckt sich bei der Garantieübernahme ... auf die Verpflichtung zum Schadensersatz, wobei Schadensersatz selbst dann zu leisten ist, wenn den Verkäufer hinsichtlich des Fehlens der garantierten Beschaffenheit kein Verschulden trifft (§ 276 Abs. 1 Satz 1 BGB) oder dem Käufer der Mangel infolge grober Fahrlässigkeit unbekannt geblieben ist .... Mit*

Rücksicht auf diese weitreichenden Folgen ist insbesondere bei der Annahme einer – grundsätzlich möglichen – stillschweigenden Übernahme einer solchen Einstandspflicht Zurückhaltung geboten ...".

Diese Grundsätze gelten auch im Recht der Werkverträge. Auch hier gibt es Fälle, in denen der Werkunternehmer seinem Besteller (Kunden) bestimmte Eigenschaften wie z. B. die Haltbarkeit seiner Arbeiten über einen Zeitraum zusichert (garantiert), aber auch in denen der Hersteller des verarbeiteten Teils eine solche Haltbarkeitsgarantie übernimmt. Zwar fehlt eine dem § 443 BGB vergleichbare Vorschrift im Abschnitt des BGB zum Werkvertragsrecht, doch öffnen die allgemeine Regel des § 276 BGB und die Vertragsfreiheit ausreichenden Spielraum für derartige Zusagen und Abreden.

Schadensersatz, und zwar anstelle der ursprünglich geschuldeten Leistung, kann der Käufer/Besteller auch dann geltend machen, wenn die verkaufte Sache bzw. das hergestellte Werk einen Mangel hat, er dem Verkäufer/Werkunternehmer eine angemessene Frist zur Nacherfüllung gesetzt und dieser die Frist hat verstreichen lassen (§ 281 Abs. 1 BGB). Dabei hat der Käufer/Besteller ein Wahlrecht: Er kann entweder die Sache oder die Werkleistung behalten und den Wertunterschied zwischen der mangelfreien und mangelhaften Sache bzw. Leistung verlangen (sogenannter kleiner Schadensersatz), oder er kann, wenn der Mangel „erheblich" ist, die Sache bzw. das „Werk" dem Verkäufer/Werkunternehmer zur Verfügung stellen und verlangen, so gestellt zu werden, wie wenn die gekaufte Sache bzw. das erbrachte Werk mangelfrei gewesen wäre (sogenannter großer Schadensersatz), so z. B. beim Kaufvertrag neben dem gezahlten Kaufpreis auch den aus einem Weiterverkauf wahrscheinlich erzielten entgangenen Gewinn. Für die „Erheblichkeit" gilt gemeinhin die 10 %-Regel: Liegt der Nacherfüllungsaufwand unter 10 % der vereinbarten Gegenleistung (Kaufpreis; Werklohn), ist der Mangel in der Regel unerheblich und der „große" Schadensersatz ausgeschlossen.

Mängelansprüche des Käufers, auch die auf Schadensersatz, verjähren im Allgemeinen in zwei Jahren ab Ablieferung der Sache. Diese Frist verlängert sich auf fünf Jahre bei einem Bauwerk sowie bei dem Verkauf einer Sache, die entsprechend ihrer üblichen Verwendungsweise für ein Bauwerk verwendet worden ist und dessen Mangelhaftigkeit verursacht hat (§ 439 Abs. 1 Nr. 2 BGB), zum Beispiel Betonstahl. Verjährungsfristen müssen im Streitfall, insbesondere in einem zivilgerichtlichen Rechtsstreit, als „Einrede" geltend gemacht werden. Vergleiche § 214 Abs. 1 BGB: *„Nach Eintritt der Verjährung ist der Schuldner berechtigt, die Leistung zu verweigern."* Anders als sogenannte Ausschlussfristen beachten Richter Verjährungsfristen nicht von Amts wegen, sondern nur wenn sie im Prozess geltend gemacht werden. Das Recht der vertraglichen Produkthaftung kennt keine solchen Ausschlussfristen. Allerdings wirkt die versäumte Mängelrüge nach § 377 HGB unter Kaufleuten wie eine solche Ausschlussfrist; danach bewirken nicht rechtzeitig erhobene Mängelrügen die Genehmigung der gelieferten Ware.

Für grenzüberschreitende Käufe und Verkäufe von Waren zwischen Unternehmen entscheidet in erster Linie die Rechtswahl über das auf den Kaufvertrag anwendbare Recht (Art. 3 Abs. 1 der EG-Verordnung über das auf vertragliche Schuldverhältnisse anwendbare Recht – „Rom I"). Haben die Parteien keine Rechtswahl getroffen, gelten die Regeln des *Übereinkommens der Vereinten Nationen über Verträge über den internationalen Warenkauf* (UN-Kaufrecht; CISG), wenn die Parteien einem der 93 Vertragsstaaten (Stand 2/2020) angehören und die Anwendung dieses Übereinkommens nicht ausgeschlossen haben. Die Regeln des Übereinkommens gelten schon dann, wenn nur der Verkäufer einem Vertragsstaat angehört, der Käufer aber nicht, so zum Beispiel, wenn ein in Deutschland (Vertragsstaat) ansässiger Stahlhändler Stahl an einen in Großbritannien (kein Vertragsstaat) ansässigen Käufer veräußert. In Europa sind lediglich Großbritannien, Portugal, Malta, Andorra und Monaco bislang dem Übereinkommen nicht beigetreten. Die jeweils aktuelle Liste der Vertragsstaaten kann im Internet abgerufen werden.

Die Regelungen des UN-Kaufrechts decken sich inhaltlich weitgehend mit denen des BGB, allerdings haftet ein Verkäufer, anders als nach BGB, dort im Fall des Verkaufs einer mangelhaften Sache dem Käufer auch auf Schadensersatz (Art. 45 Abs. 1 lit. b UN-Kaufrecht).

4.2.2 Vertragliche Haftung: Besonderheiten bei Prüfbescheinigungen

Weist das verkaufte oder hergestellte Erzeugnis einen Sachmangel auf, stehen dem Käufer aus diesem Mangel die vorangehend beschriebenen Rechte zu. Ein solcher Sachmangel kann sich auch aus der zu dem Erzeugnis beigestellten Prüfbescheinigung ergeben.

Fehlt die (vertraglich geschuldete) Prüfbescheinigung oder enthält sie Fehler (indem sie z. B. nicht zu dem verkauften und gelieferten Erzeugnis passt), kann der Käufer regelmäßig ihre (nachträgliche) Beistellung fordern und bis zu ihrer Beistellung die Zahlung des gesamten Kaufpreises der Lieferung zurückbehalten, es sei denn, diese Forderung widerspricht Treu und Glauben wie in dem Fall des OLG Düsseldorf (Urteil vom 29.12.1988):

Dort ging es um geschweißte Gasleitungsrohre nach DIN 2470-1, die ein Händler bei einem anderen Händler mit einer Prüfbescheinigung DIN 50049/3.1 B (jetzt: Prüfbescheinigung 3.1) bestellt und im Dezember 1984 erhielt, allerdings ohne die vereinbarte Prüfbescheinigung. Diese traf nach mehreren Mahnungen erst im März 1985 ein, allerdings war sie falsch und passte nicht zu den Rohren, und die Rohre waren bereits im Erdreich verlegt. Der Käufer verlangte die Lieferung des „richtigen" Zeugnisses und Schadensersatz für den Fall, dass der Verkäufer es nicht liefern konnte.

Das OLG Düsseldorf wies die Klage ab, weil die Rohre, nachdem sie eingebaut waren, mit wirtschaftlich vernünftigem Aufwand nicht mehr geprüft werden konnten und daher die Forderung nach einem nachträglichen Zeugnis Treu und Glauben widerspräche. Dabei ließ das Gericht keinen Zweifel daran, dass der Käufer im Grundsatz einen Anspruch auf Lieferung einer „passenden“ Bescheinigung hatte, denn:

„Ein Käufer, der mit seinem Lieferanten ausdrücklich die Erteilung eines Abnahmeprüfzeugnisses nach bestimmten Industrienormen vereinbart, kann verlangen, dass das Zeugnis auch in formeller Hinsicht alle Voraussetzungen erfüllt, welche die vereinbarten Normen vorsehen. Nur dann kann er - zumal bei fremdsprachlichen Zeugnissen - sicher sein, dass der Aussteller die Prüfung des fraglichen Produkts vorschriftsmäßig vorgenommen hat und für das Ergebnis der Prüfung verantwortlich zeichnet. Dass einem solchen Zeugnis gerade bei Rohren, die für Gasleitungen vorgesehen sind, besondere Bedeutung zukommt, liegt auf der Hand.“

Prüfbescheinigungen bilden regelmäßig zusammen mit dem Erzeugnis, auf das sie sich beziehen, eine Einheit, weil das Erzeugnis ohne die zugehörige Bescheinigung nicht verkehrsfähig ist; das gilt jedenfalls für den sogenannten „geregelten Bereich“, in dem die Bescheinigung Bedingung für die Verwendung des Erzeugnisses in einem bestimmten Produkt ist, so z. B. bei Baustählen nach DIN EN 10025 als Bauprodukt, denn diese Norm ist harmonisiert im Sinne der Bauproduktenverordnung und damit faktisch zwingend. Entsprechendes gilt für bestimmte Stähle für Druckbehälter, Druckgeräte, den Stahl- und den Schiffsbau. Das OLG Düsseldorf hat sich dagegen in seinem Urteil vom 29.12.1988 gegen die Gleichsetzung der Prüfbescheinigung mit dem geprüften Erzeugnis auf Gasleitungsrohre ausgesprochen, und zwar mit folgender Begründung:

„So kann z. B. eine öffentlich-rechtliche Beschränkung der Gebrauchstauglichkeit des Kaufgegenstandes einen Sachmangel darstellen, wenn dieser nach den maßgeblichen Unfallverhütungsvorschriften ohne vorherige Sachverständigenprüfung und ohne Begehung einer mit Bußgeld bedrohten Ordnungswidrigkeit nicht in Benutzung genommen werden darf (...). Eine derartige Beschränkung der Gebrauchstauglichkeit liegt jedoch nicht vor, wenn - wie im vorliegenden Falle - ein vom Verkäufer aufgrund privatrechtlicher Vereinbarung zu beschaffendes Sachverständigenzeugnis lediglich bescheinigen soll, dass der Kaufgegenstand bestimmte technische Normen erfüllt. Zwar ist nicht zu verkennen, dass auch die Vereinbarung eines Abnahmeprüfzeugnisses für den Käufer große wirtschaftliche Bedeutung haben und deshalb eine im Gegenseitigkeitsverhältnis der §§ 320 ff. BGB stehende Verpflichtung sein kann; die Gebrauchstauglichkeit technisch einwandfreier Produkte als solche wird jedoch durch das Fehlen einer Sachverständigenbescheinigung nicht beeinträchtigt.“

Diese Feststellung kann jedenfalls nach heutiger Rechtslage nicht mehr gelten. Gasrohre sind Teile von Energieanlagen im Sinne des Energiewirtschaftsgesetzes

(EnWiG) vom 7.7.2005. § 49 Abs. 1 und 2 dieses Gesetzes sagt zu den Anforderungen an solche Energieanlagen:

„(1) Energieanlagen sind so zu errichten und zu betreiben, dass die technische Sicherheit gewährleistet ist. Dabei sind vorbehaltlich sonstiger Rechtsvorschriften die allgemein anerkannten Regeln der Technik zu beachten.

(2) Die Einhaltung der allgemein anerkannten Regeln der Technik wird vermutet, wenn bei Anlagen zur Erzeugung, Fortleitung und Abgabe

1. …

2. von Gas die technischen Regeln des Deutschen Vereins des Gas- und Wasserfachs e. V. eingehalten worden sind.“

Maßgebend ist das DVGW-Merkblatt G 462 (Gasleitungen aus Stahlrohren bis 16 Bar Betriebsdruck – Errichtung). Es nimmt Bezug auf die DIN 2470-1, ersetzt durch die DIN 30680-1 bzw. DIN EN 12007-1 und DIN EN 12007-3. Nach Abschnitt 6 der DIN EN 12007-1 müssen die Eigenschaften der Werkstoffe für Rohrleitungen, Formstücke und Bauteile sowie die Bauart der Rohrleitungen für die Gasart und die Betriebsbedingungen geeignet sein. Werkstoffe und Bauteile müssen den einschlägigen europäischen Normen entsprechen. Nach 4.1.5 der DIN EN 12007-3 (Prüfbescheinigungen für Komponenten) muss das Mindestkonformitätsniveau der Komponenten durch eine Prüfbescheinigung nach EN 10204 3.1 oder 3.2, je nach Anforderung des Kunden, zertifiziert sein. Dieser „Normenbefehl“ ist zwar nicht zwingend; denn die Forderung des § 49 EnWiG nach Einhaltung der allgemein anerkannten Regeln der Technik bei der Errichtung von Energieanlagen kann – theoretisch – auch außerhalb solcher Regeln, z. B. im Wege der Sonderabnahme, geführt werden. In der Praxis ist jedoch die in der Norm geforderte Prüfbescheinigung die Regel; Gasleitungsrohre ohne solche Prüfungen und entsprechende Bescheinigungen sind nicht verkehrsfähig.

Fehlende Prüfbescheinigungen. Im Umgang mit warmgewalzten Flacherzeugnissen wird in der Regel die Mitlieferung einer Prüfbescheinigung zur Lieferung der Erzeugnisse Bleche und Warmbänder in der Weise vereinbart, dass der Käufer sie in seiner Bestellung und der Verkäufer sie in seiner Auftragsbestätigung aufführt.

Wenn und soweit die Mitlieferung einer Prüfbescheinigung in einem Kaufvertrag vereinbart wurde, muss der vereinbarte Typ der Prüfbescheinigung in Übereinstimmung mit der EN 10204 und der entsprechenden Erzeugnisnorm geliefert werden. Ihre Lieferung und Übergabe an den Käufer sind Teil der Vertragspflichten des Verkäufers. Ihre Beistellung ist regelmäßig von wesentlicher Bedeutung für den Käufer, ihr Fehlen berechtigt daher den Käufer zur Zurückbehaltung des Kaufpreises. Bei hohen Sicherheitsanforderungen an das Produkt, wie z. B. im Stahl- oder Druckbehälterbau, fordert die einschlägige Erzeugnisnorm ein Mehr an Prüfungen und gibt dem Besteller bereits einen von einer ausdrücklichen Vereinbarung unabhängigen Rechtsanspruch auf Beistellung einer Prüfbescheinigung.

Prüfbescheinigungen treffen beim Handel wie beim Verarbeiter in der Praxis nur allzu oft später ein als die Ware selbst. Zwar hat hier die elektronische Form der Übermittlung solcher Dokumente einiges verbessert, aber dieses Phänomen nicht völlig beseitigt. Insbesondere bei losweisen Prüfungen werden Materialproben vielfach gesammelt und die Ergebnisse dementsprechend zeitversetzt dokumentiert und versendet (Bild 4.1) (Adams 1999). Auch die Durchführung einer Direktverladung, d.h. den Versand des Produktes ohne Abwarten aller Prüfergebnisse, die gegebenenfalls zur Steuerung des Versandlagers und Vermeidung hoher Lagerbestände angewendet wird, ist in diesem Zusammenhang kritisch. Verzögerungen in der Bereitstellung der Zeugnisse können zu unangenehmen Folgen für die gesamte Lieferkette zwischen Stahlhersteller und Kunde führen. Hat sich z.B. ein Hersteller oder Händler gegenüber seinem Kunden vertraglich zur ausschließlichen Lieferung von „Zeugnismaterial“ verpflichtet und fehlt ihm für das betreffende Erzeugnis das passende Zeugnis, kann er dadurch gegenüber dem Kunden leicht in Lieferverzug geraten mit der Folge, dass er ihm den verzugsbedingten Schaden erstatten muss. Das ist insbesondere der Fall, wenn er die Ware und das Zeugnis nicht an einem vereinbarten Tag oder aber auf eine Mahnung des Kunden nicht liefert. Hinzu kommen Probleme, die dadurch entstehen, dass der Verarbeiter das gelieferte Erzeugnis ohne vorliegendes Abnahmeprüfzeugnis erst gar nicht verarbeiten kann oder möchte und die Weiterverarbeitung ins Stocken gerät.

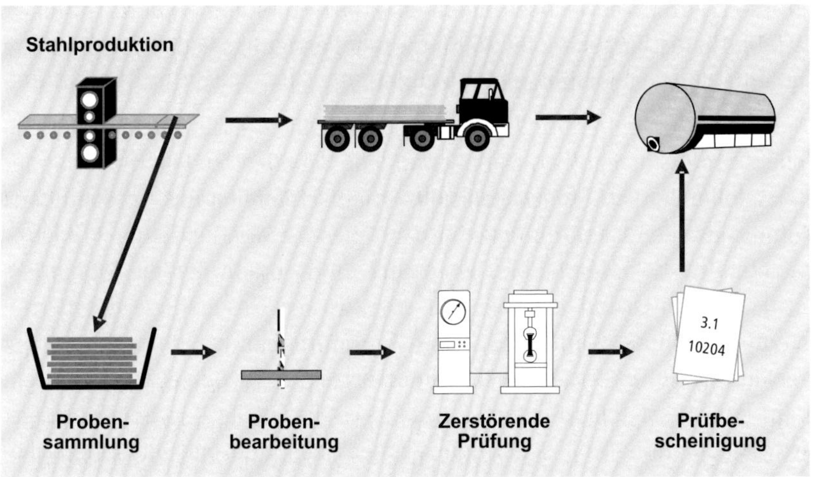

Bild 4.1 Der kurze und der lange Weg von Blech und Prüfzeugnis (schematisch)

Vielfach „parken“ Verarbeiter die Zeugnisse bei ihrem Stahlhandel oder rufen sie erst im „Bedarfsfall“ ab, so wenn das Erzeugnis Fehlersymptome aufweist oder wenn das Endprodukt, z.B. ein Druckgerät, abgenommen wird. Sie verarbeiten also das Material ohne das betreffende Zeugnis bzw. ohne Rücksicht darauf, ob es dem Handel oder ihnen selbst vorliegt. Diese Praxis ist für den Verarbeiter äußerst gefährlich, weil er sich damit der Möglichkeit beraubt, die betreffenden Bescheinigungen selbst zu überprüfen, was ihn unter Umständen um seine Rechte aus eventuellen Sachmängeln des Materials bringt. Jeder Verarbeiter ist daher gut beraten, wenn er nicht nur darauf achtet, dass ihm die bestellten (und bezahlten) Bescheinigungen möglichst zusammen mit dem Material geliefert werden, sondern dass er sie auch auf Übereinstimmung mit der Bestellung und den jeweiligen Erzeugnisnormen überprüft. Den damit verbundenen Aufwand muss er zugunsten der Sicherheit, die ihm die Bescheinigung bietet, aber auch im wohlverstandenen eigenen Interesse an der Erhaltung seiner Rechte auf Gewährleistung hinnehmen.

Aus rechtlicher Sicht sind Prüfbescheinigungen, wie die Ware selbst, rechtzeitig zu liefern. Im Verzugsfall haftet der Verkäufer seinem Käufer auf die verzugsbedingten Schäden.

Fehlerhafte Prüfbescheinigungen. Fehler in einer Prüfbescheinigung können in der Praxis auftreten z.B. in Form von

- Fehlen oder falscher Ausweisung wichtiger formaler Bausteine im Abnahmeprüfzeugnis (z.B. Produktform)
- Fehlen, Unvollständigkeit von oder das Erzeugnis sachlich falsch kennzeichnenden Angaben

Solche Fehler entstehen z.B. durch falsche Markierungen und Stempelungen auf den Erzeugnissen, durch Verwechselungen der Proben im Rahmen der Prüfungen oder durch fehlerhafte Vorgaben im Rahmen der Fertigungs- oder Prüfplanung beim Hersteller (siehe das nachfolgende Beispiel).

Eine fehlerhafte Prüfbescheinigung begründet regelmäßig die Haftung des Herstellers/Ausstellers für aus diesen Fehlern entstandene Schäden. Zu vertreten hat der Hersteller/Aussteller Vorsatz und Fahrlässigkeit einschließlich des Verschuldens seiner Erfüllungsgehilfen. „Erfüllungsgehilfe" in diesem Sinne ist jeder Mitarbeiter der Prüfabteilung des Herstellers, aber auch und gerade der/die Abnahmebeauftragte(n). Dies im Grundsatz aber nur dort, wo der Geschädigte das betreffende Erzeugnis zusammen mit dem Zeugnis unmittelbar bei dem Hersteller/Aussteller gekauft hat. Außerhalb solcher kaufvertraglichen Beziehungen ist ein Durchgriff auf den Aussteller nur dort denkbar, wo dieser die Bescheinigung gefälscht oder wo die fehlerhafte Bescheinigung einen Sach- und/oder Personenschaden verursacht hat. Weicht die dem Käufer gelieferte Prüfbescheinigung von den vorgenannten Anforderungen ab, kann sie der Käufer zurückweisen mit der Folge, dass der Verkäufer auf (ordnungsgemäße) Vertragserfüllung bzw. wegen Nichterfüllung haftet. Demgegenüber haftet ein Händler nicht für Fehler in solchen Prüfbescheinigungen, die er vom Hersteller/Aussteller erhalten und unverändert an seinen Endkunden weitergereicht hat, es sei denn, er hat den Fehler gekannt oder kennen müssen.

Beispiel: Durch Farbmarkierung gekennzeichnete Bleche eines Herstellers werden vor ihrer Auslieferung nach dem Strahlen zur Oberflächenreinigung durch einen Strahlbetrieb neu farbmarkiert. Dabei werden sie versehentlich mit einer unrichtigen Identifizierungsnummer versehen, die das Blech im Prüfzeugnis einer neuen Güte mit völlig anderen mechanischen Eigenschaften zuordnet. Die somit falsche Kennzeichnung des Bleches und die falsche Zuordnung des Abnahmeprüfzeugnisses muss der Strahlbetrieb gegen sich gelten lassen. Der Hersteller muss für dieses Versehen seines „Erfüllungsgehilfen“ wie für eigenes Verschulden einstehen. Dies gilt jedoch nicht in den Fällen vorsätzlich gefälschter Prüfbescheinigungen. Hier haftet der Aussteller des gefälschten Dokuments jedem, der infolge der Fälschung einen Schaden erlitten hat.

In der Praxis werden falsche Stempelungen/Markierungen auf dem Erzeugnis und ein entsprechend falsches Prüfzeugnis vielfach in der Weise korrigiert, dass das falsche Prüfzeugnis durch ein berichtigtes ersetzt wird, versehen mit einer angehängten Umstempelbescheinigung, in das die Kennzeichnungen des betreffenden Erzeugnisses oder auf Teilen davon übertragen werden. Bild 4.2 zeigt eine solche Umstempelbescheinigung zur Bestätigung einer mit dem Prüfzeugnis übereinstimmenden und sachlich richtigen Erzeugniskennzeichnung. Die Durchführung dieser Umstempelung durch Ausschleifen oder andere Methoden zur Eliminierung fehlerhafter Hartstempel oder Markierungen überträgt der Hersteller auf den Händler oder Verarbeiter im Rahmen der betreffenden Umstempelbescheinigung oder Umstempelbeauftragung. Bei einer Prüfbescheinigung 3.2 sollte die für die Umstempelung verantwortliche Person dem zuständigen externen Abnahmebeauftragten namentlich benannt werden. Zweckmäßig ist ein Auftragsschreiben der Gesellschaft an diese Person mit deren Bestätigung.

Fehlen Resultate von vereinbarten Prüfungen in den Prüfbescheinigungen, so müssen diese zur Vertragserfüllung nachgeliefert werden. Liegen entsprechende Prüfergebnisse vor, so kann der Hersteller gegebenenfalls gemeinsam mit dem externen Abnahmebeauftragten bei einem 3.2-Prüfzeugnis hierüber eine entsprechend korrigierte Prüfbescheinigung ausstellen. In den Fällen, in denen keine passenden Prüfergebnisse aus der Werkstoffprüfung verfügbar sind, müssen – je nach geforderter Prüfhäufigkeit – die notwendigen Proben beschafft und geprüft werden, damit die Prüfbescheinigung vervollständigt werden kann. Dies kann dazu führen, dass von bereits ausgelieferten Erzeugnissen nachträglich Probestücke abgeschnitten und dem Hersteller zur Prüfung übergeben werden müssen. Die entsprechend notwendige Kürzung der warmgewalzten Erzeugnisse in Länge und/oder Breite ist für den Besteller/Verbraucher im Hinblick auf die Weiterverarbeitung und den Einsatz des Erzeugnisses in Konstruktionen häufig nicht unproblematisch. Nachträgliche Prüfungen an bereits gelieferten Erzeugnissen sind damit als äußerst kritisch anzusehen und sollten durch sorgfältige Fertigungsplanung beim Hersteller möglichst vermieden werden.

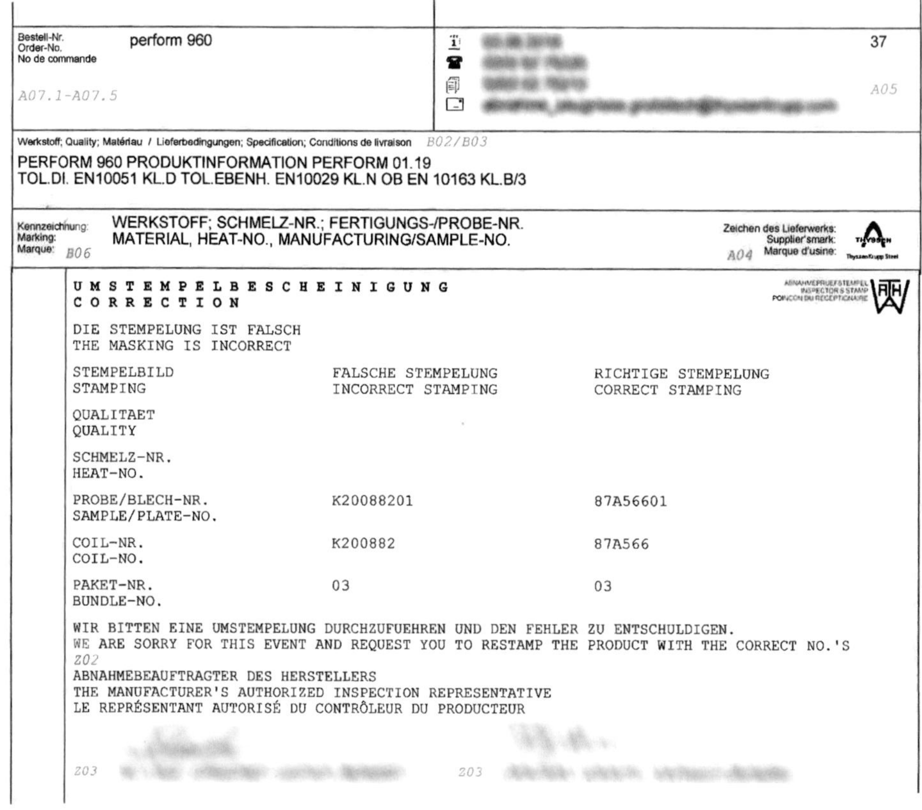

Bestell-Nr.
Order-No.
No de commande
perform 960

A07.1-A07.5

37

A05

Werkstoff; Quality; Matériau / Lieferbedingungen; Specification; Conditions de livraison B02/B03

PERFORM 960 PRODUKTINFORMATION PERFORM 01.19
TOL.DI. EN10051 KL.D TOL.EBENH. EN10029 KL.N OB EN 10163 KL.B/3

Kennzeichnung:
Marking:
Marque: B06

WERKSTOFF; SCHMELZ-NR.; FERTIGUNGS-/PROBE-NR.
MATERIAL, HEAT-NO., MANUFACTURING/SAMPLE-NO.

Zeichen des Lieferwerks:
Supplier'smark:
A04 Marque d'usine:

ThyssenKrupp Steel

U M S T E M P E L B E S C H E I N I G U N G
C O R R E C T I O N

ABNAHMEPRUEFSTEMPEL
INSPECTOR'S STAMP
POINCON DU RECEPTIONAIRE

DIE STEMPELUNG IST FALSCH
THE MASKING IS INCORRECT

STEMPELBILD STAMPING	FALSCHE STEMPELUNG INCORRECT STAMPING	RICHTIGE STEMPELUNG CORRECT STAMPING
QUALITAET QUALITY		
SCHMELZ-NR. HEAT-NO.		
PROBE/BLECH-NR. SAMPLE/PLATE-NO.	K20088201	87A56601
COIL-NR. COIL-NO.	K200882	87A566
PAKET-NR. BUNDLE-NO.	03	03

WIR BITTEN EINE UMSTEMPELUNG DURCHZUFUEHREN UND DEN FEHLER ZU ENTSCHULDIGEN.
WE ARE SORRY FOR THIS EVENT AND REQUEST YOU TO RESTAMP THE PRODUCT WITH THE CORRECT NO.'S
Z02
ABNAHMEBEAUFTRAGTER DES HERSTELLERS
THE MANUFACTURER'S AUTHORIZED INSPECTION REPRESENTATIVE
LE REPRÉSENTANT AUTORISÉ DU CONTRÔLEUR DU PRODUCTEUR

Z03 Z03

Bild 4.2 Umstempelbescheinigung zur Korrektur der Kennzeichnung eines Erzeugnisses

Rechtlich sind Fehler in und das Fehlen von (vereinbarten) Prüfbescheinigungen wie folgt zu beurteilen: Das Fehlen von sowie Fehler in Prüfbescheinigungen stehen dann einem Mangel (Fehler) des Erzeugnisses selbst gleich, wenn das Erzeugnis ohne die zugehörige Bescheinigung nicht oder nur unter erschwerten Bedingungen verwendbar ist. Das ist regelmäßig dann der Fall, wenn eine harmonisierte Norm (zu dem Begriff siehe vorangehende Abschnitte) die Prüfung bestimmter Eigenschaften des verkauften und gelieferten Erzeugnisses vorschreibt. Der Käufer kann in solchen Fällen sämtliche Mängelrechte geltend machen, die ihm auch im Falle von Sachmängeln an dem Erzeugnis selbst zustehen. Er kann in erster Linie Nacherfüllung nach § 439 Abs. 1 BGB verlangen, also die Beistellung einer korrekten Prüfbescheinigung. Kommt der Verkäufer diesem Verlangen nicht nach, kann der Käufer – regelmäßig nach Ablauf einer angemessenen Nachfrist – vom Vertrag zurücktreten und Rückzahlung des Kaufpreises Zug um Zug gegen

Rückgabe des Erzeugnisses fordern. Dies gilt bei Fehlern in Prüfbescheinigungen nur, soweit diese für die Verarbeitung des geprüften Materials von Bedeutung, also „erheblich" im Sinne des § 323 Abs. 5 Satz 2 BGB sind, also in aller Regel bei falschen Prüfergebnissen.

Schadensersatz, z. B. wegen der verzögerten oder fehlgeschlagenen Verwendung des Erzeugnisses, kann der Käufer nur in den Fällen von seinem Verkäufer fordern, in denen jener das Fehlen der oder den Fehler in der Prüfbescheinigung zu vertreten hat (§ 276 Abs. 1 BGB, siehe vorangehende Abschnitte). Das ist regelmäßig der Fall, wenn der Käufer das Erzeugnis direkt beim Hersteller gekauft hat. Hat er das Erzeugnis von einem Zwischenhändler gekauft, kann er von diesem nur dann Schadensersatz fordern, wenn der Händler aus eigenem Verschulden das Fehlen oder den Fehler zu vertreten hat. Er haftet nicht automatisch für das Verschulden des Herstellers.

Daneben gibt es – theoretisch – noch die Möglichkeit, dass der Verkäufer seinem Käufer deshalb auf Schadensersatz haftet, weil er ihm gegenüber eine Garantie für das Vorhandensein (oder auch die Abwesenheit) bestimmter Eigenschaften des verkauften Erzeugnisses übernommen hat (§ 276 Abs. 1 Satz 1 BGB; hierzu ausführlich: Henseler 2016, S. 203 ff.). Derartige Garantieübernahmen, sei es in Form einer Haltbarkeits-, sei es als Beschaffenheitsgarantie im Sinne von § 443 BGB, liegen aber weder in der bloßen Bezugnahme auf Normen (BGH-Urteile vom 25.9.1968 und vom 25.2.1981) noch in der Beistellung von Prüfbescheinigungen. In diesen Bescheinigungen bestätigt der Aussteller lediglich, dass die gelieferten Erzeugnisse den Anforderungen der Bestellung entsprechen (siehe vorangehende Abschnitte), gibt darüber hinaus aber weder entsprechende Garantieerklärungen noch irgendwelche Zusicherungen ab. Das ist die übereinstimmende Ansicht mehrerer Oberlandesgerichte (OLG Hamm, Urteil vom 21.10.1986; OLG Düsseldorf, Urteil vom 29.12.1988; OLG Nürnberg, Urteil vom 20.12.2000; OLG Düsseldorf, Urteil vom 25.7.2003). Demgemäß liegt auch in der bloßen Weitergabe einer Prüfbescheinigung vom Händler an den Verbraucher keine Garantie oder Zusicherung.

Hersteller und Händler haften also in solchen Fällen weder ihrem unmittelbaren Käufer noch einer anderen Person aus der Lieferkette gegenüber aus dem Gesichtspunkt einer fehlenden Zusicherung oder Garantie, sollte sich herausstellen, dass die in einer Prüfbescheinigung bestätigten Werte nicht zutreffen, denn Prüfbescheinigungen enthalten in aller Regel keine garantiemäßigen Erklärungen oder Zusicherungen, sondern bestätigen nur, dass das Erzeugnis nach der hierfür geltenden Norm geprüft wurde und daher normgemäß ist.

Die Einheit von Erzeugnis und Prüfbescheinigung hat auf der anderen Seite zur Folge, dass der Käufer zwecks Wahrung seiner Mängelrechte nicht nur das Erzeugnis selbst, sondern auch die Prüfbescheinigung, soweit *„nach ordnungsgemäßen Geschäftsgange tunlich"* (§ 377 Abs. 1 HGB), auf etwaige Fehler überprüfen muss.

Das betrifft zum einen etwaige Unstimmigkeiten in der Bescheinigung selbst (z.B. falsche Angaben zur Sorte und Güte des Erzeugnisses) als auch fehlende oder offensichtlich falsche Prüfergebnisse, aber auch Angaben in der Bescheinigung, die einen Mangel des Erzeugnisses indizieren, so z.B. Angaben zur Streckgrenze oder Zugfestigkeit, die nicht der zuständigen Erzeugnisnorm entsprechen. Solche Auffälligkeiten stehen einem Mangel des Erzeugnisses gleich und sind „unverzüglich“ nach Ablieferung, d.h. ohne schuldhaftes Zögern (§ 121 Abs. 1 BGB), gegenüber dem Verkäufer anzuzeigen (zu rügen). Unterbleibt die Anzeige oder erfolgt sie zu spät, gilt die betreffende Ware als genehmigt mit der Folge, dass der Käufer seine Mängelrechte gegenüber dem Verkäufer verliert.

Äußerst umstritten ist, ob und inwieweit der Käufer die gekaufte Ware nach deren Ablieferung auch und insbesondere auf solche Eigenschaften hin überprüfen muss, deren Normgemäßheit ihm in einer Prüfbescheinigung bestätigt wurde oder für die die (vereinbarte) Prüfbescheinigung fehlte. Das OLG Düsseldorf hatte einen Fall zu entscheiden, in dem es um die Lieferung von Metallbolzen aus dem Werkstoff 1.0406 und einer bestimmten Festigkeitsklasse ging. Als die Prüfbescheinigungen ausblieben, veranlasste die Käuferin eine stichprobenhafte Überprüfung der Bolzen mit dem Ergebnis zu hoher Mn- und Festigkeitswerte. Die Verkäuferin hielt die entsprechende Mängelrüge für verspätet und meinte, die Bolzen hätten unverzüglich nach Ablieferung untersucht werden müssen. Das OLG Düsseldorf wies diese Ansicht mit Urteil vom 7.2.2013 zurück mit der Begründung, der Umfang der nach § 377 HGB geforderten Untersuchung müsse sich in einem wirtschaftlich vertretbaren Rahmen halten. Lägen keine konkreten Verdachtsmomente vor, sei keine „Rundum-Untersuchung“ gefordert. Anders dagegen entschied das OLG Hamm in einem Fall (Urteil vom 25.6.2010), in dem es um die Lieferung warmgewalzten Spaltbands mit einem vereinbarten und mittels einer Prüfbescheinigung „2.3“ bestätigten C-Gehalt von > 0,05 % ging, der jedoch tatsächlich zwischen 0,05 und 0,06 % lag. Das LG Bochum hatte als Vorinstanz die entsprechende Mängelrüge für verspätet gehalten mit der Begründung, die Überschreitung des vereinbarten C-Gehalts hätte vor Abholung ohne Weiteres durch eine Messung festgestellt werden können. Das OLG Hamm wies die Berufung gegen dieses Urteil mit seinem Urteil vom 25.6.2010 mit der Begründung zurück, ein Käufer dürfe sich nicht unbesehen auf Verkäuferangaben zum Anteil eines chemischen Elements verlassen, wenn gerade dieser eine zentrale Bedeutung für die vorgesehene Verarbeitung des betreffenden Stahles habe. Dieser Ansicht ist nicht zu folgen, denn sie lässt kaum mehr Raum für sogenannte versteckte Fehler, die nach § 377 Abs. 2 HGB erst nach deren Auftreten anzuzeigen sind. Zudem wäre es unökonomisch und kontraproduktiv, dem Käufer die Untersuchung des Erzeugnisses auch auf diejenigen Eigenschaften zuzumuten, die er sich in einer Prüfbescheinigung hat bestätigen lassen (Henseler 2016).

4.2.3 Außervertragliche Haftung (BGB)

Die vorangehend beschriebene vertragliche Haftung aus Kauf- und Werkverträgen deckt im Wesentlichen nur das Interesse des Käufers/Werkbestellers am Erhalt einer mangelfreien Sache bzw. Werkleistung (sogenanntes Äquivalenzinteresse) ab, nicht oder doch nur sehr unvollkommen sein Interesse an der Unversehrtheit seines Körpers, seiner Gesundheit und seines Eigentums (sogenanntes Integritätsinteresse). Der Schutz solcher Rechte ist im BGB dem Abschnitt über „Unerlaubte Handlungen" vorbehalten, hier im Besonderen der Vorschrift des § 823 Abs. 1 BGB, die lautet: *„Wer vorsätzlich oder fahrlässig das Leben, den Körper, die Gesundheit, die Freiheit, das Eigentum oder ein sonstiges Recht eines anderen widerrechtlich verletzt, ist dem anderen zum Ersatz des daraus entstehenden Schadens verpflichtet."* Eine Möglichkeit, Körper, Gesundheit oder Eigentum eines anderes zu verletzen, besteht darin, ein Produkt in den Verkehr zu bringen, dessen Fehler eines dieser absolut geschützten Rechte eines anderen verletzt. Diese Möglichkeit firmiert gemeinhin unter der Bezeichnung „Produkthaftung" bzw. – da sie im BGB geregelt ist – „BGB-Produkthaftung". Anders als die vorangehend beschriebene vertragliche Haftung greift diese außervertragliche Haftung unabhängig vom Bestehen vertraglicher Beziehungen ein und entfaltet ihre eigentliche Bedeutung erst dort, wo zwischen Schädiger und Geschädigtem keine solchen vertraglichen Beziehungen bestehen. Vertragliche und außervertragliche Haftung schließen sich nicht aus; zwischen ihnen besteht „echte Anspruchskonkurrenz" mit der Folge, dass der Käufer eines fehlerhaften Erzeugnisses seine Ansprüche gegen den Verkäufer, falls er mit dem Hersteller identisch ist, sowohl auf vertraglichem als auch auf außervertraglichem Wege verfolgen kann. Da jedoch vertragliche und außervertragliche Ansprüche an unterschiedliche Voraussetzungen geknüpft sind, muss nicht jeder Weg zum selben Erfolg führen.

Bereits die Lektüre des § 823 Abs. 1 BGB zeigt: Die Verletzungshandlung muss

- widerrechtlich sein sowie
- vorsätzlich oder fahrlässig (= schuldhaft) geschehen.

„BGB-Produkthaftung" ist also die Haftung für die Verletzung bestimmter Rechtsgüter anderer Personen durch das Inverkehrbringen eines fehlerhaften Produkts mit der Maßgabe, dass der entstandene Schaden durch ein widerrechtliches und zumindest (leicht oder grob) fahrlässiges (nachlässiges) Verhalten verursacht wurde. „Widerrechtlich" handelt, wer die bei der Herstellung und bei dem Vertrieb von Produkten geltenden sogenannte Verkehrs(sicherungs)pflichten nicht beachtet. Dabei geht es im Wesentlichen um die Pflicht des <u>Herstellers</u> zur sicheren Konstruktion, Fabrikation (Herstellung) und Instruktion, also der Anweisung zum richtigen Gebrauch und der Warnung vor möglichen Gefahren bei falschem Gebrauch des Produkts, aber auch um die Pflicht zur Beobachtung des Produkts auf etwaige unentdeckt gebliebene schädliche Eigenschaften und zur Warnung vor solchen Gefahren bis zum eventuellen Rückruf. Stellt z.B. der Kunde eines Walzwerks bei Überprüfung von dort gekaufter Bleche Unterschreitungen der Mindestfestigkeit fest, muss das Walzwerk seine anderen Kunden davon unterrichten, wenn und soweit die Gefahr besteht, dass die dorthin verkauften und gelieferten Bleche ebenfalls mangelhaft sein und Schaden anrichten können. Instruktions- und Beobachtungspflichten können unter gewissen Umständen auch den Zwischenhändler treffen. Auch er muss darauf achten, dass er nur solche Produkte in den Verkehr bringt, die (nach dem erkennbaren Stand von Wissenschaft und Technik) ungefährlich sind und für den Fall, dass sich Fehler zeigen, vor ihnen warnen. Zu ersetzen ist in den Fällen dieser außervertraglichen Haftung im Grundsatz jeder Schaden, der infolge des Fehlers an Rechtsgütern (Eigentum, Körper) einer anderen Person eingetreten ist, also ein Sach- und Personenschaden, nicht aber der Schaden an dem Produkt selbst, also z.B. nicht der Minderwert des Produkts infolge des Fehlers. Solche Einbußen sind Domäne der vertraglichen Haftung.

Ausnahmsweise ist auch der Schaden an dem Produkt selbst zu ersetzen, nämlich dann, wenn es durch ein (fehlerhaftes) funktionell abgrenzbares Teil des Produkts beschädigt wurde, so in dem sogenannten Schwimmerschalterfall des BGH (Urteil vom 24.10.1976): Ein Unternehmen (U) stellt Reinigungs- und Entfettungsanlagen für Industrieerzeugnisse her, in denen durch Erhitzen und Verdampfen von Perchloräthylen das von den zu reinigenden Blechteilen abgewaschene Öl abgeschieden wird. Ein Schwimmerschalter soll dabei verhindern, dass die normalerweise mit Flüssigkeit bedeckten Heizdrähte durch das Verdampfen freigelegt werden. Eine solche Anlage lieferte das Unternehmen (U) an einen ihrer Kunden (K), einen Hersteller von Blechrelaisgehäusen. Kurz nach dem Aufstellen und der Inbetriebnahme geriet Schmutzöl in Brand und zerstörte die Anlage, weil der (fehlerhafte) Schwimmerschalter die Heizdrähte nicht rechtzeitig abgeschaltet hatte. In dem Rechtsstreit ging es um die Frage, ob der Kunde (K) das Unternehmen (U) wegen der zerstörten Anlage (auch) aus außervertraglicher Haftung (§ 823 Abs. 1 BGB) in Anspruch nehmen konnte, denn vertragliche Ansprüche waren (nach damaligem Recht) verjährt. Der BGH bejahte die Frage. U habe K Eigentum an einer Anlage verschafft, die im Übrigen einwandfrei war und lediglich ein – funktionell begrenztes – schadhaftes Steuerungsgerät, nämlich den Schwimmerschalter, enthielt, dessen Versagen nach der Eigentumsübertragung einen weiteren Schaden an der gesamten Anlage hervorgerufen hatte. In einem solchen Fall komme es auf den Umstand nicht an, dass nach formaler Betrachtungsweise der Erwerber von vornherein nur ein mit einem Mangel behaftetes Eigentum erworben hatte. Entscheidend sei vielmehr, dass die in der Mitlieferung des schadhaften Schalters liegende Gefahrenursache sich erst nach Eigentumsübergang zu einem über diesen Mangel hinausgehenden Schaden realisiert und dadurch das im Übrigen mangelfreie Eigentum des Erwerbers an der Anlage insgesamt verletzt habe. In solchen Fällen, in denen ein funktional getrenntes defektes Teil eines Ganzen (Schwimmerschalter einer Reinigungsanlage, Gaszug im Pkw, Kondensatoren im ABS-System etc.) allmählich zum Schaden des Ganzen (Anlage, Pkw, Bremssystem etc.) führt („sich weiterfrisst"), liegt eine Eigentumsverletzung in Form eines „Weiterfresserschadens" vor. Ist das Ganze dagegen von vornherein mangelhaft (Motor des Pkw läuft nicht), dann bleibt es bei der vertraglichen Produkthaftung; denn dann ist der Mangel der ganzen Sache „stoffgleich" mit dem Mangel des defekten Teils.

Eine weitere Besonderheit der außervertraglichen Haftung nach § 823 Abs. 1 BGB besteht in der sogenannten Beweislastumkehr beim Verschulden. Damit hat es Folgendes auf sich: Kann in einem Prozess, in dem es um die Haftung des Herstellers aus einem Produktfehler geht, nicht zweifelsfrei geklärt werden, ob den Hersteller an dem Fehler und dem daraus entstandenen Schaden ein Verschulden trifft, ob er es also zumindest leicht fahrlässig fehlerhaft konstruiert, fabriziert oder nicht (rechtzeitig) vor dem Fehler gewarnt hat, so geht dieser Aufklärungsmangel zu seinen Lasten. Während also der Geschädigte beweisen muss, dass das Produkt fehlerhaft war und ihm daraus der Schaden, für den er Ersatz begehrt, entstanden ist, muss der Hersteller beweisen, dass ihn daran kein Verschulden trifft. Diese Beweiserleichterung steht nicht im Gesetz, sondern ist Richterrecht. Grundlegend ist der sogenannte Hühnerpestfall des BGH vom 24.9.1968: Der Betreiber einer Hühnerfarm hatte seine Hühner gegen die Hühnerpest impfen lassen. Kurz nach der Impfung verendeten 4000 seiner Hühner. In dem Schadensersatzprozess gegen die Herstellerin des Impfserums stellte ein Gutachter die Verunreinigung der Gefäße und Flaschen mit Viren als mögliche Ursache des Schadens fest. Die Herstellerin meinte, der Tod der Hühner könne auch andere Ursachen gehabt haben. Hierzu der BGH: Ein Hersteller könne in solchen Fällen, wo es um Schäden geht, die aus dem Gefahrenbereich seines Betriebes erwachsen sind, noch nicht dadurch als entlastet angesehen werden, dass er Möglichkeiten aufzeigt, nach denen der Fehler des Produkts auch ohne ein in seinem Organisationsbereich liegendes Verschulden entstanden sein kann. Vielmehr erlaubten es die schutzwürdigen Interessen des Produzenten, von ihm den Nachweis seiner Schuldlosigkeit zu verlangen. Wörtlich: *„Diese Beweisregel greift freilich erst ein, wenn der Geschädigte nachgewiesen hat, dass sein Schaden im Organisations- und Gefahrenbereich des Herstellers, und zwar durch einen objektiven Mangel oder Zustand der Verkehrswidrigkeit ausgelöst worden ist. ... Hat er aber diesen Beweis geführt, so ist der Produzent ‚näher daran', den Sachverhalt aufzuklären und die Folgen der Beweislosigkeit zu tragen. Er überblickt die Produktionssphäre, bestimmt und organisiert den Herstellungsprozess und die Auslieferungskontrolle der fertigen Produkte. Oft machen die Größe des Betriebes, seine komplizierte, verschachtelte, auf Arbeitsteilung beruhende Organisation verwickelte technische, chemische oder biologische Vorgänge und dergleichen es dem Geschädigten praktisch unmöglich, die Ursache des schadenstiftenden Fehlers aufzuklären. Er vermag daher dem Richter den Sachverhalt nicht in solcher Weise darzulegen, dass dieser zuverlässig beurteilen kann, ob der Betriebsleitung ein Versäumnis* *vorzuwerfen ist oder ob es sich um einen von einem Arbeiter verschuldeten Fabrikationsfehler, um einen der immer wieder einmal vorkommenden ‚Ausreißer' oder gar um einen ‚Entwicklungsfehler' gehandelt hat, der nach dem damaligen Stand der Technik und Wissenschaft unvorhersehbar war. Liegt so aber die Ursache der Unaufklärbarkeit im Bereich des Produzenten, so gehört sie auch zu seiner Risikosphäre. Dann ist es sachgerecht und zumutbar, dass ihn das Risiko der Nichterweislichkeit seiner Schuldlosigkeit trifft."* Diesen Entlastungsbeweis hatte die Herstellerin nicht erbracht, sodass sie dem Betreiber der Hühnerfarm dessen Schaden ersetzen musste.

Die BGB-Produkthaftung umfasst sowohl Sach- als auch Personenschäden einschließlich einer „billigen Entschädigung" wegen eines Schadens, der nicht Vermögensschaden ist (sogenanntes Schmerzensgeld, siehe § 253 Abs. 2 BGB), nicht dagegen sogenannte reine Vermögensschäden, also nicht z. B. den Minderwert einer Sache. Ein solcher kann nur über die vertragliche Haftung eingefordert werden. Andererseits gibt es keine summenmäßige Begrenzung für den Ersatz von Sach- und Personenschäden.

Die BGB-Produkthaftung betrifft in erster Linie den Hersteller, der für die sichere Konstruktion und Fabrikation seines Produktes verantwortlich ist. Dagegen können den Zwischenhändler (Importeur, Vertriebshändler, Lieferant) eigenständige Pflichten zur Instruktion (z. B. Sicherheitshinweise) und Produktbeobachtung treffen, so wenn er als einziger Repräsentant auf dem deutschen Markt auftritt oder „gefährliches" Zubehör anbietet, wie im „Honda-Fall" (BGH-Urteil vom 9.12.1986): Dort war der Fahrer eines Honda-Motorrads tödlich verunglückt, weil die an dem Motorrad angebrachte und von dem beklagten Händler erworbene Lenkradverkleidung es instabil gemacht hatte, was der Händler hätte wissen und vor dessen Gefahren er dementsprechend hätte warnen müssen. Andererseits haftet der Händler nicht automatisch für die Fehler in einem Teil des von ihm zusammengesetzten Endprodukts, also nicht für einen Materialfehler der Auslegewelle eines von ihm „assembelten" Baukrans (BGH vom 22.2.1984)

Die Verjährungsfrist für Ansprüche aus der BGB-Produkthaftung, also aus § 823 Abs. 1 BGB, beträgt

- bei Sachschäden drei Jahre (§ 195 BGB; außer bei Vorsatz, dann 30 Jahre, § 197 Nr. 1 BGB), beginnend mit dem Schluss des Jahres, in dem der Anspruch entstanden ist und der Geschädigte Kenntnis von den den Anspruch begründenden Umständen und der Person des Schädigers erlangt hat oder ohne grobe Fahrlässigkeit hätte erlangen müssen (§ 199 Abs. 1 BGB), höchstens aber zehn Jahre ab der Handlung, die den Schaden ausgelöst hat (§ 199 Abs. 3 Satz 1 Nr. 1 BGB);
- bei Personenschäden, also Schäden aus der Verletzung des Lebens, des Körpers, der Gesundheit und der Freiheit einer Person beträgt die Verjährungsfrist 30 Jahre ab der Handlung, unabhängig von Kenntnis bzw. Unkenntnis (§ 199 Abs. 2 BGB).

4.2.4 Außervertragliche Haftung (PHG)

Eine weitere Möglichkeit außervertraglicher Haftung für Schäden aus fehlerhaften Produkten enthält das *Gesetz über die Haftung für fehlerhafte Produkte vom 15.12.1989*, kurz Produkthaftungsgesetz (PHG). Es basiert auf der Richtlinie des Europäischen Rates vom 25.7.1985 *„zur Angleichung der Rechts- und Verwaltungsvorschriften der Mitgliedstaaten über die Haftung für fehlerhafte Produkte“* („PH-Richtlinie“), die Grundlage für ein einheitliches europäisches Produkthaftungsrecht. Die Richtlinie ist in allen EU-Ländern sowie in Großbritannien, Norwegen und der Schweiz in deren nationales Recht umgesetzt, sodass in diesen Ländern in etwa die gleichen (Mindest-)Standards zur Produkthaftung anzutreffen sind.

Das PHG erfasst Schäden aufgrund eines fehlerhaften Produkts an Körper und Gesundheit, Sachschäden allerdings nur insoweit, als die beschädige Sache *„ihrer Art nach gewöhnlich für den privaten Ge- oder Verbrauch bestimmt und hierzu von dem Geschädigten hauptsächlich verwendet worden ist.“* (§ 1 Abs. 1 Satz 2 PHG).

Haftungsadressaten sind nach § 4 PHG

- in erster Linie der tatsächliche Hersteller eines End- oder eines Teilprodukts (§ 4 Abs. 1 Satz 1 PHG);
- aber auch der „Quasi-Hersteller“, also derjenige, der sich durch das Anbringen seines Namens, seiner Marke oder eines anderen unterscheidungskräftigen Kennzeichens als Hersteller ausgibt (§ 4 Abs. 1 Satz 2 PHG);
- dann auch der Importeur, der ein Produkt zum Zweck des Verkaufs, der Vermietung, des Mietkaufs oder einer anderen Form des Vertriebs mit wirtschaftlichem Zweck im Rahmen seiner geschäftlichen Tätigkeit in den Geltungsbereich des Abkommens über den Europäischen Wirtschaftsraum (also in ein Land der EU sowie Liechtenstein und Norwegen) einführt oder verbringt (§ 4 Abs. 2 PHG);
- schließlich auch der Händler (Lieferant), dies aber dann, wenn der Hersteller des Produkts nicht festgestellt werden kann. In solchen Fällen gilt nach § 4 Abs. 3 PHG jeder Lieferant als dessen Hersteller, es sei denn, dass er dem Geschädigten innerhalb eines Monats, nachdem ihm dessen diesbezügliche Aufforderung zugegangen ist, den Hersteller oder diejenige Person benennt, die ihm das Produkt geliefert hat. Dies gilt auch für ein eingeführtes Produkt, wenn sich bei diesem der Importeur nicht feststellen lässt, selbst wenn der Name des Herstellers bekannt ist.

Im Unterschied zur BGB-Produkthaftung setzt das PHG für die Haftung aus fehlerhaften Produkten kein Verschulden voraus. Vergleiche § 1 Abs. 1 Satz 1 PHG: *„Wird durch den Fehler eines Produktes jemand getötet, sein Körper oder seine Gesundheit verletzt oder eine Sache beschädigt, so ist der Hersteller des Produkts verpflichtet, dem Geschädigten den daraus entstandenen Schaden zu ersetzen.“*

Allerdings enthält § 1 Abs. 2 PHG eine Reihe von Entlastungsmöglichkeiten des Herstellers (und für die ihm gleich gestellten Personen und Unternehmen). Seine Ersatzpflicht ist danach ausgeschlossen, wenn

- er das Produkt nicht in den Verkehr gebracht hat,
- nach den Umständen davon auszugehen ist, dass das Produkt den Fehler, der den Schaden verursacht hat, noch nicht hatte, als er es in den Verkehr brachte,
- er das Produkt weder für den Verkauf oder eine andere Form des Vertriebs mit wirtschaftlichem Zweck hergestellt noch im Rahmen seiner beruflichen Tätigkeit hergestellt oder vertrieben hat,
- der Fehler darauf beruht, dass das Produkt in dem Zeitpunkt, in dem er es in den Verkehr brachte, dazu zwingenden Rechtsvorschriften entsprochen hat,
- der Fehler nach dem Stand der Wissenschaft und Technik in dem Zeitpunkt, in dem er das Produkt in den Verkehr brachte, nicht erkannt werden konnte.

Nach § 3 Abs. 1 PHG hat ein Produkt einen Fehler, wenn es nicht die Sicherheit bietet, die unter Berücksichtigung aller Umstände, insbesondere seiner Darbietung, des Gebrauchs, mit dem billigerweise gerechnet werden kann, und des Zeitpunkts, in dem es in den Verkehr gebracht wurde, berechtigterweise erwartet werden kann.

Ähnlich wie in der BGB-Produkthaftung sind auch Fehler in der Konstruktion, Fabrikation (Herstellungsprozess) und Instruktion (Anleitung; Produktbeobachtung) zu unterscheiden. Das Produkt muss also, um fehlerfrei zu sein, in Bezug auf seine Konstruktion, Fabrikation und Instruktion so beschaffen sein, dass es die körperliche Unversehrtheit einer Person nicht beeinträchtigt und ihr sonstiges (privates) Eigentum nicht beschädigt.

Maßgebend für die fehlerfreie Konstruktion eines Produkts ist der jeweilige Stand von Wissenschaft und Technik und nicht etwa die Branchenübung. Das hat der BGH in seiner „Airbag“-Entscheidung vom 16.6.2009 klargestellt: In jenem Fall hatten sich bei Durchfahren eines Schlagloches und Ausweichen auf ein unbefestigtes Bankett in einem BMW Airbags gelöst und den Kläger verletzt. Die Vorinstanz hatte einen Konstruktionsfehler des Fahrzeugs mit der Begründung verneint, die Fehlauslösung der Airbags sei nach dem (damaligen) Stand der Technik nicht zu vermeiden gewesen.

Dagegen der BGH: Ein Konstruktionsfehler liege vor, wenn das Produkt schon seiner Konzeption nach unter dem gebotenen Sicherheitsstandard bleibe. Zur Gewährleistung der erforderlichen Produktsicherheit habe der Hersteller bereits im Rahmen der Konzeption und Planung des Produkts diejenigen Maßnahmen zu treffen, die zur Vermeidung einer Gefahr objektiv erforderlich und nach objektiven Maßstäben zumutbar sind. Erforderlich seien diejenigen Sicherungsmaßnahmen, die nach dem im Zeitpunkt des Inverkehrbringens des Produkts vorhandenen neuesten Stand der Wissenschaft und Technik konstruktiv möglich seien und als geeignet und genügend erscheinen, um Schäden zu verhindern. Dabei dürfe der insoweit maßgebliche Stand der Wissenschaft und Technik nicht mit Branchenüblichkeit gleichgesetzt werden, denn die in der jeweiligen Branche tatsächlich praktizierten Sicherheitsvorkehrungen könnten durchaus hinter der technischen Entwicklung und damit hinter den rechtlich gebotenen Maßnahmen zurückbleiben.

Seien bestimmte mit der Produktnutzung einhergehende Risiken nach dem maßgeblichen Stand von Wissenschaft und Technik nicht zu vermeiden, dann sei unter Abwägung von Art und Umfang der Risiken, der Wahrscheinlichkeit ihrer Verwirklichung und des mit dem Produkt verbundenen Nutzens zu prüfen, ob das gefahrträchtige Produkt überhaupt in den Verkehr gebracht werden darf. Bei erheblichen Gefahren für Leben und Gesundheit von Menschen seien dem Hersteller weitergehende Maßnahmen zumutbar als in Fällen, in denen nur Eigentums- oder Besitzstörungen oder aber nur kleinere körperliche Beeinträchtigungen zu befürchten sind. Maßgeblich für die Zumutbarkeit seien darüber hinaus die wirtschaftlichen Auswirkungen der Sicherungsmaßnahme, im Rahmen derer insbesondere die Verbrauchergewohnheiten, die Produktionskosten, die Absatzchancen für ein entsprechend verändertes Produkt sowie die Kosten-Nutzen-Relation („Risk-Utility-Test“). Wörtlich heißt es dann in dem Urteil:

„Angesichts der mit Fehlauslösungen von Airbags verbundenen Gefahren für Leib und Leben der Nutzer und Dritter haben Automobilhersteller dementsprechend das Risiko, dass es in den von ihnen produzierten Fahrzeugen zu derartigen Fehlfunktionen kommt, in den Grenzen des technisch Möglichen und wirtschaftlich Zumutbaren mittels konstruktiver Maßnahmen auszuschalten.“

Fabrikationsfehler betreffen nur einzelne Teile aus einer Produktion wie z. B. in dem Fall einer geborstenen Mineralwasserflasche (BGH, Urteil vom 09.05.1995). In jenem Fall wurde ein neunjähriges Mädchen durch die Explosion einer Mehrweg-Glasflasche an ihrem linken Auge schwer verletzt. Die Flasche war mit kohlensäurehaltigem Mineralwasser gefüllt und entweder wegen einer Ausmuschelung an der äußeren Glasoberfläche oder infolge eines Haarrisses in der Hand des Mädchens explodiert. Damit hatte die Flasche auf jeden Fall einen Fabrikationsfehler gemäß § 3 Abs. 1 PHG, wobei es für die Anwendung dieser Vorschrift nicht darauf ankam, ob der beklagte Abfüllbetrieb diesen Fehler bei der Prüfung der Flaschen vor bzw. nach deren Befüllung hätte erkennen können und müssen, und auch nicht darauf, ob dieser Fehler überhaupt (objektiv) nach dem Stand von Wissenschaft und Technik hätte vermieden werden können, denn nach § 1 Abs. 1 PHG besteht die Haftung auch für sogenannte Ausreißer, also Fabrikationsfehler, die trotz aller zumutbaren Vorkehrungen unvermeidbar sind.

Anders hingegen verhält es sich bei der BGB-Produkthaftung: Hier hätte der Abfüllbetrieb nur dann gehaftet, wenn er seiner Pflicht zur umfassenden Kontrolle der Flaschen auf etwaige Beschädigungen (sogenannte Befundsicherung) nicht ausreichend nachgekommen wäre, und er hätte – mangels Verschulden – nicht gehaftet, wenn die Ausmuschelung bzw. die Haarrisse sogenannte Ausreißer gewesen wären, wobei er sich in beiden Fällen hätte entlasten müssen.

Andererseits konnte der Abfüllbetrieb sich zu seiner Entlastung nicht auf § 1 Abs. 2 Nr. 5 PHG berufen, wonach der Fehler an der Mineralflasche nach dem Stand der Wissenschaft und Technik in dem Zeitpunkt, in dem er das Produkt in den Verkehr brachte, nicht erkannt werden konnte. Diese Haftungsausnahme für sogenannte Entwicklungsrisiken betrifft nur Konstruktionsfehler eines Produkts, nicht aber Fabrikationsfehler. Für solche Entwicklungsfehler besteht weder eine Haftung nach dem BGB noch nach dem PHG.

Schließlich ist ein Produkt auch dann fehlerhaft, wenn es nicht richtig „dargeboten“ wird, wenn also Hinweise zu seinem ordnungsgemäßen Gebrauch nicht oder nicht richtig oder nicht vollständig sind oder Warnungen vor möglichen Gefahren aus seinem Gebrauch nicht oder nicht vollständig oder rechtzeitig gegeben wurden (sogenannte Instruktionsfehler). Inhalt und Umfang der Hinweise und Warnungen richten sich nach der objektiven Gefährlichkeit des Produkts.

Wegweisend ist auch hier die vorangehend zitierte „Airbag“-Entscheidung des BGH vom 16.6.2009: Dort ging es u. a. um die Frage, welche Hinweise dem Hersteller eines „gefährlichen“ Produkts (wie eines Pkw-Airbags, der sich unter bestimmten Bedingungen auslösen und Insassen des Fahrzeugs verletzen kann) obliegen, dessen Gefahren sich nach dem Stand von Wissenschaft und Technik objektiv (noch) nicht vermeiden lassen. Hierzu der BGH:

„Lassen sich mit der Verwendung eines Produkts verbundene Gefahren nach dem Stand von Wissenschaft und Technik durch konstruktive Maßnahmen nicht vermeiden oder sind konstruktive Gefahrvermeidungsmaßnahmen dem Hersteller nicht zumutbar und darf das Produkt trotz der von ihm ausgehenden Gefahren in den Verkehr gebracht werden, so ist der Hersteller grundsätzlich verpflichtet, die Verwender des Produkts vor denjenigen Gefahren zu warnen, die bei bestimmungsgemäßem Gebrauch oder nahe liegendem Fehlgebrauch drohen und die nicht zum allgemeinen Gefahrenwissen des Benutzerkreises gehören ... Denn den Verwendern des Produkts muss eine eigenverantwortliche Entscheidung darüber ermöglicht werden, ob sie sich in Anbetracht der mit dem Produkt verbundenen Vorteile den mit seiner Verwendung verbundenen Gefahren aussetzen wollen ... Sie müssen darüber hinaus in die Lage versetzt werden, den Gefahren soweit wie möglich entgegenzuwirken.“

Inhalt und Umfang der Instruktionspflichten im Einzelfall werden demnach wesentlich durch die Größe der Gefahr und das gefährdete Rechtsgut bestimmt: Je größer die Gefahren, desto höher die Anforderungen an die Warnung. Ist durch ein Produkt die Gesundheit oder die körperliche Unversehrtheit von Menschen bedroht, ist schon dann eine Warnung auszusprechen, wenn aufgrund eines ernst zu nehmenden Verdachts zu befürchten ist, dass Gesundheitsschäden entstehen können. Das heißt auf der anderen Seite, dass vor bekannten oder naheliegenden Gefahren nicht zu warnen ist. Daher hätte eine Klage wegen des berühmten „Pudels in der Mikrowelle“ (der dort angeblich sein Fell trocknen sollte, aber darin verschied) vor EU-Gerichten keine Chance; denn jede(r) weiß, dass ein Pudel in der Mikrowelle nichts zu suchen hat – es handelt sich um keinen Gebrauch, mit dem billigerweise gerechnet werden kann (§ 3 Abs. 1 b PHG).

Für den Fehler, den Schaden und den ursächlichen Zusammenhang zwischen Fehler und Schaden trägt der Geschädigte die Beweislast (§ 1 Abs. 4 Satz 1 PHG). Allerdings kann sich nach einer Entscheidung des EuGH vom 5.3.2015 sowie den darauf fußenden Entscheidungen des BGH vom 9.6.2015 bei Serienschäden bestimmter medizinischer Produkte wie Herzschrittmachern und implantierbaren Kardioverter-Defibrillatoren (ICD) die Beweislast zulasten des Herstellers umkehren. Voraussetzung ist, dass Produkte derselben Produktgruppe oder Serie bereits als potenziell fehlerhaft eingestuft wurden; dann muss der Geschädigte nicht nachweisen, dass gerade auch „sein“ Produkt diesen bestimmten Fehler aufweist. Bricht also das Hüftgelenk eines Patienten nach der Operation und steht fest, dass bereits zuvor andere künstliche Hüften derselben Gruppe oder Serie wegen einer Spannungsrisskorrosion in der zur Herstellung verwendeten Legierung gebrochen waren, muss der Geschädigte nicht beweisen, dass auch in seinem Fall eine Spannungsrisskorrosion den Bruch herbeigeführt hat. Vielmehr muss der Hersteller der Hüftgelenke beweisen, dass dies im konkreten Fall nicht so war. Diese Grundsätze dürften auch auf die BGB-Produkthaftung anzuwenden sein, denn die Fehlerbegriffe sind hier wie dort identisch.

Das PHG umfasst Sachschäden in unbegrenzter Höhe, allerdings mit einer Selbstbeteiligung von 500 € (§ 11 PHG), und auch nur Schäden an solchen Sachen, die ihrer Art nach gewöhnlich für den privaten Ge- oder Verbrauch bestimmt und von dem Geschädigten hierzu hauptsächlich verwendet werden, keinesfalls aber den Schaden an der Sache selbst (sogenannte private Sachschäden; § 1 Abs. 1 Satz 2 PHG). Personenschäden umfasst es nur bis zu einem Höchstbetrag von 85 Millionen € (§ 10 PHG), gewährt aber ebenso wie die BGB-Produkthaftung seit der Reform 2002 ein Schmerzensgeld (§ 8 Satz 2 PHG). Ansprüche nach dem PHG verjähren in drei Jahren von dem Zeitpunkt an, in dem der Ersatzberechtigte von dem Schaden, dem Fehler und von der Person des Ersatzpflichtigen Kenntnis erlangt hat oder hätte erlangen müssen (§ 12 Abs. 1 PHG), und sie erlöschen zehn Jahre nach dem Zeitpunkt, in dem der Hersteller das betreffende Produkt in den Verkehr gebracht hat (§ 13 Abs. 1 PHG). Erlöschungsfristen hat ein Gericht von Amts wegen, Verjährungsfristen dagegen nur dann zu beachten, wenn sich die beklagte Partei darauf beruft.

Haftungsadressaten des PHG sind nach dessen § 4

- in erster Linie der Hersteller des Endprodukts, eines Grundstoffs oder eines Teilprodukts (§ 4 Abs. 1 Satz 1 PHG);
- dann auch der sogenannten „Quasi-Hersteller“, also derjenige, der sich durch Anbringen seines Namens, seiner Marke oder eines anderen unterscheidungskräftigen Kennzeichens als Hersteller ausgibt (§ 4 Abs. 1 Satz 2 PHG);
- ferner der Importeur, der ein Produkt zum Zweck des Verkaufs, der Vermietung, des Mietkaufs oder einer anderen Form des Vertriebs mit wirtschaftlichem Zweck im Rahmen seiner geschäftlichen Tätigkeit in ein dem EWR angehörendes Land (EU plus Norwegen, Island und Liechtenstein, nicht die Schweiz; offen derzeit noch: Großbritannien) von außerhalb des EWR einführt oder verbringt (§ 4 Abs. 2 PHG);
- schließlich jeder Lieferant für den Fall, dass der Hersteller des Produkts nicht festgestellt werden kann, es sei denn, dass der Lieferant dem Geschädigten innerhalb eines Monats nach Zugang einer entsprechenden Aufforderung den Hersteller oder diejenige Person benennt, die ihm das Produkt geliefert hat (§ 4 Abs. 3 PHG).

Die wichtigsten Unterschiede zwischen der Produkthaftung nach BGB und PHG fasst die Übersicht in Tabelle 4.1 zusammen. Diese Unterschiede lassen sich im Übrigen gut anhand eines der oben erwähnten „Hüftgelenkfälle“ verdeutlichen: Im April 2004 wurde dem Patienten (P) in einer Klinik eine künstliche modulare Hüft-Titan-Totalendoprothese (TEP) aus der Produktion der Herstellerin (H) implantiert, bestehend aus einem Schaft und dem (jeweils passenden) Steckkonusadapter. Konstruktionsbedingt drang (wie auch bei anderen Prothesen dieses Typs) im Laufe der Zeit Körperflüssigkeit in die Verbindung zwischen Schaft und Adapter und verursachte in der Stahl-Titan-Legierung eine Spannungsrisskorrosion, die ihrerseits im Februar 2017 zum Bruch der Prothese führte. Etwaige (vom Verschulden der H unabhängige) Ansprüche des P gegen H auf Ersatz der Heilungskosten und eines Schmerzensgeldes waren aufgrund der 10-Jahresfrist des § 13 Abs. 1 PHG damals bereits erloschen. Nicht erloschen waren dagegen Ansprüche aus § 823 BGB, die allerdings an ein Verschulden der H geknüpft sind, insbesondere an die Frage, ob H bei der Konstruktion der TEP im Jahre 2004 (!) wusste oder hätte wissen müssen, dass die modulare Konstruktion dieser Prothese zu solchen Schäden führen kann, wie sie P erlitten hat. Diese Frage kann letztlich nur ein (gerichtlicher) Sachverständiger beantworten, wobei etwaige Zweifel an dem Verschulden der H zu deren Lasten gehen.

Tabelle 4.1 Produkthaftung BGB und PHG im Vergleich

Thema	BGB-Produkthaftung	PHG-Produkthaftung
Ersatz von Sachschäden	ja, summenmäßig unbegrenzt	ja, summenmäßig unbegrenzt; aber nur „private Sachschäden“ mit einem Selbstbehalt von 500 €
Schaden an der Sache selbst	nein; Ausnahme sogenannte „Weiterfresserschäden“	nein
Personenschaden	unbegrenzt	begrenzt auf 85 Millionen €
Schmerzensgeld	ja	ja
Haftung des Herstellers	ja	ja
Haftung des Zwischenhändlers	ja, in Bezug auf die sogenannten Instruktionspflichten	ja, als „Quasi-Hersteller“, Importeur und Lieferant unter den Voraussetzungen des § 4 PHG
Haftung für Entwicklungsfehler	nein	nein
Haftung für „Ausreißer“	nein	ja
Erlöschen von Ansprüchen	nein	ja, zehn Jahre nach Inverkehrbringen des Produkts
Verjähren von Ansprüchen wegen Sachschäden	ja, drei Jahre ab Kenntnis/Kennenmüssen und Entstehen des Anspruchs, höchstens zehn Jahre ab Handlung	ja, drei Jahre ab Kenntnis/Kennenmüssen
Verjähren von Ansprüchen wegen Personenschäden	ja, 30 Jahre ab Handlung	ja, drei Jahre ab Kenntnis/Kennenmüssen

4.2.5 Außervertragliche Haftung: Besonderheiten bei Prüfbescheinigungen

Die außervertragliche (Produkt-)Haftung spielt beim Vertrieb von Stahlerzeugnissen eine wichtige Rolle. Sie setzt dort ein, wo es infolge eines Fehlers (§ 3 PHG) bzw. eines Fehlverhaltens in Gestalt der Verletzung einer Verkehrssicherungspflicht (§ 823 Abs. 1 BGB) zu einem Sach- oder Personenschaden kommt. Gerade innere Fehler von Stählen wie Lunker, Einschlüsse, zu hohe oder zu niedrige Festigkeiten oder das Über-/Unterschreiten chemischer Werte können leicht zu Schäden an anderen Sachen führen, so wenn Stähle für Stahlbauten oder für die Herstellung von Fahrzeugteilen verwendet werden. Prüfbescheinigungen nach DIN EN 10204 bieten gegen solche Risiken einen hohen Schutz, da sie die Übereinstimmung des Erzeugnisses mit den vereinbarten und genormten Anforderungen bestätigen und die Rückverfolgbarkeit erleichtern. Für das Maß der Verlässlichkeit solcher Angaben sind zum einen die Art der bescheinigten Prüfung (spezifisch/nichtspezifisch), zum anderen der in der Norm festgelegte Prüfumfang entscheidend.

Keinesfalls entheben aber Prüfbescheinigen den Stahlhersteller von seiner Pflicht zur eigenständigen Prüfung seiner Erzeugnisse, gegebenenfalls über das in der Erzeugnisnorm genannte Maß hinaus. Siehe hierzu Abschnitt 7.1 der DIN EN 10021: *„Das Erzeugnis muss den bei der Bestellung vereinbarten Anforderungen entsprechen. Folglich hat der Hersteller unabhängig von der Art der bestellten Prüfbescheinigungen geeignete Verfahrenskontrollen und Prüfungen durchzuführen, um festzustellen, dass die Lieferung den in der Bestellung genannten Anforderungen entspricht.“* Diese Forderung betrifft sowohl das vertragliche Verhältnis zwischen dem Hersteller und dessen Kunde, darüber hinaus auch und gerade dessen allgemeine Verkehrssicherungspflicht gegenüber der Allgemeinheit.

4.2.6 Strafrechtliche Aspekte bei Prüfbescheinigungen

Strafrechtliche Aspekte im Zusammenhang mit der Ausstellung und Verwendung von Prüfbescheinigungen nach DIN EN 10204 können sich in folgenden Fällen ergeben:

Urkundenfälschung (§ 267 StGB). Nach § 267 StGB wird bestraft, wer zur Täuschung im Rechtsverkehr entweder eine unechte Urkunde herstellt, eine echte Urkunde verfälscht oder eine unechte oder verfälschte Urkunde gebraucht. Prüfbescheinigungen nach DIN EN 10204:2004 sind „Urkunden“ im Sinne von § 267 StGB, denn sie sind dazu bestimmt und geeignet, im Rechtsverkehr Erhebliches zu beweisen, nämlich, dass das Erzeugnis selbst oder das Erzeugnis, aus dem es stammt (Blech, Band), geprüft wurde mit Ergebnissen, die die Bescheinigung verkörpert. Wer also eine Prüfbescheinigung erstellt, indem er sie z. B. aus kopierten Teilen einer Originalbescheinigung zusammensetzt, stellt eine „unechte“ Urkunde her. Entsprechendes gilt für denjenigen, der in einer Originalbescheinigung für den Verwender relevante Daten wie den Hersteller, insbesondere aber Prüfergebnisse verändert. Stets muss die betreffende Handlung, um strafbar zu sein, aber „zur Täuschung im Rechtsverkehr“ geschehen; deshalb ist das bloße Abdecken oder Schwärzen des Ausstellers so lange keine Straftat, wie damit der Verwender der Bescheinigung nicht getäuscht werden soll. Entsprechendes gilt für Fälle, in denen jemand, der nach DIN EN 10204 nicht als „Hersteller“ gilt (z. B. ein Prüflabor), eine Prüfbescheinigung nach dieser Norm ausstellt. Er „täuscht“ nicht, sondern macht nur etwas falsch. Davon unberührt bleiben jedoch etwaige zivilrechtliche Ansprüche auf Beistellung einer vollständigen und inhaltlich richtigen Bescheinigung, also einschließlich des Namens des Ausstellers der Bescheinigung.

Betrug (§ 263 StGB). Nach § 263 Abs. 1 StGB macht sich strafbar, wer in der Absicht, sich oder einem Dritten einen rechtswidrigen Vermögensvorteil zu verschaffen, das Vermögen eines anderen dadurch beschädigt, dass er durch Vorspiegelung falscher oder durch Entstellung oder Unterdrückung wahrer Tatsachen einen Irrtum erregt oder unterhält. Das ist regelmäßig dann der Fall, wenn jemand eine gefälschte Prüfbescheinigung verwendet, um seinen Kunden zum Kauf z. B. eines Baustahls der Güte S355 zu bewegen, der in Wirklichkeit die niedrigere Güte S235 aufweist. Überlässt er dagegen seinem Kunden die Prüfbescheinigung erst nach Abschluss des Kaufvertrages, sozusagen als Beweis für die angegebene Güte, liegt darin regelmäßig kein Betrug, sondern (nur) eine Urkundenfälschung. Kannte der Verkäufer die mindere Güte des Stahls bereits bei Abschluss des Kaufvertrages und hat er sie dem Käufer verschwiegen, liegt alleine darin, nämlich in der mangelnden Offenbarung der Minderwertigkeit, ein Betrug, unabhängig von dem Inhalt der Prüfbescheinigung.

5 Bedeutung der Prüfbescheinigungen bei warmgewalzten Produkten

Prüfbescheinigungen haben bei warmgewalzten Produkten eine zentrale Funktion für die Bewertung der Eignung des Produktes für den vorgesehenen Anwendungsfall. Durch die Komplexität der Beurteilungskriterien für die technische Wirksamkeit bei warmgewalzten Produkten ist das Prüfzeugnis die einzige Möglichkeit, die Ergebnisse der teilweise umfangreichen technischen Prüfungen zu sammeln und komprimiert darzustellen. Die entsprechenden Prüfbescheinigungen sind damit essenzielle Konformitätserklärungen für die Nutzung und Weiterverarbeitung der gelieferten Stahlprodukte. Dies gilt insbesondere, da die warmgewalzten Produkte mehr als alle andere Stahlprodukte in Bereiche der industriellen Praxis geliefert werden, in denen besondere Tragfähigkeits- und Sicherheitsanforderungen an die aus den Stahlerzeugnissen gefertigten Konstruktionen gestellt werden.

Die Prüfbescheinigungen sind darüber hinaus unverzichtbar für die in den besonderen Einsatzbereichen warmgewalzter Stahlprodukte gestellten Forderungen an die Rückverfolgbarkeit und zur Befriedigung der jeweiligen Qualitätssicherungsvorschriften. Erst das vollständige Vorliegen der Prüfbescheinigungen entscheidet über die Weiterverarbeitung des Materials. Im Händlerbereich kann ebenfalls erst nach Vorliegen der Prüfbescheinigung eine Einordnung des Materials in die Handelsverkaufsaktivitäten erfolgen.

Eine besondere Bedeutung haben Prüfbescheinigungen bei der Herstellung von Druckgeräten. Stähle für den Druckbehälterbau haben im Wesentlichen strukturelle Aufgaben zu erfüllen. Sie bilden die Umschließung eines druckführenden Bereichs und müssen daher sicherheitstechnische Aufgaben erfüllen. Der wesentliche Nachweis bei der Auslegung von Druckbehältern ist der Festigkeitsnachweis. Daneben ist es gleichbedeutend wichtig, dass kein schlagartiges Versagen des Werkstoffs und der Konstruktion im Betrieb auftritt. Das spröde Bersten einer druckführenden Komponente birgt Gefahr für Mensch und Umwelt. Die Durchführung dieser Sicherheitsnachweise ist von entsprechenden Regelwerken (z. B. ASME-Code) formal vorgeschrieben.

Ausgangspunkt für die Herstellung von Druckgeräten ist die Druckgeräte-Richtlinie oder kurz DGRL (Richtlinie 2014/68/EU vom 15. Mai 2014 zur Harmonisierung der Rechtsvorschriften der Mitgliedstaaten über die Bereitstellung von Druckgeräten auf dem Markt, ABl. L 189 vom 27.6.2014, S. 169). Die DIN EN 10204 nimmt noch auf ihre Vorläuferin Bezug, die Richtlinie („Direktive") 97/23/EG vom 27. Mai 1997 zur Angleichung der Rechtsvorschriften der Mitgliedstaaten über Druckgeräte (ABl L 181 vom 9.7.1997, S. 1). Die DIN EN 10204 ist eine harmonisierte Norm im Sinne von Art. 2 Nr. 24 der DGRL. Die harmonisierten Normen der DGRL finden sich im Normenanhang in Teil C.

Die DGRL enthält Regeln für die Herstellung und den Vertrieb von Druckgeräten, also Behälter, Rohrleitungen und Ausrüstungsteile, die unter einem Überdruck von 0,5 bar oder mehr stehen. Sie gilt für die Auslegung, Fertigung und Konformitätsbewertung von Druckgeräten und Baugruppen mit einem maximal zulässigen Druck (PS) von > 0,5 bar. Sie enthält in ihrem Abschnitt 4 des Anhangs (Grundsätzliche Sicherheitsanforderungen) Anforderungen für die Verwendung bestimmter Werkstoffe. Siehe Abschnitt 4.3: *„Der Hersteller des Druckgeräts muss die geeigneten Maßnahmen ergreifen, um sicherzustellen, dass der verwendete Werkstoff den vorgegebenen Anforderungen entspricht. Insbesondere müssen für alle Werkstoffe vom Werkstoffhersteller ausgefertigte Unterlagen eingeholt werden, durch die die Übereinstimmung mit einer gegebenen Vorschrift bescheinigt wird. Für die wichtigsten drucktragenden Teile von Druckgeräten der Kategorien II, III und IV erfolgt dies in Form einer Bescheinigung mit spezifischer Prüfung der Produkte."*

Bild Z.A1 des Anhangs der Norm DIN EN 10204 visualisiert den Zusammenhang zwischen der DGRL und der Art der Prüfbescheinigung der DIN EN 10204 (Bild 5.1). Je nach Bauteilkategorie der drucktragenden Teile werden die Prüfbescheinigungen 2.1, 2.2, 3.1 und 3.2 zugeordnet. Je anspruchsvoller die Kategorie, umso eher werden Prüfbescheinigungen 3.1 und 3.2 verlangt. Als Richtlinie bedarf die DGRL der Umsetzung in das jeweilige nationale Recht der EU-Mitgliedstaaten. Das ist in Deutschland durch die Druckgeräteverordnung (14. Verordnung zum Produktsicherheitsgesetz vom 13.5.2015, BGBl I Nr. 18 vom 18.5.2015) geschehen. Nach § 3 Abs. 1 dieser Verordnung dürfen Druckgeräte und Baugruppen nur auf dem Markt bereitgestellt und in Betrieb genommen werden, *„wenn sie bei ordnungsgemäßer Installation und Instandhaltung und bestimmungsgemäßem Betrieb die Anforderungen dieser Verordnung erfüllen."* Diese Anforderungen sind in den AD 2000-Merkblättern konkretisiert. Die Reihe „W" (für „Werkstoffe") enthält detaillierte Anforderungen an solche Stähle, die für die Herstellung von Druckbehältern verwandt werden, und beschreibt auch die geforderte Art von Prüfungen und Prüfbescheinigungen für die einzelnen metallischen Werkstoffe (vgl. Teil B, Abschnitt 4.4).

Andererseits sind harmonisierte europäische Normen für Druckbehälter (Normenreihe EN 13445) entwickelt worden, die aber noch nicht veröffentlicht sind. Spezielle Anforderungen an Prüfbescheinigungen für die Herstellung von Druckgeräten enthält überdies die *DIN EN 764-5 – Prüfbescheinigungen für metallische Werkstoffe und Übereinstimmung mit der Werkstoffspezifikation*. Danach muss der Hersteller bestimmter Werkstoffe für einige Bauteilkategorien von Druckgeräten ein spezielles QM-System unterhalten und in seinen Prüfbescheinigungen bestätigen.

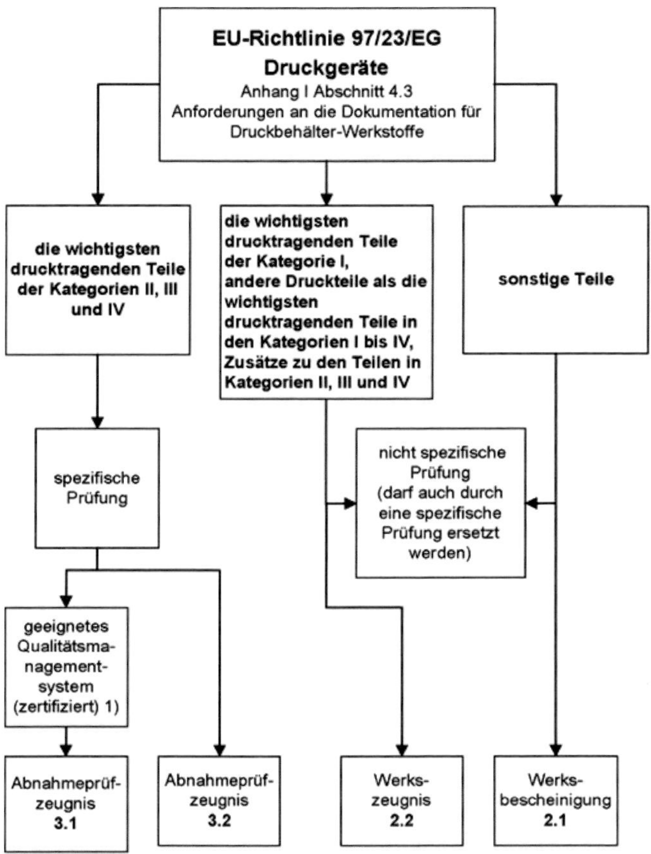

Bild 5.1 Prüfbescheinigungen im System der Druckgeräterichtlinie

Für die Herstellung einfacher Druckbehälter (Richtlinie 2014/29/EU, 26. Februar 2014 zur Harmonisierung der Rechtsvorschriften der Mitgliedstaaten über die Bereitstellung einfacher Druckbehälter auf dem Markt, ABl. L 96 vom 29.3.2014, S. 45) ist gemäß Mitteilung der Kommission ABl C 26 vom 14.9.2018, S. 1 nur die folgende Stahlnorm harmonisiert: *DIN EN 10207 – Stähle für einfache Druckbehälter – Technische Lieferbedingungen für Blech, Band und Stabstahl*

Darüber hinaus spielen harmonisierte Normen und Prüfbescheinigungen nach DIN EN 10204 auch bei der Herstellung und dem Vertrieb von Bauprodukten aus warmgewalzten Produkten wie Grobblech und Profile eine wichtige Rolle. Deren Herstellung und Vertrieb sind seit dem 1.6.2013 in der (in allen EU-Staaten unmittelbar geltenden) EU-Bauproduktenverordnung/BauPVO (Verordnung Nr. 305/2011, ABl. L 88 vom 4.4.2011, S. 5) geregelt. Danach muss der Hersteller für sein Bauprodukt immer dann, wenn es von einer harmonisierten technischen Spezifikation (htS) erfasst ist, eine Leistungserklärung (früher: Konformitätserklärung) und eine CE-Kennzeichnung erstellen. Unter dem Begriff htS sind harmonisierte Normen und europäische Bewertungsdokumente zusammengefasst. Harmonisierte Normen werden auf Basis eines Mandats der Europäischen Kommission erarbeitet und enthalten einen Anhang ZA, der den verbindlichen Teil der harmonisierten Norm beschreibt. Insgesamt sind zur Umsetzung der EU-BauPVO über 600 harmonisierte Produktnormen und etwa 1500 Prüfnormen vorgesehen. Die Liste der harmonisierten Normen wird im EU-Amtsblatt veröffentlicht (zuletzt C 92 vom 9.3.2018, S. 87). Auch Stähle können Bauprodukte sein. Harmonisierte Stahlnormen für das Bauwesen sind im Normenverzeichnis in Teil C kenntlich gemacht.

Bauprodukte müssen das CE-Zeichen tragen. Fehlt es, sind die Produkte fehlerhaft (LG Mönchengladbach, Urteil vom 17.6.2016). Mit der CE-Kennzeichnung erklärt der Hersteller, Inverkehrbringer oder EU-Bevollmächtigte gemäß EU-Verordnung 765/2008 (vom 9. Juli 2008 über die Vorschriften für die Akkreditierung und Marktüberwachung im Zusammenhang mit der Vermarktung von Produkten, ABl L 218), *„dass das Produkt den geltenden Anforderungen genügt, die in den Harmonisierungsrechtsvorschriften der Gemeinschaft über ihre Anbringung festgelegt sind."* Die CE-Kennzeichnung ist also kein (Prüf-)„Siegel", sondern in erster Linie ein Verwaltungszeichen, das die Freiverkehrsfähigkeit entsprechend gekennzeichneter Industrieerzeugnisse im europäischen Binnenmarkt zum Ausdruck bringt. Faktisch wirkt sie jedoch wie ein Qualitätszeichen. Der Hersteller bringt das Zeichen in eigener Verantwortung an, unter der Prämisse, dass alle EU-Richtlinien erfüllt sind, die für das entsprechende Produkt anzuwenden sind.

Artikel 56 BauPVO räumt den nationalen Marktüberwachungsbehörden weitgehende Rechte für den Fall ein, dass ein Bauprodukt, das einer harmonisierten Norm unterfällt, die erklärte Leistung nicht erbringt und die Einhaltung bestimmter Grundanforderungen an Bauwerke gefährdet.

6 Warmgewalzte Stahlprodukte – Herstellung, Qualitätsprüfungen, Eigenschaften und Erzeugnisspezifikationen

6.1 Stahlerzeugung

Hochofen. Der Hochofen ist das Aggregat, in dem Eisenerz (Eisenoxid) durch Zugabe von Hochofenkoks und Zuschlägen (z. B. Kalk, Kies, Dolomit) zu Roheisen reduziert wird. Die besondere Bauweise des Hochofens ermöglicht die Reduktion des Eisenerzes im Gegenstromprinzip durch eine schichtweise Beschickung mit Koks und Möller (Eisenerz plus Zuschläge) von oben und das Einblasen von Heißwind (Reduktionsgas, ca. 1200 °C) von unten. Bild 6.1 zeigt Aufbau und Funktionsweise eines Hochofens im Überblick (Schwich et al. 2017). Im Prozess finden folgende Vorgänge statt:

- Verbrennung des Kokses und Erzeugung des gasförmigen Reduktionsmittels Kohlenstoffmonoxid
- Reduktion des Eisenoxids zu Roheisen

Das entstehende flüssige Roheisen setzt sich unten am Boden ab, während die meisten Begleitelemente in der darüber schwimmenden Schlacke verbleiben. Das nun vorliegende Roheisen hat einen sehr hohen Kohlenstoffgehalt von ca. 4 – 5 % und enthält bis etwa 3 % Silicium und 6 % Mangan sowie merkliche Mengen an Schwefel und Phosphor. Es ist das Rohprodukt für die „eigentliche" Stahlerzeugung, da Roheisen in der Regel nicht verarbeitbar ist. Um das Roheisen verarbeitbar zu machen, wird es zunächst durch Zugabe von Calcium entschwefelt, bevor es dem Konverter zur weiteren Stahlherstellung zugeführt wird (Schwich et al. 2017).

Sauerstoffkonverter. Beim Konverterverfahren wird Sauerstoff („Frischen") auf das Roheisen geblasen und es werden störende Elemente wie z. B. C, Si, S und P oxidiert und anschließend über die Schlacke entfernt. Dabei wird heute häufig von oben und unten in den Konverter geblasen. Das zusätzliche Spülen mit Inertgas (Argon) führt zu einer besseren Durchmischung von Metall und Schlacke, sodass die chemischen Reaktionen sehr gleichmäßig ablaufen (Bild 6.2) (Degenkolbe 1993). Heutzutage fassen die Konvertergefäße bis zu 400 t Rohstahl. Nach der Behandlung im Konverter liegt der Kohlenstoffgehalt des nun vorliegenden Rohstahls zumeist bei max. 2 %. Die endgültige gewünschte chemische Zusammensetzung des Produkts Stahl wird durch die Zugabe von Legierungselementen in einem ergänzenden Prozess (Sekundärmetallurgie) vorgenommen.

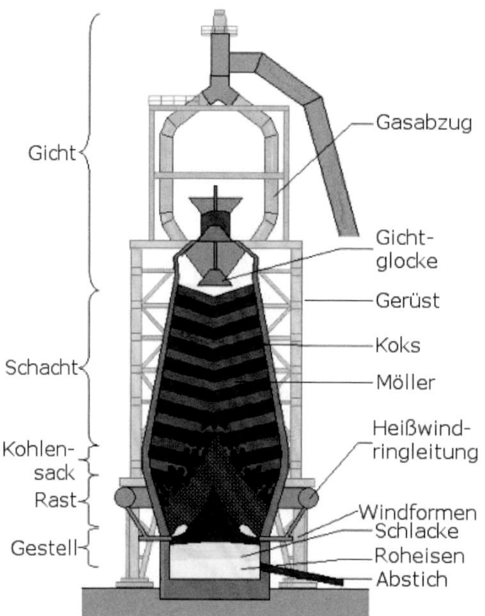

Bild 6.1
Hochofen zur Roheisenerzeugung
(Quelle: *www.iehk.rwth-aachen.de*, 2015)

Im weiteren Prozessablauf des Stahlwerks wird die im Konverter hergestellte Stahlschmelze in der sogenannten Sekundärmetallurgie oder Pfannenmetallurgie (Kern 2018, Degenkolbe 1993) durch chemische sowie physikalische Maßnahmen weiterbehandelt (Bild 6.2). Diese sekundärmetallurgische Behandlung wird im Pfannenofen und in nachgeschalteten Vakuumanlagen durchgeführt. Sie entlastet den Konverterprozess und erlaubt eine sehr präzise Einstellung der angestrebten chemischen Zusammensetzung. Dabei ist die Injektion reaktiver Feststoffe nach dem Thyssen-Niederrhein-Verfahren (TN-Verfahren) besonders erwähnenswert (Degenkolbe 1993). Durch die gezielte Zugabe von Calcium ermöglicht dieses Verfahren ein Absenken des Schwefelgehaltes auf extrem niedrige Werte und eine besonders intensive Desoxidation des Stahles. Das ist günstig im Hinblick auf den Reinheitsgrad und führt dazu, dass die wenigen noch im Stahl verbleibenden unerwünschten nichtmetallischen Einschlüsse wie Oxide und Sulfide in vorteilhafter globularer Form vorliegen (Kern et al. 2017, Degenkolbe et al. 1993, Schäf et al. 2012). So kann den höchsten Ansprüchen an die mechanischen Eigenschaften und das Gebrauchsverhalten entsprochen werden. Darüber hinaus wird durch die Vakuumbehandlung die fast vollständige Entgasung der Stahlschmelze erreicht. Dabei ist besonders die Entfernung des gelösten Wasserstoffs wichtig. Bei der Abkühlung von Halbzeugen, wie z. B. Bleche und Bänder, können hohe Wasserstoffgehalte zur wasserstoffinduzierten Rissbildung (Flocken) führen. Dies passiert üblicherweise durch Rekombination des gelösten Wasserstoffes an Gefügefehlstellen im Zuge der Abkühlung durch die gleichzeitig verringerte Löslichkeit des atomaren Wasserstoffs. Um dies vor allem bei hohen Produktdicken zu verhindern, werden die Stahlschmelzen in modernen Stahlwerken vielfach auf < 2 ppm entgast (Kern 2017, Degenkolbe et al. 1993, Pfeiffer/Kern 2014).

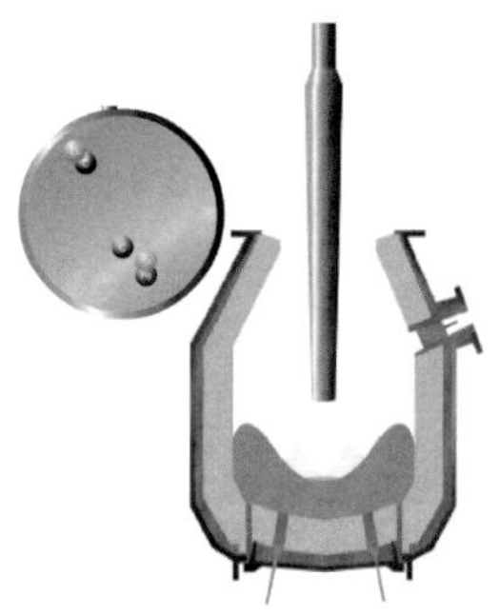
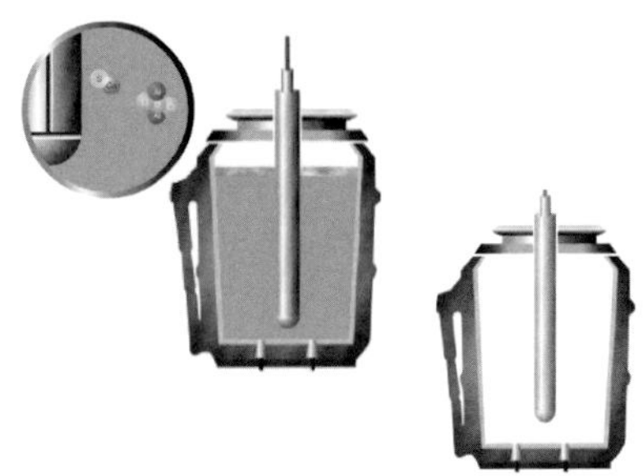
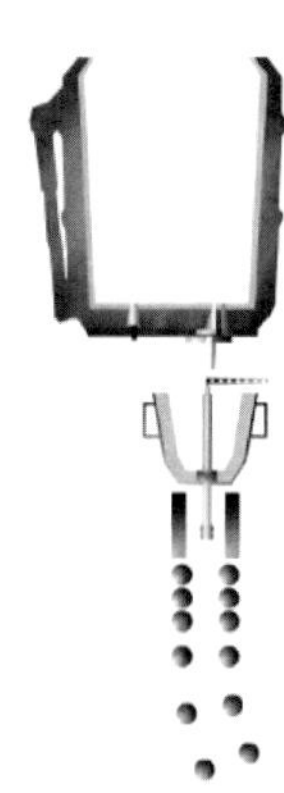

Bild 6.2 Stahlherstellung im Stahlwerk/Stranggussanlage

Stranggießen. Nach der Sekundärmetallurgie erfolgt das Vergießen des Stahles heute fast ausschließlich im Stranggussverfahren (Bild 6.2). Dieses liegt im Materialfluss nach dem Stahlwerk und vor den Weiterverarbeitungsbetrieben wie z.B. dem Walzwerk. Das Stranggießen ist ein sehr wirtschaftlicher und flexibel ausgestalteter Prozess für das Vergießen des Stahles zu Vorprodukten für das Walzen (Schwich et al. 2017). Für das Stranggießen wird die Stahlpfanne mit der Schmelze aus der Sekundärmetallurgie in den Pfannendrehturm der Stranggießanlage eingesetzt (Bild 6.3). Das Gießen wird üblicherweise bei 20 bis etwa 50 °C über der Schmelztemperatur der jeweiligen Legierung vorgenommen, indem der flüssige Stahl in den Verteiler fließt. Von dort gelangt der flüssige Stahl frei oder durch ein Gießrohr in die wassergekühlte Kokille, welche durch ihre Form das Format des Stranges bestimmt. Zur besseren Strangführung wird die Kokille oszillierend mit geringer Frequenz bewegt. Die Erstarrung der Strangschale wird durch eine Wasser- oder Wasser-Luft-Kühlung oder eine Kühlung der Treiberrollen (indirekt, trocken) genau gesteuert. So werden ein gleichmäßiges Erstarrungsgefüge und eine stabile Strangschale erreicht. Während des Gießens wird der Strang durch Rollen abgestützt, um ein Ausbauchen und Aufbrechen der Strangschale zu vermeiden. Am Ende des Stranggussprozesses wird der Strang mittels Brennschneiden in Brammen geteilt und kühlt ab (Bild 6.3) (Degenkolbe 1993, Schwich et al. 2017).

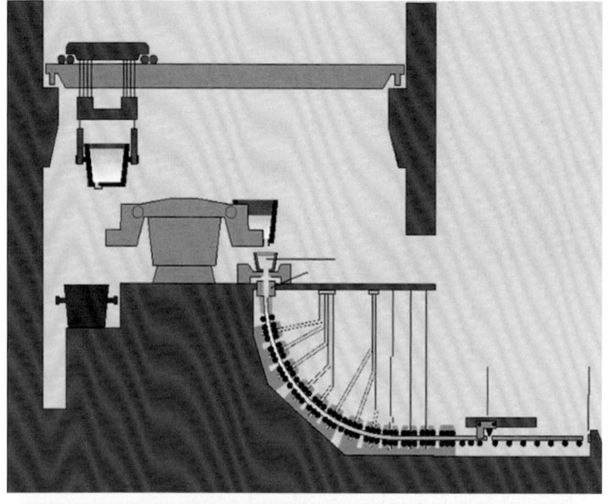

Bild 6.3
Strangguss von Brammen (Quelle: thyssenkrupp Steel Europe AG)

■ 6.2 Definition warmgewalzter Stahlprodukte

Die so erstellten Brammen aus dem Strangguss sind ein Vorprodukt zur Erstellung von Stahlprodukten, die allgemein sogenannte Halbzeuge sind. Als Halbzeug werden nach DIN EN 10079 die Erzeugnisse der Stahlproduktion bezeichnet, die durch Gießen und Umformen entstanden sind (Bleck 2017a). Erfolgt das Umformen zum fertigen Halbzeug dabei im warmen Zustand, d. h., findet das Umformen bei Temperaturen oberhalb der Rekristallisationstemperatur des Stahles statt, so handelt es sich um warmgewalzte Erzeugnisse (Schwich et al. 2017). Neben den rechteckigen Halbzeugen gibt es auch rundes oder profiliertes Halbzeug. Halbzeuge werden in der Regel den Stahlweiterverarbeitern weitergeleitet. Diese Stahlverarbeiter fertigen aus den Halbzeugen schließlich Fertigprodukte. Dabei kommen verschiedene Verarbeitungsprozesse in Betracht. Diese sind in Bild 6.4 aufgelistet. Es sind dies im Wesentlichen die Kaltumformung, das Schneiden und das Schweißen (Müsgen 1980, Kaiser et al. 2009, Uwer 1981).

Schneiden
Schweißen
Biegen/Kanten
Bohren
Pressen
Spanen und Abtragen

Bild 6.4 Verarbeiten hochfester Baustähle (Quelle: thyssenkrupp Steel Europe AG)

Wichtige Kategorie bei den warmgewalzten Erzeugnissen aus Stahl sind die warmgewalzten Flachprodukte. Nach DIN EN 10079 ist hierbei die Breite viel größer als die Dicke. Produktformen sind hier warmgewalzter Breitflachstahl, warmgewalzte Grobbleche und warmgewalzte Bänder. Diese können mit und ohne Oberflächenveredelung bereitgestellt werden (Bleck 2017a, Schwich et al. 2017). Tabelle 6.1 gibt einen Überblick über die Charakteristika dieser Erzeugnisse. Warmgewalzte Flachprodukte haben in der Praxis Dicken von üblicherweise > 1,5 mm. Während Grobbleche Dicken über 3 bis zu > 100 mm erreichen können, liegt die maximale Blechdicke bei Bändern, wegen der Aufwicklung zum Coil nach dem Walzen, bei rund 25 mm. Bild 6.5 zeigt das Aussehen dieser für die industrielle Praxis wichtigen Stahlerzeugnisse am Beispiel des Grobbleches (Schwich et al. 2017).

Tabelle 6.1 Wichtige Ausführungsformen warmgewalzter Flacherzeugnisse

Kategorie	Erzeugnis	Anmerkung
Ohne Oberflächenveredlung	Breitflachstahl	▪ Breite über 150 mm bis 1250 mm ▪ Dicke von etwa 4 mm ▪ wird ausgewalzt, d. h. nicht aufgehaspelt geliefert ▪ scharfkantige Ecken
	Blech	▪ Mindestbreite von 600 mm ▪ Feinblech: Dicke < 3 mm ▪ Grobblech: Dicke ≥ 3 mm ▪ wird meist in quadratischen oder rechteckigen Tafeln ausgeliefert ▪ Kanten können walzroh (Naturwalzkanten), mechanisch geschnitten, brenngeschnitten oder abgeschrägt sein
	Band	▪ wird nach dem Durchlaufen der Fertigwalze aufgehaspelt ▪ Warmbreitband (Coil): Walzbreite ≥ 600 mm ▪ Quergeteiltes Warmband: Walzbreite ≥ 600 mm (Bandblech) ▪ Bandstahl: Walzbreite < 600 mm ▪ leicht gewölbte Kanten; beschnittene Kanten
Mit Oberflächenveredelung	Blech/Band mit metallischem Überzug	▪ schmelztauchverzinkt ▪ aluminiert ▪ Überzug aus Aluminium-Zink ▪ elektrolytisch verzinkt
	Blech/Band mit organischer Beschichtung	▪ mit oder ohne metallischem Überzug ▪ kontinuierlich beschichtet mit organischen Stoffen oder einem Gemisch aus Metallpulver und organischen Stoffen
	Blech/Band mit verschiedenen anorganischen Beschichtungen	Beschichtung aus einem anorganischen Stoff, z. B. Email

Warmgewalzte Flachprodukte, vor allem das Grobblech, werden zumeist ohne eine Oberflächenveredelung geliefert. Lediglich zum Schutz vor Korrosion während Lagerung oder Transport erhalten die Produkte vielfach eine Behandlung mit Rostschutzprimer oder Ölüberzügen. Aktuelle Werkstoffentwicklungen zielen auf die Herstellung von Warmband mit Oberflächenveredelung durch elektrolytisches Verzinken oder Feuerverzinken hin, die in naher Zukunft zu einer weiteren Vergrößerung der Produktvielfalt bei warmgewalzten Flachprodukten führen werden.

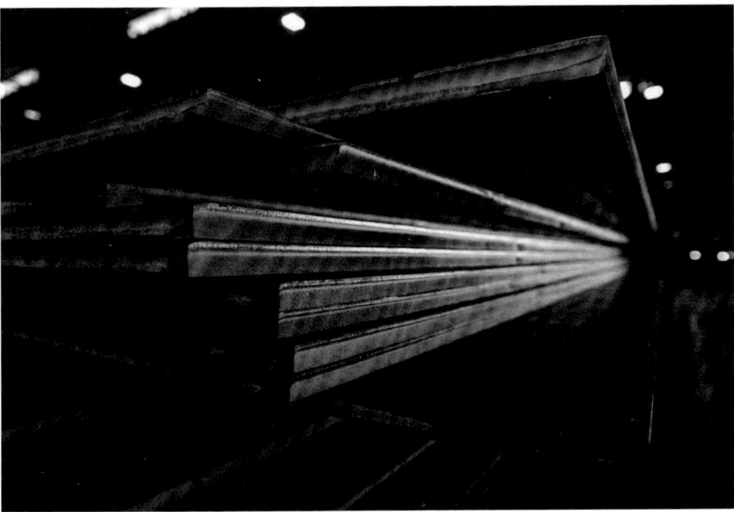

Bild 6.5 Grobbleche aus Stahl (Quelle: thyssenkrupp Steel Europe AG)

Daneben ist zu erwähnen, dass geringere Dicken bei den Flachprodukten in der Praxis nur durch Kaltwalzen zu erreichen sind. Kaltgewalzte Flachprodukte werden zumeist als Band erzeugt, und für das Kaltwalzen entsprechender Fein- oder Feinstbleche wird Warmband eingesetzt.

6.3 Walzen und Wärmebehandlung warmgewalzter Flachprodukte

Für das Warmwalzen von Blechen und Bändern auf passenden Walzstraßen wird von den vom Stahlwerk beigestellten Brammen ausgegangen, die in Wärme- oder Stoßöfen auf die erforderliche Warmwalztemperatur erwärmt und auf die gewünschte Dicke gewalzt werden. Weitgehende Automatisierung und Rechnersteuerung des Walzprozesses ermöglichen dabei die Einhaltung definierter Umformung-Zeit-Temperatur-Verläufe. Das fertig gewalzte Produkt wird in Coils gehaspelt oder als Blech gelagert. Wie erwähnt, findet das Warmwalzen bei einer Temperatur oberhalb oder dicht unterhalb der Rekristallisationstemperatur des Werkstoffes statt. Der Vorteil ist, dass das Material dann weicher ist, wodurch geringe Kräfte für die Umformung benötigt werden. Es werden zwei Verfahren für warmgewalzte Bleche und Bänder unterschieden: das kontinuierliche und das reversierende Walzen (Schwich et al. 2017).

6.3.1 Grobblechherstellung

Die Grobblechherstellung erfolgt üblicherweise durch Auswalzen auf einer Quartogrobblechstraße mit und ohne nachfolgende Wärmebehandlung. Hierbei werden die Brammen aus der Stranggussanlage (vgl. Teil A, Abschnitt 6.1) von etwa 200 - 450 mm Dicke nach dem Erwärmen auf Temperaturen > 1000 °C und einer Entzunderung durch Druckwasser auf Quarto-Reversier-Gerüsten auf Dicken von üblicherweise 3,5 bis 250 mm reversierend gewalzt. Das reversierende Walzen läuft in mehreren Stichen ab, wobei das Walzgut mehrmals auf dem Rollgang gedreht werden kann. So können z. B. Grobbleche mit unterschiedlichen Breiten größer als Brammenbreite hergestellt werden. Die technologischen Eigenschaften des Grobbleches werden durch eine definierte Temperaturführung und beschleunigtes Abkühlen und/oder eine nachfolgende Wärmebehandlung eingestellt (Schwich et al. 2017). Dazu stehen eine Reihe von Walz- und Wärmebehandlungsverfahren zur Verfügung. Nach dem Walzen bzw. gegebenenfalls nach erfolgter Wärmebehandlung werden die Bleche auf dem Kühlbett gesammelt, adjustiert und durch Zuschneiden, Stempeln sowie ergänzende Qualitätskontrollen zu einem verkaufsfähigen Produkt weiter prozessiert und abschließend in den Versand gebracht (Kern 2018, Kaiser et al. 2009, Pfeiffer/Kern 2014). Bild 6.6 zeigt dazu das Layout einer modernen Grobblechstraße der thyssenkrupp Steel Europe AG, aus dem der grundsätzliche Materialfluss ablesbar ist. Ergänzend gibt Bild 6.7 einen Eindruck von den unterschiedlichen Aggregaten zur Herstellung von Grobblech und dem damit verbundenen komplexen Stofffluss.

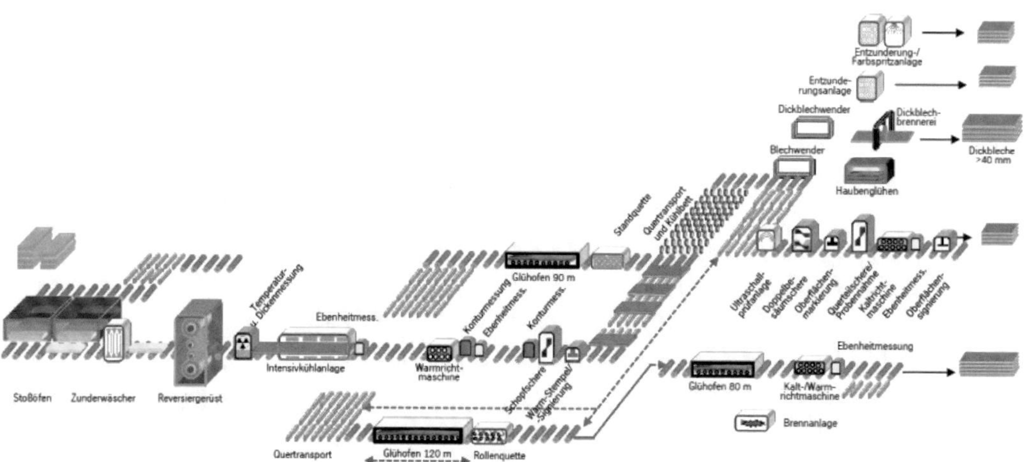

Bild 6.6 Layout einer modernen Grobblechstraße (Quelle: thyssenkrupp Steel Europe AG)

Bild 6.7 Aggregate zur Grobblechfertigung (Quelle: thyssenkrupp Steel Europe AG)

Für die Grobblechherstellung kommen drei Walzverfahren zur Anwendung. Bei den Walzverfahren wird unterschieden zwischen dem Normalwalzen, dem normalisierenden Umformen (N, NU) und dem thermomechanischen Umformen (TM) (Axman et al. 2012). Wichtigstes Unterscheidungskriterium dieser Walzverfahren ist deren Temperaturführung (Degenkolbe et al. 1993, Kern 2017). Dabei nimmt die Endwalztemperatur, also die Temperatur am Ende des Walzprozesses, vom Normalwalzen bis zum thermomechanischen Walzen ab (Bild 6.8). Hier müssen immer die Umwandlungspunkte der Stahllegierung Ar3 und Ar1 beachtet werden. Nach dem Walzen kühlt das Blech in der Regel an Luft ab. Vornehmlich nach dem thermomechanischen Walzen kann es in einer üblicherweise hinter dem Walzgerüst installierten Kühlvorrichtung beschleunigt abgekühlt werden, wodurch sich die Eigenschaften gegenüber dem Walzen mit Luftabkühlung verbessern lassen. Je nach Kühlstopptemperatur und Abkühlgeschwindigkeit spricht man von Intensivkühlen oder Direkthärten. Nach dem Normalwalzen ist üblicherweise die Gefügestruktur so grob, dass die erforderlichen Eigenschaften erst durch eine nachträgliche Wärmebehandlung eingestellt werden müssen. Die wichtigen Wärmebehandlungsverfahren für Grobbleche sind das Normalglühen und das Wasservergüten (Degenkolbe 1993, Müsgen 1985). Für eine derartige Wärmebehandlung gilt grundsätzlich der Ablauf:

- Erwärmen
- Halten
- Abkühlen

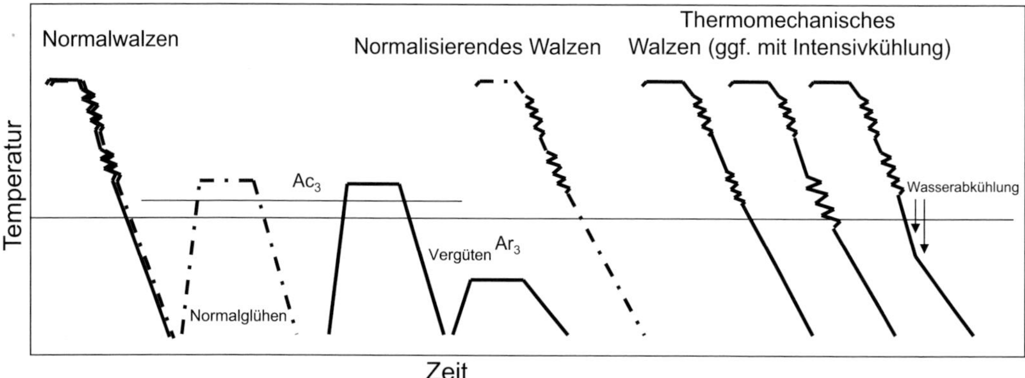

Bild 6.8 Temperatur-Zeit-Verläufe beim Grobblechwalzen (schematisch)

Dabei erfolgt das Erwärmen der Bleche nach dem Warmwalzen auf eine Temperatur oberhalb einer stahl- und blechdickenabhängigen Wiedererwärmtemperatur, zumeist merklich über 800 °C. Beim Normalglühen (+N) wird das Blech nach einer ausreichenden Haltedauer, die zu einer gleichmäßigen Durchwärmung führt, an ruhender Luft abgekühlt. Hierdurch entsteht ein feiner gleichmäßiger Gefügezustand im Blech, der praktisch spannungsfrei ist. Das Wasservergüten (+QT) ist ein zweistufiger Wärmebehandlungsprozess und wird auf leistungsfähigen Anlagen zum Erwärmen und Abkühlen von Blechen durchgeführt. Nach der Erwärmung erfolgt ein schnelles Abkühlen der Bleche mit Druckwasser, wodurch eine sehr harte und spröde Gefügestruktur im Blech entsteht. Beim Vergüten schließt sich an das Härten das Anlassen an, das bei Temperaturen bis maximal rund 750 °C erfolgt. Es hat den wesentlichen Zweck, das nach dem Härten entstandene Gefüge im Blech zu entspannen und dessen Zähigkeit zu erhöhen (Kern 2017). Neben der chemischen Zusammensetzung ist die an das Härten anschließende Anlassbehandlung eine wichtige Steuergröße für die Eigenschaften beim Vergüten. Bei der Anlassbehandlung ordnen sich die beim Härten entstandenen Gitterfehlstellen zu einer sehr feinen Sekundärstruktur. Eine feinkörnige Substruktur und Ausscheidungen sind maßgebend für den optimalen Gefügezustand der vergüteten Stähle, die gleichzeitig eine hohe Festigkeit und gute Zähigkeit haben. Durch geeignete Auswahl des Parameters Anlasstemperatur können bei gegebener chemischer Zusammensetzung gezielt gewünschte Kombinationen aus Festigkeit und Zähigkeit eingestellt werden (Müsgen 1985).

So führen die unterschiedlichen Walz- und Wärmebehandlungsverfahren bei der Grobblechherstellung zu unterschiedlichen Gefügeausbildungen und damit unterschiedlichen mechanischen Eigenschaften im fertigen Blech (Bild 6.9).

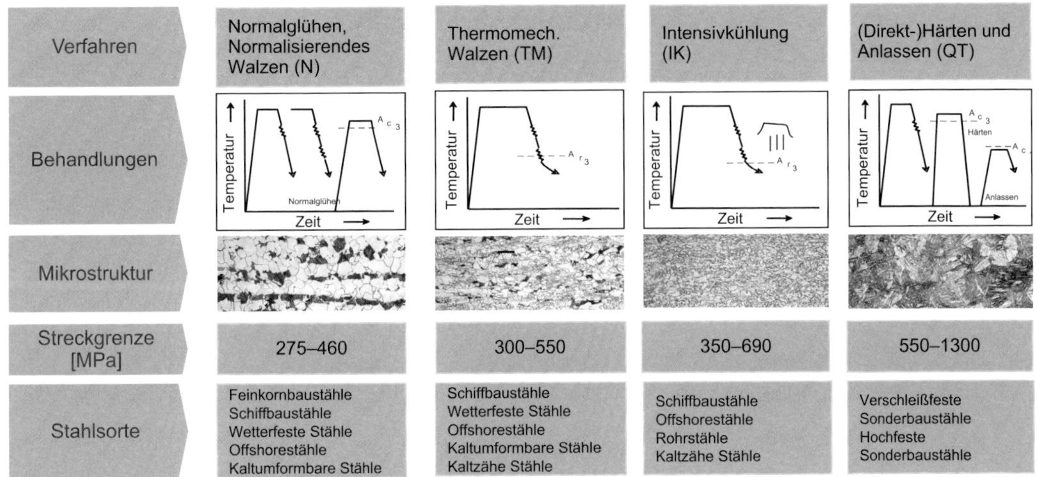

Bild 6.9 Verfahren zur Herstellung von Baustählen aus Grobblech

6.3.2 Warmbandherstellung

Bei den warmgewalzten Flachprodukten hat sich Warmband wegen seiner guten Oberfläche, der engen Abmessungstoleranzen und der guten Verarbeitbarkeit in bestimmten Abmessungsbereichen als Ergänzung oder auch als Ersatz zum Grobblech durchgesetzt. Im Gegensatz zur Grobblechherstellung werden bei der Fertigung von Warmband die Brammen üblicherweise in zwei Stufen gewalzt. Bild 6.10 zeigt schematisch den Materialfluss durch eine Warmbandstraße (Schwich et al. 2017). Zuerst werden sie in einem Stoß- oder Hubbalkenofen auf die erforderliche Temperatur gebracht, anschließend entzundert und dann am Vorgerüst reversierend zum Vorband gewalzt. Das Vorband wird nach Abtrennen des gebogenen Bandanfangs und -endes entzundert und der Fertigwalzstraße hinzugeführt. Über mehrere hintereinander geschaltete Walzgerüste (Fertigstaffel) wird es bis zur gewünschten Banddicke in einem kontinuierlichen Prozess gewalzt (Schwich et al. 2017). Nach der Fertigwalzstraße folgt eine Kühlstrecke, an deren Ende das fertige Band auf einem Haspel zu Coils aufgewickelt wird. Im Coil erfolgt die Abkühlung dann vergleichsweise langsam. Übliche Blechdicken des Warmbandes liegen im Bereich 1,5 bis 25 mm. Ein Coil kann so bis zu 30 t wiegen.

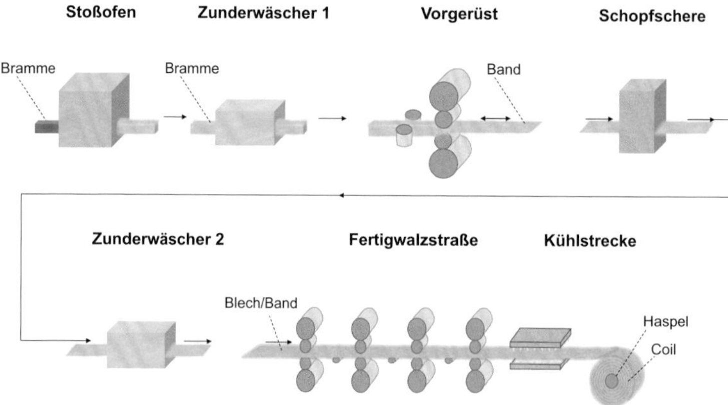

Bild 6.10 Stofffluss durch eine Warmbandstraße (Quelle links: *Bleck, W.; Moeller, E.:* Handbuch Stahl. Carl Hanser Verlag, München 2017, S. 91; Quelle rechts: thyssenkrupp Steel Europe AG)

Da die Herstellung von Warmband komplexer als die der Grobblechwalzung ist, sind ergänzende walztechnische Steuerungsmaßnahmen zur Einstellung optimaler Produkteigenschaften notwendig. Hierzu gehört z. B. das CVC-Verfahren (Continuous Variable Crown), das die Balligkeit des Bandes durch axiales Verschieben entsprechend der Anforderungen an die Dickentoleranzen über die Bandlänge anpasst (Wilms 1985).

Auch bei der Warmbandwalzung kommen die bei der Grobblechherstellung genannten Walzverfahren zum Einsatz. Dabei wird ein weiter Bereich von Walztemperaturen genutzt. Durch gezielte Kombination mit der beschleunigten Abkühlung des gewalzten Warmbandes vor dem Aufhaspeln und der verzögerten Abkühlung des Warmbandes im Coil lassen sich auch bei der Warmbandherstellung die unterschiedlichsten Gefügezusammensetzungen und damit eine große Palette unterschiedlicher mechanischer Eigenschaften im Flachprodukt einstellen. Das Warmband ist in diesem Zusammenhang ein weiteres Zwischenprodukt auf dem Weg zum Fertigerzeugnis. Um das aufgewickelte Warmband der Weiterverarbeitung zuzuführen, wird es in sogenannte Warmbandquerteilanlagen zu Blechen abgetafelt. In diesen Betrieben wird das Coil abgewickelt und auf Länge quergeteilt, gerichtet und adjustiert (Kern 2018). Bild 6.11 gibt einen Eindruck von entsprechenden Abtafelanlagen. Die fertig geschnittenen Bleche werden hier in der Regel zu Paketen gestapelt.

Bild 6.11 Abtafelanlage (Quelle: thyssenkrupp Steel Europe AG)

Der Versand der warmgewalzten Flachprodukte erfolgt aus Lagern für Bleche oder Coils mit unterschiedlichen Transportmitteln (Bild 6.12). Der Lkw-Transport ist besonders bedeutend.

Bild 6.12
Versandlager (Quelle: thyssenkrupp Steel Europe AG)

6.4 Produkt- und Erzeugnisspezifikationen

Die Produktvielfalt bei den warmgewalzten Flachprodukten Grobblech und Warmband ist in erster Linie in unterschiedlichen Erzeugnisspezifikationen normativ verankert. Tabelle 6.2 gibt einen Überblick über die gängigen Erzeugnisnormen für warmgewalzte Flachprodukte. Für den Einsatz im Bau- und Konstruktionsstahlbereich stehen die Normenreihen DIN EN 10149, DIN EN 10028 und die DIN EN 10025 im Vordergrund. Die jeweiligen Normen zielen dabei auf bestimmte Einsatzgebiete der entsprechenden Produkte ab. In ihnen werden die warmgewalzten Flachprodukte gekennzeichnet hinsichtlich

- ihrer Stahlgütebezeichnung,
- der zugehörigen chemischen Zusammensetzung,
- ihres Lieferzustandes nach Herstellung und
- ihrer notwendigen mechanisch-technologischen Eigenschaften einschließlich

- der für ihre Bestimmung geltenden Prüfvorschriften sowie
- Prüfumfang, Prüfeinheit und Prüfhäufigkeit.

In ihrer Gesamtheit sind so hierin die technischen Lieferbedingungen für die Produkte abgebildet. Die Vorgaben der Produktnorm stellen damit den wesentlichen Inhalt der Prüfbescheinigungen. Tabelle 6.3 und Tabelle 6.4 geben einen Überblick über die Liefervorschriften am Beispiel von unlegierten Druckbehälterstählen nach DIN EN 10028-2 hinsichtlich

- der einzuhaltenden chemischen Zusammensetzung für die verschiedenen Stahlgüten,
- des Lieferzustandes und
- der einzuhaltenden Festigkeits- und Zähigkeitseigenschaften.

Tabelle 6.2 Wichtige Erzeugnisnormen für warmgewalzte Flachprodukte

Norm	Stahlgruppe	Güten (Beispiele)	Verwendungszwecke
DIN EN 10025	Baustähle	S235, S355	Allgemeiner/ besonderer Stahlbau
DIN EN 10028	Druckbehälterstähle	P355, X12Ni5	Druckbehälterbau
DIN EN 10083	Vergütungsstähle	C45, 42CrMo4	Maschinenbau
DIN EN 10084	Einsatzstähle	16MnCr5	Maschinenbau
DIN EN 10111	Weiche Stähle zum Kaltumformen	DD11	Fahrzeugbau
DIN EN 10207	Stähle für einfache Druckbehälter	P235S	Behälterbau
DIN EN 10120	Stähle für Gasflaschen	P310NB	Behälterbau
DIN EN 10149	Höherfeste Kaltumformstähle	S700MC	Fahrzeugbau
DIN EN 10088	Nichtrostende Stähle	X2CrNi 18 9	Maschinen- und Anlagenbau
DIN EN 10225	Offshore-Stähle	S355ML+G10	Offshoretechnik

Neben den typischen Kenndaten zur Produktcharakterisierung umfassen die Liefervorschriften für warmgewalzte Produkte zumeist auch Vorgaben für einzuhaltende Toleranzen bei den Produktabmessungen und der Produktform. Auch diese Vorgaben müssen in der Regel in der Prüfbescheinigung dokumentiert werden, um die Produkteigenschaften umfassend zu charakterisieren. Für Grobbleche und Warmbänder gelten hier die Normen DIN EN 10029 und DIN EN 10051. Hierin sind die zulässigen Maßabweichungen für Dicke, Länge und Breite, aber auch die Seitengeradheit, Säbeligkeit und nicht zuletzt die Ebenheit des Produktes formuliert. Tabelle 6.5 weist beispielhaft die entsprechenden Grenzwerte für die Blechdickentoleranz nach DIN EN 10029 in Abhängigkeit der Dicke aus.

Tabelle 6.3 Erzeugnisspezifikation für Druckbehälterstähle nach DIN EN 10028-2 (chemische Zusammensetzung)

Stahlsorte		Massenanteile in %													
Kurzname	Werkstoffnummer	C	Si	Mn	P max.	S max.	Al_{gesamt}	N	Cr	Cu[b]	Mo	Nb	Ni	Ti max.	V	Sonstige
P235GH	1.0345	≤ 0,16	≤ 0,35	0,60[c] bis 1,20	0,025	0,010	≥ 0,020	≤ 0,012[d]	≤ 0,30	≤ 0,30	≤ 0,08	≤ 0,020	≤ 0,30	0,03	≤ 0,02	Cr+Cu+Mo+Ni: ≤ 0,70
P265GH	1.0425	≤ 0,20	≤ 0,40	0,80[c] bis 1,40	0,025	0,010	≥ 0,020	≤ 0,012[d]	≤ 0,30	≤ 0,30	≤ 0,08	≤ 0,020	≤ 0,30	0,03	≤ 0,02	
P295GH	1.0481	0,08 bis 0,20	≤ 0,40	0,90[c] bis 1,50	0,025	0,010	≥ 0,020	≤ 0,012[d]	≤ 0,30	≤ 0,30	≤ 0,08	≤ 0,020	≤ 0,30	0,03	≤ 0,02	
P355GH	1.0473	0,10 bis 0,22	≤ 0,60	1,10 bis 1,70	0,025	0,010	≥ 0,020	≤ 0,012[d]	≤ 0,30	≤ 0,30	≤ 0,08	≤ 0,040	≤ 0,30	0,03	≤ 0,02	
16Mo3	1.5415	0,12 bis 0,20	≤ 0,35	0,40 bis 0,90	0,025	0,010	e	≤ 0,012	≤ 0,30	≤ 0,30	0,25 bis 0,35	-	≤ 0,30	-	-	-
18MnMo4-5	1.5414	≤ 0,20	≤ 0,40	0,90 bis 1,50	0,015	0,005	e	≤ 0,012	≤ 0,30	≤ 0,30	0,45 bis 0,60	-	≤ 0,30	-	-	-
20MnMoNi4-5	1.6311	0,15 bis 0,23	≤ 0,40	1,00 bis 1,50	0,020	0,010	e	≤ 0,012	≤ 0,20	≤ 0,20	0,45 bis 0,60	-	0,40 bis 0,80	-	≤ 0,02	-
15NiCuMoNb5-6-4	1.6368	≤ 0,17	0,25 bis 0,50	0,80 bis 1,20	0,025	0,010	≥ 0,015	≤ 0,020	≤ 0,30	0,50 bis 0,80	0,25 bis 0,50	0,015 bis 0,045	1,00 bis 1,30	-	-	-
13CrMo4-5	1.7335	0,08 bis 0,18	≤ 0,35	0,40 bis 1,00	0,025	0,010	e	≤ 0,012	0,70[f] bis 1,15	≤ 0,30	0,40 bis 0,60	-	-	-	-	-
13CrMoSi5-5	1.7336	≤ 0,17	0,50 bis 0,80	0,40 bis 0,65	0,015	0,005	e	≤ 0,012	1,00 bis 1,50	≤ 0,30	0,45 bis 0,65	-	≤ 0,30	-	-	-
10CrMo9-10	1.7380	0,08 bis 0,14[g]	≤ 0,50	0,40 bis 0,80	0,020	0,010	e	≤ 0,012	2,00 bis 2,50	≤ 0,30	0,90 bis 1,10	-	-	-	-	-
12CrMo9-10	1.7375	0,10 bis 0,15	≤ 0,30	0,30 bis 0,80	0,015	0,010	0,010 bis 0,040	≤ 0,012	2,00 bis 2,50	≤ 0,25	0,90 bis 1,10	-	≤ 0,30	-	-	-
X12CrMo5	1.7362	0,10 bis 0,15	≤ 0,50	0,30 bis 0,60	0,020	0,005	e	≤ 0,012	4,0 bis 6,0	≤ 0,30	0,45 bis 0,65	-	≤ 0,30	-	-	-
13CrMoV9-10	1.7703	0,11 bis 0,15	≤ 0,10	0,30 bis 0,60	0,015	0,005	e	≤ 0,012	2,00 bis 2,50	≤ 0,20	0,90 bis 1,10	≤ 0,07	≤ 0,25	0,03	0,25 bis 0,35	B ≤ 0,002, Ca ≤ 0,015
12CrMoV12-10	1.7767	0,10 bis 0,15	≤ 0,15	0,30 bis 0,60	0,015	0,005	e	≤ 0,012	2,75 bis 3,25	≤ 0,25	0,90 bis 1,10	≤ 0,07[h]	≤ 0,25	0,03[h]	0,20 bis 0,30	B ≤ 0,003[h], Ca ≤ 0,015[h]
X10CrMoVNb9-1	1.4903	0,08 bis 0,12	≤ 0,50	0,30 bis 0,60	0,020	0,005	≤ 0,040	0,030 bis 0,070	8,0 bis 9,5	≤ 0,30	0,85 bis 1,05	0,06 bis 0,10	≤ 0,30	-	0,18 bis 0,25	-

a In dieser Tabelle nicht aufgeführte Elemente dürfen dem Stahl, außer zum Fertigbehandeln der Schmelze, ohne Zustimmung des Bestellers nicht absichtlich zugegeben werden. Es sind alle angemessenen Vorkehrungen zu treffen, um die Zufuhr derartiger Elemente aus dem Schrott und anderen bei der Herstellung verwendeten Stoffen, die die mechanischen Eigenschaften und die Verwendbarkeit des Stahls beeinträchtigen, zu vermeiden.

b •• Ein geringerer Höchstanteil für Kupfer und/oder ein Höchstanteil für Zinn, z. B. Cu + 6 Sn ≤ 0,33 %, können im Hinblick auf die Umformbarkeit bei der Anfrage und Bestellung für die Stahlsorten festgelegt werden, für die nur ein maximaler Kupferanteil spezifiziert ist.

c Für Erzeugnisdicken < 6 mm ist ein Mindest-Mangananteil, der 0,20 % kleiner ist als festgelegt, zulässig.

d Ein Verhältniswert $\frac{Al}{N} \geq 2$ ist einzuhalten.

e Der Aluminiumanteil der Schmelze ist zu bestimmen und in der Prüfbescheinigung anzugeben.

f •• Wenn die Druckwasserstoffbeständigkeit von Bedeutung ist, kann bei der Anfrage und Bestellung ein Mindestanteil von 0,80 % Cr vereinbart werden.

g •• Für Erzeugnisdicken über 150 mm kann bei der Anfrage und Bestellung ein Höchstanteil von 0,17 % C vereinbart werden.

h Diese Stahlsorte kann mit Zusätzen Ti + B oder Nb + Ca hergestellt werden. Dafür gelten die folgenden Mindestanteile : Ti ≥ 0,015 % und B ≥ 0,001 % bei Zusätzen von Ti + B, Nb ≥ 0,015 % und Ca ≥ 0,0005 % bei Zusätzen von Nb + Ca.

Tabelle 6.4 Erzeugnisspezifikation für Druckbehälterstähle nach DIN EN 10028-2 (mechanische Eigenschaften, auszugsweise)

Stahlsorte		Üblicher Lieferzustand[b,c]	Erzeugnisdicke t	Im Zugversuch bei Raumtemperatur bestimmte Eigenschaften			Kerbschlagarbeit KV J min. bei einer Temperatur in °C von		
				Streckgrenze R_{eH}	Zugfestigkeit R_m	Bruchdehnung A			
Kurzname	Werkstoffnummer		mm	MPa min.	MPa	% min.	–20	0	+20
P235GH	1.0345	+N[d]	≤ 16	235	360 bis 480	24	27[g]	34[g]	40
			$16 < t \leq 40$	225					
			$40 < t \leq 60$	215					
			$60 < t \leq 100$	200					
			$100 < t \leq 150$	185	350 bis 480				
			$150 < t \leq 250$	170	340 bis 480				
P265GH	1.0425	+N[d]	≤ 16	265	410 bis 530	22	27[g]	34[g]	40
			$16 < t \leq 40$	255					
			$40 < t \leq 60$	245					
			$60 < t \leq 100$	215					
			$100 < t \leq 150$	200	400 bis 530				
			$150 < t \leq 250$	185	390 bis 530				
P295GH	1.0481	+N[d]	≤ 16	295	460 bis 580	21	27[g]	34[g]	40
			$16 < t \leq 40$	290					
			$40 < t \leq 60$	285					
			$60 < t \leq 100$	260					
			$100 < t \leq 150$	235	440 bis 570				
			$150 < t \leq 250$	220	430 bis 570				

Tabelle 6.5 Toleranzen für die Blechdicke von Grobblechen nach DIN EN 10029

Nenndicke t	Grenzabmaße der Dicke (siehe 6.1.1)							
	Klasse A		Klasse B		Klasse C		Klasse D	
	Unteres Abmaß	Oberes Abmaß	Unteres Abmaß	Oberes Abmaß	Unteres Abmaß	Oberes Abmaß	Unteres Abmaß	Oberes Abmaß
$3 \leq t < 5$	–0,3	+0,7	–0,3	+0,7	0	+1,0	–0,5	+0,5
$5 \leq t < 8$	–0,4	+0,8	–0,3	+0,9	0	+1,2	–0,6	+0,6
$8 \leq t < 15$	–0,5	+0,9	–0,3	+1,1	0	+1,4	–0,7	+0,7
$15 \leq t < 25$	–0,6	+1,0	–0,3	+1,3	0	+1,6	–0,8	+0,8
$25 \leq t < 40$	–0,7	+1,3	–0,3	+1,7	0	+2,0	–1,0	+1,0
$40 \leq t < 80$	–0.9	+1,7	–0,3	+2,3	0	+2,6	–1,3	+1,3
$80 \leq t < 150$	–1,1	+2,1	–0,3	+2,9	0	+3,2	–1,6	+1,6
$150 \leq t < 250$	–1,2	+2,4	–0,3	+3,3	0	+3,6	–1,8	+1,8
$250 \leq t \leq 400$	–1,3	+3,5	–0,3	+4,5	0	+4,8	–2,4	+2,4
Die Grenzabmaße gelten nicht für durch Schleifen ausgebesserte Zonen (siehe 6.1.2)								

Darüber hinaus wird besonders bei Grobblechen häufig auch ein Anspruch an die Oberflächengüte im Rahmen der Liefervorschriften gestellt. Dieser ist in DIN EN 10163 formuliert. Angegeben sind hier zulässige Tiefen für Oberflächenungänzen und -fehler (Tabelle 6.6). Gleichzeitig wird vorgegeben, wie etwaige Oberflächenfehler zu reparieren sind (vgl. Teil A, Abschnitt 6.5.5). Je nach Dicke der warmgewalzten Flachprodukte können Liefervorschriften auch Vorgaben zur Güte der Innenbeschaffenheit hinsichtlich Inhomogenitäten im Inneren des Produktes enthalten, die in der Prüfbescheinigung nachzuweisen sind. Maßgebend ist hier zumeist die DIN EN 10160, in der die Ultraschallprüfung von Blechen beschrieben ist und in der unterschiedliche zulässige Fehlerklassen für verschiedene Gütestufen Innenfehler definiert werden (vgl. Teil A, Abschnitt 6.5.5).

Tabelle 6.6 Kennzeichnung der Oberflächenqualität von Grobblech nach DIN EN 10163

Nenndicke des Erzeugnisses in mm	Größte zulässige Tiefe der Ungänzen in mm
$3 \leq t < 8$	0.4
$8 \leq t < 25$	0.5
$25 \leq t < 40$	0.6
$40 \leq t < 80$	0.8
$80 \leq t < 150$	0.9
$150 \leq t < 250$	1.2
$250 \leq t \leq 400$	1.5

In der Praxis sind Produkt- und Erzeugnisspezifikationen ein zentraler Aspekt bei der Fertigung, Prüfung und Bewertung der Erzeugnisse und der zugehörigen Ausstellung von Prüfbescheinigungen. Ausgehend von den vorstehenden Grundlagen wird hierauf in Teil B, Abschnitt 4.4, detailliert eingegangen.

6.5 Qualitätsprüfungen an warmgewalzten Produkten

Voraussetzung für die Erstellung von Prüfbescheinigungen für warmgewalzte Flachprodukte sind Qualitätsprüfungen. Grundlage für die Durchführung dieser Qualitätsprüfungen ist ein entsprechendes Qualitätsmanagementsystem des Herstellers, das sicherstellt, dass die Produktqualität geprüft und gegebenenfalls verbessert wird. Die bekannteste Norm, die die Anforderungen an ein Qualitätsmanagementsystem festlegt, ist die DIN EN ISO 9001. Ausgehend von den Darstellungen in Abschnitt 3.4 umfassen diese Qualitätsprüfungen bei warmgewalzten Produkten zumeist die Feststellung der chemischen Zusammensetzung sowie der Werkstoffkennwerte für Festigkeits- und Zähigkeitseigenschaften. Darüber hinaus werden vielfach Qualitätsnachweise hinsichtlich der Innenbeschaffenheit, der Oberflächenausführung, der Ebenheit sowie der Maßhaltigkeit des Erzeugnisses und deren Dokumentation in Prüfbescheinigungen gefordert. Wesentlich ist dabei immer der Vergleich der ermittelten Prüfergebnisse mit den Sollwerten aus der jeweiligen Erzeugnisspezifikation.

Die Produkteigenschaften werden mit modernen Prüfmethoden bestimmt, und zwar entweder an Proben, die dem Produkt entnommen werden, oder am Produkt selbst. Vorgaben für Kennzeichnung, Lage und Entnahmeort der Probenabschnitte und Proben speziell für mechanische Prüfungen regeln die jeweiligen Erzeugnisspezifikationen und/oder die DIN EN ISO 377. Die jeweiligen Werkstoffeigenschaften aus mechanischen Prüfungen sind dabei keine physikalisch bedingten Absolutwerte, sondern entstehen aus dem Zusammenwirken von Werkstoff, Prüfeinrichtung und Versuchsdurchführung (Aegerter/Wehrstedt 2007). Daher ist es das Ziel der Normung für die mechanisch-technologische Werkstoffprüfung, durch genaue Festlegungen bei Prüfeinrichtungen und Versuchsdurchführung die Basis für eine gewisse Vergleichbarkeit und Reproduzierbarkeit der bei den in Versuchen ermittelten Kennwerte zu erlauben (Aegerter/Wehrstedt 2007). Dies verdeutlicht Bild 6.13. Die stetige Weiterentwicklung in der Prüftechnik, bei Mess- und Steuersystemen, der Datenverarbeitung sowie der Definition und Interpretation von Prüfergebnissen führt immer wieder zu kontinuierlichen Reviews und Neufassungen der Prüfnormen.

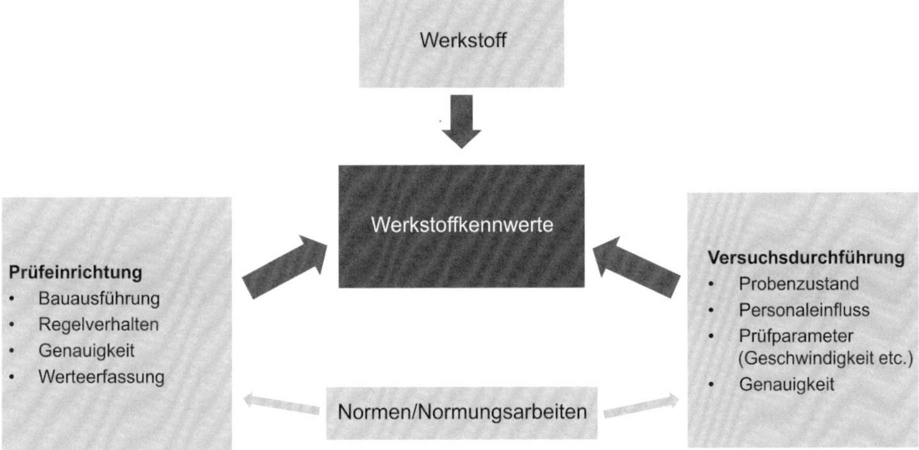

Bild 6.13 Einflussgrößen auf Werkstoffkennwerte (nach Aegerter 2007)

Für alle Prüfungen hat der Hersteller der warmgewalzten Flachprodukte für geeignete und geprüfte Messmittel zu sorgen und das zugehörige Personal geeignet zu schulen. Die Eignung der Messmittel für das betrachtete Qualitätsmerkmal muss vom Hersteller regelmäßig im Rahmen von Qualitätsaudits von Überwachungsgesellschaften und/oder Kunden in Übereinstimmung mit dem gültigen Qualitätsmanagementsystem nachgewiesen werden. Zusätzlich muss auch die Messmittelfähigkeit, d.h. die Fähigkeit des Messmittels (z.B. Maßband), den entsprechenden Messwert (z.B. Blechlänge) gemäß einer den Anforderungen der Erzeugnisspezifikation entsprechenden Präzision und Wiederholgenauigkeit zu messen, gegeben sein.

6.5.1 Prüfung der Festigkeitseigenschaften

Die Festigkeitseigenschaften geben Informationen über die Beanspruchbarkeit bis zum Beginn der plastischen Verformung oder des Bruchs. Darüber hinaus kann die entsprechende Formänderungsfähigkeit festgestellt werden. Die Festigkeitseigenschaften werden in einem einachsigen Zugversuch an genormten Proben bestimmt. Durch die Normung der Geometrie und des Prüfablaufes sowie der Prüfbedingungen (Temperatur, Prüfgeschwindigkeit etc.) soll eine Vergleichbarkeit der gewonnenen Werkstoffkenngrößen erreicht werden, da die Kennwerte auch von der Probengeometrie abhängig sind (Höfler 2019). Entsprechende Normen für den Zugversuch sind DIN EN ISO 6892, ASTM E8, ASTM E21 sowie DIN 50154. Die Normen legen Probenformen und den Prüfablauf fest.

In der Regel kommen Flachzugproben mit rechteckigem Querschnitt oder Rundzugproben mit rundem Querschnitt zum Einsatz (Bild 6.14) (Bronsema et al. 2007). Die entsprechende Zugprobe wird im Zugversuch unter zunehmender Zugbeanspruchung bis zum Bruch quasi-statisch belastet. Dies geschieht üblicherweise an Zug- oder Universalprüfmaschinen, die häufig automatisiert sind (Bild 6.15). Im Allgemeinen sind sie aus 2- oder 4-Ständer-Rahmen gebaut, wo der obere Querträger, das Querhaupt, entweder über senkrecht stehende Gewindespindeln oder über hydraulische Kolben bewegt wird (Siebel 1955, Höfler 2019). Im Zugversuch wird die Probenverlängerung ΔL in Abhängigkeit der Zugkraft F gemessen und mit X-Y-Schreibern in der Steuerungseinheit der Prüfmaschine aufgezeichnet. Bezieht man die Kraft auf die Ausgangsfläche und die Längenänderung auf die Ausgangslänge, so erhält man das technische Spannungs-Dehnungs-Diagramm. Aus dem vorliegenden Spannungs-Dehnungs-Diagramm können nun wichtige Kenngrößen über das Verhalten von Werkstoffen unter Zugbeanspruchung gewonnen werden. Grundsätzlich lassen sich bei metallischen Werkstoffen zwei unterschiedliche Kurvenverläufe im Spannungs-Dehnungs-Diagramm unterscheiden (Heitkemper et al. 2016, Bergmann 1984). Aus diesen Schaubildern lassen sich dann die technischen Wertstoffkennwerte ablesen, die die Festigkeitseigenschaften des Erzeugnisses kennzeichnen:

- die Streckgrenze; obere und untere Streckgrenze (R_{eH} und R_{eL})
- die Dehngrenze; in aller Regel bei 0,2 % plastischer Dehnung als „Ersatzstreckgrenze“ bestimmt ($R_{p0.2}$), wenn keine Streckgrenze im Zugversuch auftritt
- die Zugfestigkeit (R_m)
- die Gleichmaßdehnung (A_g)
- die Bruchdehnung (A), wobei die normativen Festlegungen in Bezug auf die Messlänge von entscheidender Bedeutung sind

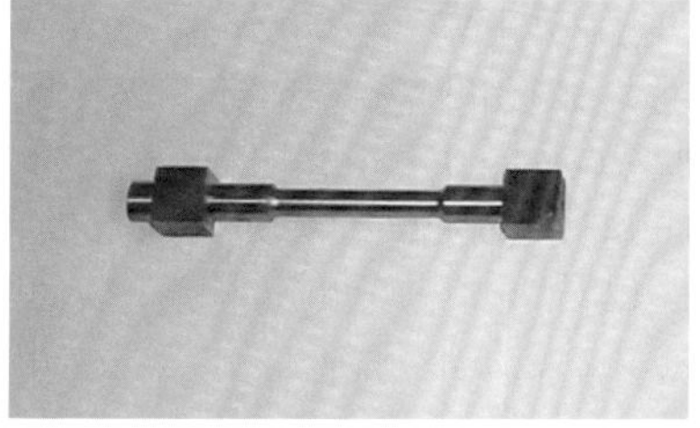

Bild 6.14 Flachzug- und Rundzugproben (Quelle: thyssenkrupp Steel Europe AG)

Bild 6.15 Universalzugprüfmaschine (Quelle: thyssenkrupp Steel AG)

Der Verlauf der Spannungs-Dehnungs-Kurve ist folgendermaßen interpretierbar: Sie beginnt mit einem geradlinigen Steilanstieg (elastischer Hook'scher Bereich). Der Proportionalitätsfaktor E wird als Elastizitätsmodul (E-Modul) bezeichnet. Er kennzeichnet den Widerstand eines Werkstoffes gegen reversible Formänderung und ist somit ein Maß für die Werkstoffsteifigkeit. Den E-Modul kann man als diejenige Spannung auffassen, die erforderlich ist, um den Werkstoff um 100% elastisch zu dehnen. Der E-Modul hat die Einheit MPa. Der Hooke'sche Bereich endet mit der Proportionalitätsgrenze R_p, welche als die Dehngrenze $R_{\mathrm{p}0,01}$ ermittelt wird. Diese Proportionalitätsgrenze kennzeichnet den Übergang vom elastischen zum plastischen Werkstoffverhalten. Es folgt der Bereich des nicht proportionalen Zusammenhanges zwischen Spannung und Dehnung (plastischer Bereich). Dieser beginnt mit der Streckgrenze R_e, die bei einigen Werkstoffen ausgeprägt ist und somit in eine untere und obere Streckgrenze R_{eH} unterteilt wird. Die obere Streckgrenze ist die Spannung, bei der die plastische Verformung ohne Zunahme der Kraft erfolgt (Bergmann 1984, Heitkemper et al. 2016). Die untere Streckgrenze ist die kleinste Spannung im Fließbereich, wobei Einschwingerscheinungen im Spannungs-Dehnungs-Verlauf vernachlässigt werden (Bild 6.16a). Bei Werkstoffen, die keine ausgeprägte Streckgrenze zeigen, wird als Äquivalent die Spannung bei 0,2 % bleibender Dehnung, also die 0,2 %-Dehngrenze $R_{p0,2}$ bestimmt (Bild 6.16b). Die Streckgrenze wird als der Punkt des Übergangs vom elastischen zum plastischen Werkstoffverhalten angesehen und hat den größten Stellenwert im konstruktiven Stahlbau, in dem eine Konstruktion in ihrer Belastbarkeit immer gegen diesen Grenzwert ausgelegt wird, da sich die Konstruktion im Gebrauch ja nicht bleibend, also plastisch verformen soll.

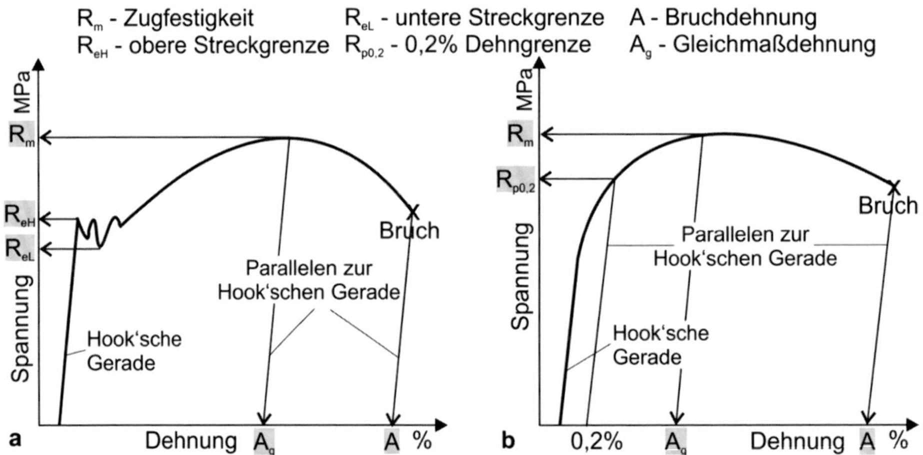

Bild 6.16 Ausprägung des Spannungs-Dehnungs-Diagramms: a) mit ausgeprägter Streckgrenze, b) ohne ausgeprägte Streckgrenze

Als wichtige Verformungskenngröße lässt sich die Gleichmaßdehnung A_g bestimmen, die die bleibende Dehnung bei R_m darstellt. Bis zu diesem Punkt dehnt sich die Probe über die gesamte Messlänge gleichmäßig, d. h., der Querschnitt reduziert sich gleichmäßig über die Messlänge, ohne örtlich einzuschnüren. Die Bruchdehnung gibt an, wie weit sich ein Werkstoff bis zum Bruch plastisch verformt, wogegen die Reduzierung des Querschnittes bis zum Bruch durch die Brucheinschnürung ausgedrückt wird. Das Streckgrenzenverhältnis bietet einen Anhaltspunkt für die Verformbarkeit und gibt einen Hinweis auf die Belastungsunempfindlichkeit im Falle einer unvorhergesehenen Überbeanspruchung. Je kleiner das Verhältnis ist, desto größer ist die Verformungsreserve bis zum Eintreten des Bruches.

Zu den Festigkeitskenngrößen zählen die Streckgrenzen und die Zugfestigkeit, zu den Verformungskenngrößen zählen die Bruchdehnung, die Gleichmaßdehnung, die Einschnürdehnung sowie die Brucheinschnürung (Heitkemper et al. 2016, Höfler 2019). Grundsätzlich gehen die Verformungskenngrößen wie Gleichmaßdehnung, Einschnürdehnung sowie Brucheinschnürung nicht in die Berechnungen für die Konstruktion von Bauteilen ein. Sie dienen im Gegensatz zu den Festigkeitskenngrößen wie Streckgrenze, Zugfestigkeit und E-Modul lediglich als Anhaltspunkt für die Verformungsfähigkeit im Versagensfall.

Aus dem Bruchverhalten der Zugproben können darüber hinaus Rückschlüsse auf die Duktilität des Werkstoffes gewonnen werden. Je stärker die Probe im Zugversuch gelängt wird oder sich vor dem Bruch einschnürt, umso duktiler verhält sich der Werkstoff (Bild 6.17).

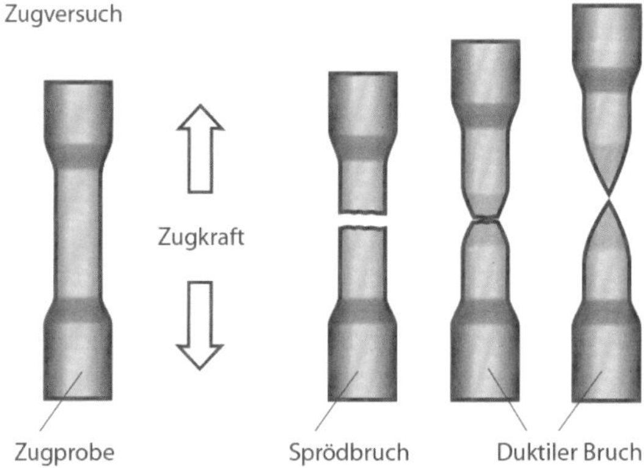

Bild 6.17
Bruchformen der Zugprobe im Zugversuch (schematisch)

6.5.2 Prüfung der Härte

In zahlreichen Erzeugnisspezifikationen, wie beispielsweise für verschleißfeste Sonderbaustähle, wird der Nachweis der Festigkeit auch durch Angabe der Oberflächenhärte gefordert. Härte ist dabei der Widerstand eines Werkstoffes gegen Eindringen eines Prüfkörpers. Daher beruhen Härteprüfverfahren letztlich auf demselben Prinzip (Bargel 2008, Siebel 1955, Höfler 2019). Mit bestimmter Kraft wird ein Prüfkörper (in der Regel Kugel, Kegel, Pyramide) in die zu prüfende Werkstoffoberfläche gedrückt. Aus dem hinterlassenen Eindruck wird der entsprechende Härtewert bestimmt. Die Härteprüfung ist dabei ein vergleichsweise einfach und schnell durchzuführendes Verfahren, das relativ zerstörungsarm ist und sowohl an Proben als auch am Erzeugnis selbst durchgeführt werden kann (Bild 6.18). Die verschiedenen, technisch bedeutenden Härteprüfverfahren sind in den Normen DIN EN ISO 6506, 6507 und 6508 sowie ASTM E10, ASTM E92, ASTM E384 und ASTM E18 beschrieben.

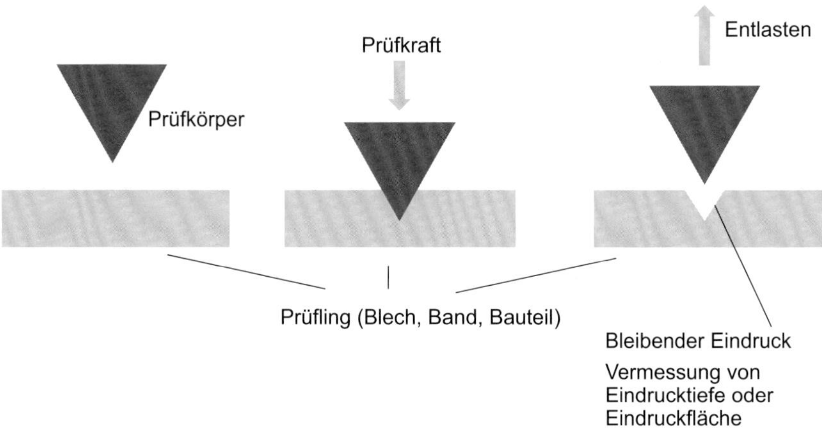

Bild 6.18 Ablauf der Härteprüfung (schematisch)

Das gebräuchlichste Verfahren der Härteprüfung ist das Brinellverfahren, bei dem eine Kugel aus Hartmetall bei steigender Kraft innerhalb von zehn Sekunden in die zu prüfende Werkstoffoberfläche gedrückt wird (Bild 6.19). Nach kurzer Verweildauer wird die Kraft zurückgenommen und die Eindruckoberfläche (Kugelkalotte) unter einem Lichtmikroskop gemessen. Das Verhältnis von Prüfkraft F zu Eindruckoberfläche $A_{Kalotte}$ ist das Maß für den Brinell-Härtewert (Siebel 1955, Reinhold/Geschke 1990). Je nach Werkstoff werden unterschiedliche Kugeldurchmesser mit unterschiedlichem Krafteintrag verwendet. Der Beanspruchungsgrad und damit die Flächenpressung zwischen Kugel und Werkstoffprobe werden damit in engen Grenzen gehalten, sodass die geprüften Härtewerte untereinander vergleichbar bleiben.

Daneben gibt es Härteprüfverfahren, bei denen eine Diamantpyramide/-kegel als Eindruckkörper verwendet wird. Dabei sind die Härteprüfverfahren nach Vickers und Rockwell am wichtigsten (Bild 6.20). Hier wird die jeweilige Eindrucktiefe als Maß für die Härte herangezogen. Insbesondere das Vickers-Verfahren eignet sich zur Bestimmung der Härte kleinster Mikrostrukturbereiche durch Einsatz geringster Prüfkräfte. Zur Durchführung beider Härteprüfverfahren ist eine gute Oberflächenbeschaffenheit erforderlich.

Stahlwerkstoffe weisen häufig eine dünne entkohlte Randschicht auf, die die Härte des Werkstoffes verfälscht. Daher wird zur Bestimmung der Oberflächenhärte solcher Erzeugnisse deren Oberfläche vor der Härteprüfung häufig um 0,5 – 1,0 mm abgearbeitet.

Die verschiedenen Härtewerte nach Brinell, Vickers und Rockwell sind entsprechend der vorstehenden Prüfnormen ineinander umwertbar. Die Brinellhärte steigt bei Stahlwerkstoffen linear mit der Zugfestigkeit an, wobei die Zugfestigkeit in etwa das 3,4-Fache der Brinellhärte beträgt.

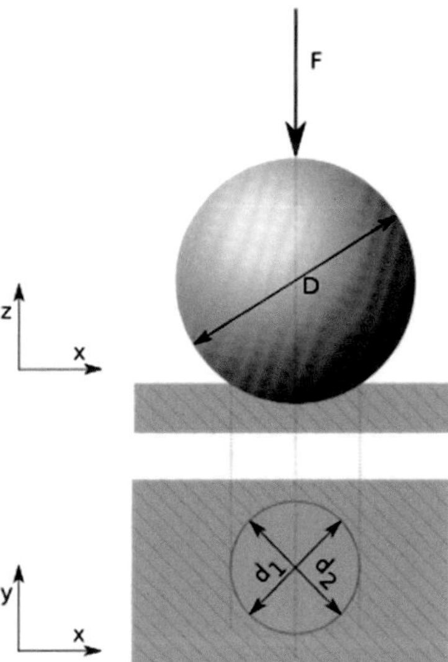

Oberfläche des Eindrucks = Mantelfläche einer Kugelkalotte:

$$A_{Kalotte} = \pi D_{Kugel} h = 0{,}5 \pi D_{Kugel} (D_{Kugel} - \sqrt{D_{Kugel}^2 - d_{Kalotte}^2})$$

Bild 6.19 Ablauf Brinell-Härteprüfung (schematisch)

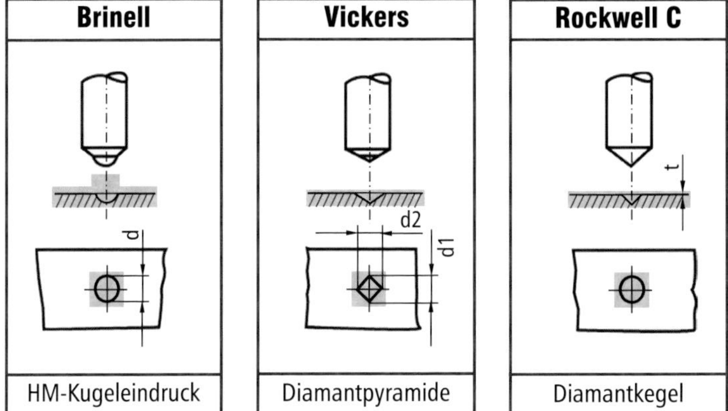

Bild 6.20 Prüfverfahren für die Werkstoffhärte (schematisch)

6.5.3 Prüfung der Zähigkeitseigenschaften

Die Zähigkeit gibt Auskunft über den Widerstand gegen Bruch bei schlagartiger Beanspruchung und kennzeichnet die Fähigkeit zur Energieaufnahme bei plastischer Verformung (Bargel 2008, Heitkemper et al. 2016, Reinhold/Geschke 1990).

Zur Bestimmung der Zähigkeit wird üblicherweise der Kerbschlagbiegeversuch angewendet. Hiermit kann das Zähigkeitsverhalten einfach und mit geringem Materialverbrauch für die Proben bestimmt werden. Gleichzeitig lassen sich alle Einflussfaktoren auf die plastische Verformungsfähigkeit und damit das Zähigkeitsverhalten bis zum Bruch berücksichtigen. Die Angaben zur Zähigkeit bei warmgewalzten Flacherzeugnissen sind wesentlicher Bestandteil fast aller Erzeugnisspezifikationen und daher auch Bestandteil in fast allen Prüfbescheinigungen.

Der Kerbschlagbiegeversuch zeigt, ob ein Werkstoff bei schlagartiger Beanspruchung zum Spröd- oder zum zähen Bruch mit merklich plastischer Verformung neigt (Höfler 2019). Bei diesem Prüfverfahren wird eine präparierte und gekerbte Probe in einem Pendelschlagwerk schlagartig auf Biegung beansprucht (Bild 6.21). Der Kerbschlagbiegeversuch wird nach DIN EN ISO 148-1 oder nach ASTM E23/ ASTM A370 durchgeführt. Die Prüfvorschriften DIN EN ISO 148-1 und ASTM E23/ ASTM A370 unterscheiden sich u. a. durch den Radius der Hammerfinne des Pendelschlagwerkes. In diesen Normen sind die Vorgaben für die Probenform/-größe, den Prüfablauf und die Ermittlung der Kennwerte des Versuchs festgeschrieben. Die Kerbe der Probe hat üblicherweise eine v-förmige Geometrie oder in Sonderfällen auch eine U-Form.

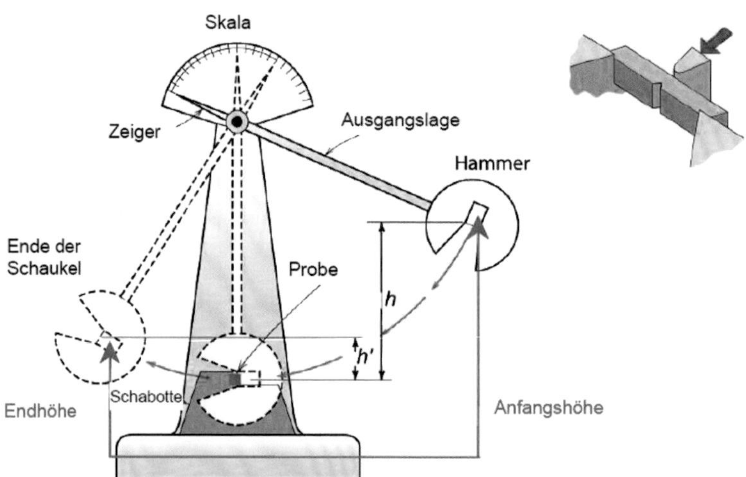

Bild 6.21 Kerbschlagbiegeprüfung in einem Pendelschlagwerk (Quelle: Technische Universität Berlin, Werkstofftechnik)

Die Probe wird in das Widerlager des Pendelschlagwerkes eingespannt. Der ausgelenkte Pendelhammer mit der Masse m trifft von der Höhe h auf die Probe und zerschlägt sie. Dabei nimmt die Probe einen Teil der Bewegungsenergie des Hammers auf, sodass dieser mit der verbliebenen Restenergie nur bis zur Höhe h' auspendeln kann. Die Differenz der jeweiligen Lageenergien vor und nach dem Schlag ist die Kerbschlagarbeit. Diese gibt damit an, welche Energie für das Zerschlagen der Probe notwendig ist. Hohe Kerbschlagarbeiten kennzeichnen ein zähes und niedrige Kerbschlagarbeiten ein sprödes Werkstoffverhalten (Heitkemper et al. 2016).

Wichtigster Einflussparameter auf die Zähigkeit ist die Prüftemperatur (Bergmann 1984). Stahlwerkstoffe zeigen eine besonders starke Abhängigkeit der Zähigkeit von der Temperatur. Bei hohen Temperaturen zeigen Stahlwerkstoffe üblicherweise hohe Kerbschlagarbeiten und verhalten sich zäh (Hochlage). Die entsprechende Probe zeigt eine wabenförmige, matte Bruchstruktur (Bild 6.22a). Bei niedrigen Temperaturen ergeben sich geringe Kerbschlagarbeiten. Der Werkstoff verhält sich spröde (Tieflage). Die entsprechende Probe zeigt eine kristalline, glänzende Bruchstruktur (Bild 6.22b). Zwischen der Hoch- und Tieflage liegt der Steilabfall, der durch das Auftreten von Mischbrüchen zäh/spröde gekennzeichnet ist (Höfler 2019, Kern 2018). Dadurch treten im Steilabfall relativ große Streuungen der Kerbschlagarbeiten auf. Bild 6.23 zeigt eine halbschematische Kerbschlagarbeit-Temperatur-Kurve (Av-t-Kurve) eines Baustahles.

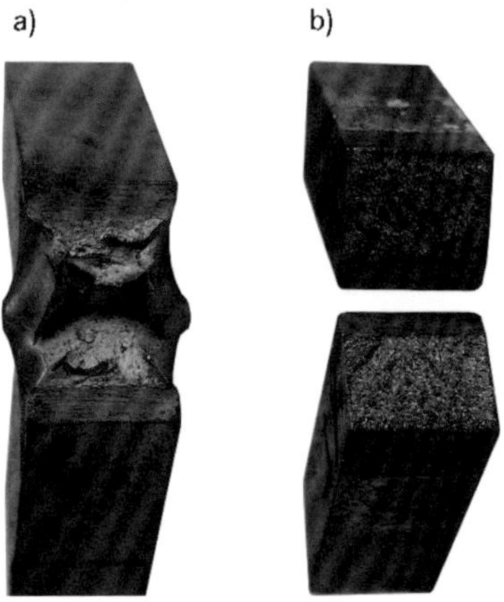

Bild 6.22
Aussehen von Kerbschlagbiegeproben bei a) zähem Bruch und b) sprödem Bruch (Quelle: Höfler 2019)

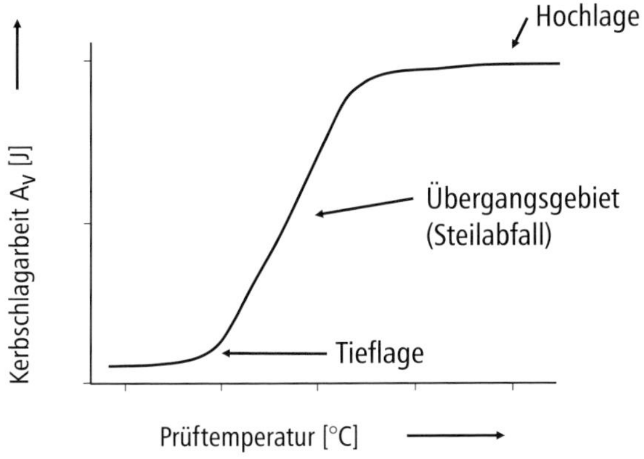

Bild 6.23
Kerbschlagarbeit-Temperatur-Kurve (schematisch)

Aus diesen Av-t-Kurven kann ein weiterer Kennwert, die Übergangstemperatur, definiert werden. Die Übergangstemperatur, z. B. T27, ist die Prüftemperatur, bei der eine bestimmte Kerbschlagarbeit, hier 27J, gemessen wurde. Damit ergibt sich aus dem Kerbschlagbiegeversuch die bei einer bestimmten Prüftemperatur ermittelte Kerbschlagarbeit als zentraler Kennwert zur Zähigkeitsbeschreibung. Neben der Kerbschlagarbeit können zur Zähigkeitsbewertung nach DIN EN ISO 148-1 auch das Aussehen der Bruchfläche, angegeben durch den prozentualen Matt-(Zäh-)Bruchanteil angegeben werden. Bei Prüfungen nach ASTM wird darüber hinaus auch die seitliche laterale Breitung der nach dem Schlagversuch vorliegenden Kerbschlagprobe als Zähigkeitskennwert genutzt. Die Breitung ist die Ausdehnung des Querschnitts, der durch die dreiachsige Verformung beim Schlag entsteht (Bild 6.24). Je höher die Zähigkeit, umso höher ist auch die laterale Breitung der gebrochenen Probe. Zwischen Kerbschlagarbeit und lateraler Breitung besteht dabei ein linearer Zusammenhang.

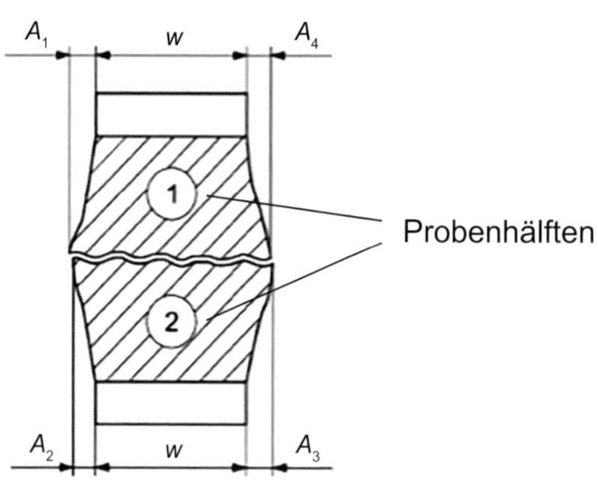

Bild 6.24
Bestimmung der lateralen Breitung an der Kerbschlagprobe

Trotz der Vorteile des Kerbschlagbiegeversuches als einfaches Mittel zur Zähigkeitsbewertung von Stählen können die ermittelten Kennwerte dieses Versuchs nicht mit den zur Dimensionierung von Konstruktionen genutzten Festigkeits- und Duktilitätskennwerten in Verbindung gebracht werden. Sie sind nicht als Berechnungsgrundlage verwendbar. Um die Aussage des Kerbschlagbiegeversuches zu erhöhen, werden zunehmend instrumentierte Kerbschlagbiegeversuche durchgeführt, bei denen die komplette Schlagarbeit bis zum Bruch durch Aufzeichnung der Kraft-Durchbiegungs-Kurve ermittelt wird. Für eine tiefergehende Betrachtung der Sprödbruchneigung von Stählen müssen beispielsweise bruchmechanische Untersuchungsmethoden angewendet werden (Kern et al. 2017, Sandström et al.

2004), die sehr aufwendig und teuer sind und daher im Rahmen von Qualitätsüberprüfungen nur selten gefordert werden.

6.5.4 Prüfung der chemischen Zusammensetzung

Wichter (Standard-)Bestandteil von Prüfbescheinigungen ist die chemische Zusammensetzung des Erzeugnisses. Dies gilt sowohl für die Ausstellung von 2.2- als auch 3.1- und 3.2-Prüfbescheingungen. Zur Bestimmung der Stahlzusammensetzung kommen heute vielfach physikalische Analysenmethoden zum Einsatz, unter denen die Emissionsspektralanalyse bei der Untersuchung metallischer Feststoffe eine besondere Rolle spielt. Eine Prüfnorm, wie sie bei mechanisch-technologischen Prüfungen vorliegen, gibt es für die physikalischen Analysemethoden nicht.

Für die Emissionsspektralanalyse benötigt man eine elektrische Quelle, um das Material zu verdampfen. Dabei entsteht ein Teilchenstrom aus Atomen der Analysensubstanz, der angeregt wird und charakteristische Strahlung emittiert. Aus dieser werden nach spektraler Zerlegung Teilstrahlungen und somit Messwerte von den zu bestimmenden Elementen gewonnen. Die gemessene Intensität der Strahlung ist proportional zu der Konzentration des entsprechenden Elementes in der Probe.

Bei der Messung wird ein kleiner Teil der Probe auf mehrere 1000 °C erhitzt, um die Verdampfung zu erreichen. Dies erfolgt durch ein hohes angelegtes elektrisches Potenzial zwischen einer Elektrode und der Probe, mit der eine Funkenentladung an der Probenoberfläche erreicht wird. Das Material an der Oberfläche wird erhitzt und verdampft. Es entsteht ein Plasma für die Spektralanalyse. Die spektrale Zerlegung erfolgt mittels eines Beugungsgitters, das das einfallende Licht in elementspezifische Wellenlängen zerlegt. Fotoelektrische Strahlungsempfänger messen die Intensität der nach spektraler Zerlegung des eingestrahlten Lichtes ermittelten Spektrallinien. Diese Intensität muss in einem nächsten Schritt mithilfe von Kalibrierfunktionen in die Massenanteile der zugehörigen chemischen Elemente des Analysenstückes umskaliert werden. Die Auswertung erfolgt somit unter Zuhilfenahme der Prüfergebnisse von Proben bekannter chemischer Zusammensetzung (Flock/Janßen 2016).

Bild 6.25 zeigt den Ablauf der Emissionsspektralanalyse als dem wichtigsten Prüfverfahren für die Bestimmung der chemischen Zusammensetzung in einer schematischen Übersicht. Die Prüfungen erfolgen heute rechnergesteuert. Laborspektrometer liefern bei geeigneter Umgebung (Klimatisierung, Staubfreiheit) hochpräzise Prüfergebnisse. Bei geringeren Ansprüchen an die Präzision, z.B. bei der Verwechslungsprüfung, können sie auch unter ungünstigen Umgebungsbedingungen direkt im Produktionsbetrieb eingesetzt werden. Die Probenpräparation muss eine ebene, saubere Probenoberfläche sicherstellen. Dazu werden die zumeist zylindrischen Proben geschliffen und gereinigt, um gegebenenfalls Schleifrückstände zu entfernen. Bei niedriglegierten Werkstoffen bietet sich eine spanabhebende Probenvorbereitung an.

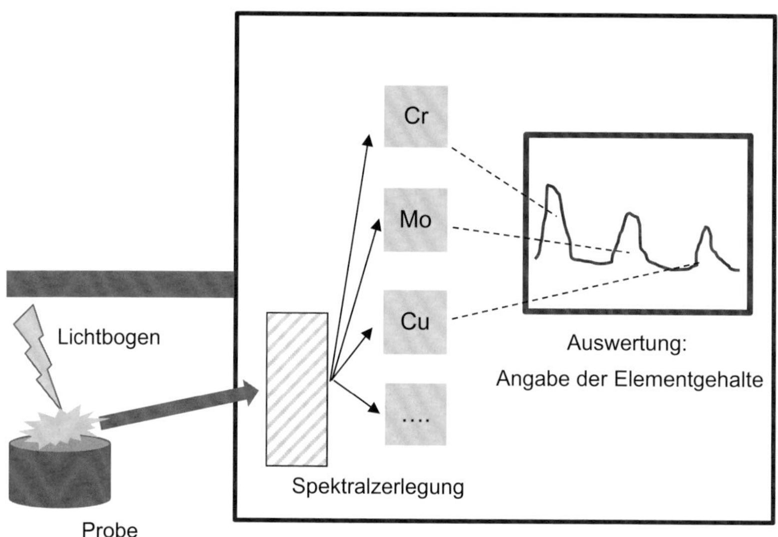

Bild 6.25 Durchführung der Emissionsspektralanalyse (schematisch)

Wesentlich für die Brauchbarkeit des Messsystems ist die zielführende Kalibrierung des Messsystems, da hiervon die Richtigkeit der Analysenergebnisse abhängt. Unter Verwendung von Proben bekannter Zusammensetzung lässt sich dabei in der Regel eine praxisgerechte Präzision der Prüfungen erreichen. Diesen Referenzmaterialien kommt damit aber auch eine fundamentale Bedeutung in der industriellen Analytik zu. Zertifizierte Referenzmaterialien, d.h. solche mit bestätigten Elementgehalten, werden von international anerkannten Institutionen hergestellt und verbreitet. Welche Nachweisgrenzen und Präzision die emissionsspektrometrische Bestimmung von chemischen Elementen in Stahl liefert, ist beispielhaft in Tabelle 6.7 dargestellt.

Neben der Emissionsspektrometrie wird vielfach auch die wellenlängendispersive Röntgenfluoreszenzspektrometrie zur Analytik von metallischen Werkstoffen genutzt. Hier können feste und auch flüssige Proben untersucht werden. Durch Wechselwirkung elektromagnetischer Strahlung aus einer Röntgenröhre mit einer Probe werden die Atome dieser Probe zur Emission ihrer charakteristischen Röntgenstrahlung angeregt, die dann ausgewertet werden kann. Die von der Probe emittierte Strahlung ist hinsichtlich der Wellenlängenverteilung charakteristisch für die in der Probe enthaltenen Elemente. Die Intensität dieser charakteristischen Röntgenstrahlung ist auch hier ein Maß für die Mengenanteile der unterschiedlichen Elemente. Dieses Verfahren ist z.B. für die Analyse von hochlegierten Stählen, Nickel- und Cobalt-Basis-Legierungen die Methode der Wahl. Mit der Röntgenfluoreszenzspektrometrie ist es möglich, Elementgehalte in einer Spanne von Spurenanteilen bis zu 100 m/m % zu bestimmen. Voraussetzung ist dafür, dass die bei der Kalibrierung eingesetzten Proben bekannter Zusammensetzung hinsichtlich Gehaltsbereichen und Morphologie den später zu untersuchenden Proben entsprechen (Flock/Janßen 2016).

Tabelle 6.7 Präzision und Nachweisgrenzen eines Emissionsspektrometers unter Laborbedingungen

Element	Nachweis-grenze in µg/g	Standardabweichung in % in Abhängigkeit vom Gehaltsbereich					
		0.00 %	0.01 %	0.1 %	1 %	10 %	20 %
Al	0.4	0.00003	0.0001	0.0009	0.008		
B	0.2	0.00001	0.0005				
C	2	0.00007	0.0003	0.0008	0.004		
Cr	1.3	0.00005	0.0001	0.0004	0.003	0.015	0.02
Mn	0.7	0.00005	0.0001	0.0005	0.003	0.025	
N	2.7	0.00008	0.0003	0.001			
Ni	1	0.00008	0.0001	0.0003	0.003	0.025	0.045
P	0.3	0.00003	0.0001	0.0009	0.006		
S	0.7	0.00003	0.0003	0.003			
Si	3	0.00006	0.0001	0.0005	0.004		
Ti	0.3	0.00003	0.0001	0.001	0.01		

In den Prüfbescheinigungen werden je nach Erzeugnisspezifikation bis zu 14 chemische Elemente testiert. Die chemische Zusammensetzung eines Flachproduktes kann dabei aus der chemischen Analyse der Schmelze (Schmelzenanalyse) oder aus der chemischen Analyse des fertigen Produktes (Stückanalyse) bestimmt werden. Im ersten Fall wird die Probe direkt aus der Schmelze kurz vor Vergießen genommen und nach Erstarrung analysiert. Im zweiten Fall wird die Probe aus dem fertigen Produkt entnommen und analysiert. Beide Analysen können sich geringfügig unterscheiden.

6.5.5 Prüfung von Maßhaltigkeit, Oberfläche und Innenbeschaffenheit

Prüfungen von Maßhaltigkeit, Oberfläche und Innenbeschaffenheit werden am warmgewalzten Flachprodukt im Zuge der Produktion durchgeführt. Zur Maßhaltigkeit gehören dabei die Bestimmung der Dimensionen des Produktes (Länge, Breite, Dicke), dessen Ebenheit und Seitengeradheit.

Maßhaltigkeit. Die Bestimmung von Länge, Breite und Dicke erfolgt im Zuge der Fertigung warmgewalzter Flachprodukte an unterschiedlichen Stellen durch automatisierte, laser-, röntgenstrahl- oder ultraschallgesteuerte Prüfverfahren. Die Eichung der entsprechenden Messsysteme erfolgt mittels Kalibrierblechen oder Prüfkörpern. Die maschinelle Prüfung wird ergänzt durch manuelle bzw. visuelle Blechkontrollen mithilfe qualifizierten Personals. Hierzu werden Maßbänder, Lineale, Bügelmessschrauben oder auch Messräder als Messmittel eingesetzt.

Ebenheit. Die Bestimmung der Ebenheit ist besonders wichtig, da hier die Anforderungen der Kundschaft stetig zunehmen. Die Ebenheitsmessung erfolgt automatisiert mittels Laserstrahltechnik. Dabei wird ein 3-D-Profil der Blechoberflächenkontur erzeugt und vermessen (Bild 6.26). Wichtige Kennwerte sind die Abweichung von der Planheit bezogen auf ein oder zwei Meter Messlänge. Die Ebenheit kann auch manuell durch Auflegen von 1- oder 2-m-Linealen auf die Blechoberfläche mittels Messkeilen gemessen werden.

Bild 6.26 Automatisierte Ebenheitsmessung mittels Laser
(Quelle: thyssenkrupp Steel Europe AG)

Die Prüfvorschriften und der Bewertungsmaßstab für die Beurteilung der Maßhaltigkeit und Ebenheit sind in den Normen DIN EN 10029, DIN EN 10051 oder ASTM A6/A20 gegeben. In den Prüfbescheinigungen wird zumeist die Einhaltung der Vorgaben aus diesen Normen entsprechend der Erzeugnisspezifikation und der zugehörigen Normenabschnitte bestätigt (wie z. B. nach Tabelle 6.5 für die eingehaltene Blechdickentoleranz). Explizite Prüfwerte werden hier nicht angegeben.

Oberfläche. Die Oberflächenqualität bei warmgewalzten Flachstahlerzeugnissen ist besonders für die Produkte Grobblech, Breitflachstahl und für Profile von Bedeutung.

Die Bewertung der Oberflächenqualität erfolgt durch die Bestimmung der Anzahl, Tiefe, Flächenausdehnung und Verteilung von typischen Oberflächenfehlern auf warmgewalzten Flachprodukten. Hierzu gehören u.a. Zundernarben, Eindrücke, Abdrücke, Schrammen, Riefen, Risse, und Schalen. Die Prüfung wird visuell von geschulten Mitarbeitern durchgeführt. Dabei sollten die Bleche am Inspektionsplatz möglichst vereinzelt und gewendet werden können. Prüfböcke sind hierfür vorteilhaft. Für visuelle Inspektionen ist immer für eine ausreichende Beleuchtung des Inspektionsplatzes zu sorgen. Zur Begutachtung werden häufig auch optische Hilfsmittel wie z.B. Lupen genutzt. Die Resultate der Oberflächenbewertung werden in Messprotokollen festgehalten (Kasper 1999).

Wegen der Gefahr, Fehler falsch zu identifizieren oder Oberflächenfehler zu übersehen, und zur Steigerung der Prüfleistung gewinnen automatisierte optische und andere zerstörungsfrei arbeitende kontinuierliche Prüfverfahren als Oberflächeninspektionssysteme (OIS) zunehmend an Bedeutung. Dabei wird die Oberfläche mittels Laser abgetastet. Durch eine spezielle Kameratechnik wird ein Profilbild der Oberfläche und ihrer Fehler in angeschlossenen DV-Systemen erzeugt (Bild 6.27a). Damit ist eine detailgenaue Abbildung des Fehlers einschließlich Tiefe möglich (Bild 6.27b). Um eine hohe Erkenngenauigkeit von verschiedenen Oberflächenfehlern bei der automatischen Messung zu erhalten, müssen diese Systeme anhand der Verarbeitung von Referenzfehlern einjustiert und trainiert werden. Es finden in diesem Zusammenhang zunehmend Methoden der automatischen Bilderkennung und -klassifizierung mittels Machine-Learning-Techniken Anwendung. Dies beschleunigt eine mögliche unmittelbare automatische Fehlerklassifizierung einschließlich der Bereitstellung eventueller Ursachen für identifizierte Oberflächenfehler. Hilfreich für die Bereitstellung von Referenzfehlern sind dabei Fehlerkataloge für Fehler an warmgewalzten Flachprodukten (Rüdiger et al. 2015).

Zur Aufdeckung (Detektion) von Oberflächenrissen, insbesondere bei der Betrachtung einzelner Fehler auf den Erzeugnissen, kommen die Magnetpulverprüfung oder die Farbeindringprüfung zum Einsatz. Für die Magnetpulverprüfung kommt besonders geschultes Personal zum Einsatz, da der Einsatz der elektromagnetischen Prüftechnik hohe Sachkenntnis und Erfahrung erfordert.

Im Zusammenhang mit der Detektion geht auch die Reparatur dieser Fehler einher, falls damit ein Ausfall des Bleches vermieden werden kann. Diese Reparaturverfahren bestehen aus Schleifen und Ausschweißen. Mittels Schleifen muss der Fehler in seiner gesamten Tiefe ausgeschliffen werden, und die Übergänge sind sanft auszugestalten, um Kerbwirkung zu vermeiden. Dabei ist je nach Erzeugnisspezifikation darauf zu achten, dass die unter der Schleifstelle verbleibende Erzeugnisdicke die geforderte Mindestdicke des Produktes nicht unterschreitet. An das Ausschweißen des Fehlers werden hohe Anforderungen gestellt. Der Fehler muss vollständig entfernt werden. Die Dicke des Erzeugnisses darf dabei aber nicht auf Werte verringert werden, die unterhalb der vereinbarten Toleranzmindestgrenzen der Erzeugnisnenndicke liegen. Die Schweißung muss durch

Fachleute mit entsprechender Qualifikation durchgeführt werden, um das Gebrauchsverhalten nicht nachteilig zu beeinflussen; darüber hinaus kann eine Wärmebehandlung des so reparierten Erzeugnisses notwendig werden. Entsprechend wird dieses Ausbesserungsverfahren in der Praxis der Herstellung warmgewalzter Flachprodukte praktisch nicht angewendet und wird daher in den Erzeugnisspezifikationen häufig normativ ausgeschlossen.

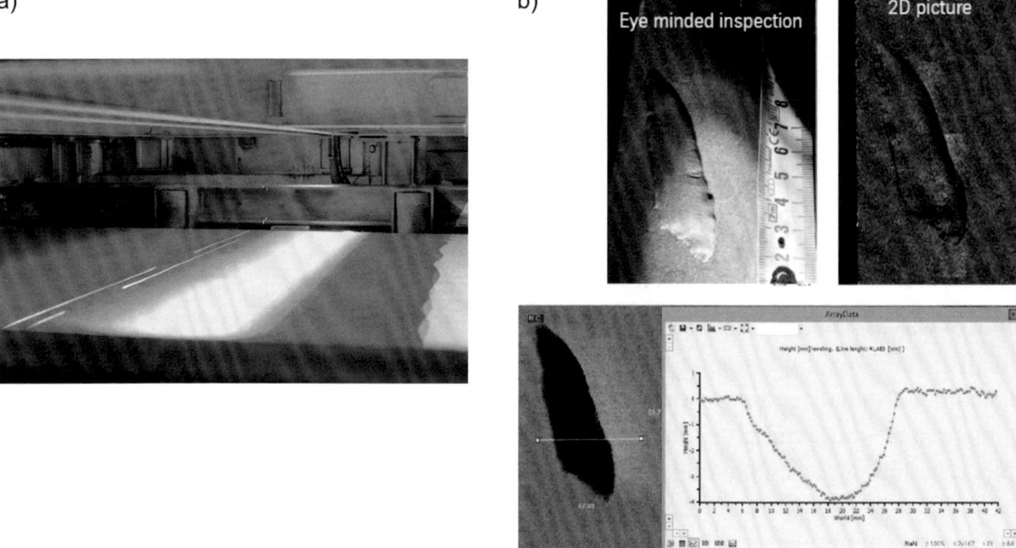

Bild 6.27 Lasergestützte Oberflächeninspektion: a) Anlagentechnik, b) Prüf- und Abbildungsergebnis (Quelle: thyssenkrupp Steel Europe AG)

Als Bewertungsmaßstab ist die DIN EN 10163 gegeben, in der zulässige Tiefen für verschiedene Oberflächenfehler (vgl. Tabelle 6.6) und zulässige Flächenanteile geregelt sind (siehe Teil A, Abschnitt 6.4). In den Prüfbescheinigungen wird auch hier nur die Einhaltung der Oberflächennorm mit dem zugehörigen Normenabschnitt vermerkt.

Innenbeschaffenheit. Ziel von Qualitätsprüfungen zur Innenbeschaffenheit ist die Bestimmung von inneren Inhomogenitäten in warmgewalzten Flachprodukten. Hierzu zählen Hohlstellen, nichtmetallische Einschlüsse, Seigerungen, wasserstoffinduzierte Risse und Gasblasen. Bevorzugtes Prüfverfahren zur Bewertung der Innenbeschaffenheit ist die Ultraschallprüfung von Blechen und Bändern. Zuständige Norm ist die DIN EN 10160. In einer entsprechenden Prüfeinrichtung werden hochfrequente Schallwellen in das Produkt mittels eines Prüfkopfes über die Oberfläche einseitig eingebracht. Dabei muss über ein Koppelmittel, zumeist Wasser, eine vollständige Schallwellenübertragung in das Produkt sichergestellt werden (Weber 2014, Schiebold 2015). An Grenzflächen, wie z. B. Hohlraum oder

Riss, aber auch an der gegenüberliegenden Seite des Produktes werden die Schallwellen reflektiert und an den Prüfkopf zurückgegeben. Die Signale werden in einer angeschlossenen Recheneinheit verarbeitet, und auf einem Display wird die Schallechokurve angegeben. Bei Veränderungen des Materials ändert sich auch die Echokurve auf dem Display (Bild 6.28). Über das begrenzende Rückwandecho kann sehr leicht die Blech- oder Banddicke ermittelt werden, und über Zwischenechos können vorhandene Innenfehler detektiert werden. Aus der Position des Signales kann die Lage des Innenfehlers und aus der Form und Größe des Signales kann der Prüfer auch die Art und Größe des Innenfehlers abschätzen. Wichtig für eine zielführende Prüfung ist es aber, dass der Schall möglichst senkrecht auf mögliche Fehler trifft. Hierfür muss gegebenenfalls mit mehreren Prüfkörpern und verschiedenen Einschallrichtungen gearbeitet werden.

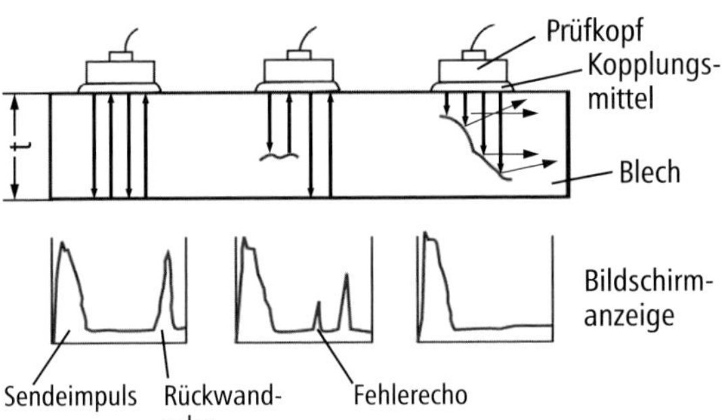

Bild 6.28
Prinzip der Ultraschallprüfung

In der betrieblichen Praxis erfolgt die Ultraschallprüfung zumeist im Rahmen der Adjustierung der Flachprodukte als automatisierter Prozess in der Fertigungslinie. Für Grobbleche zeigt dies beispielhaft Bild 6.29.

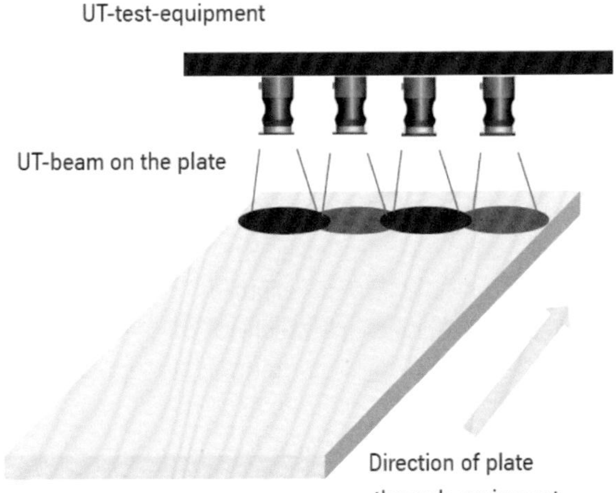

Bild 6.29
Automatisierte Ultraschallprüfung bei der Grobblechfertigung (Quelle: thyssenkrupp Steel Europe AG)

Für die Prüfung wird die Oberfläche gewöhnlich nicht besonders vorbereitet. Das Blech wird zu 100% durch eine Nebeneinanderschaltung von Ultraschallprüfköpfen, deren Schallkegel sich auch teilweise überlappen, abgetastet. Nach der DIN EN 10160 ist die Ultraschallprüfung auf Innenbeschaffenheit erst für eine Produktdicke von mindestens 6 mm anwendbar. Die Norm unterscheidet zwischen Flächen- und Randzonenprüfung am Produkt. Erstere erfolgt bevorzugt entlang von Rasterlinien mit quadratischen Maschen von 100–200 mm Seitenlänge, die parallel zu den Kanten des Flachproduktes verlaufen. Hierzu werden die Ergebnisse der 100%-Prüfung der Fläche in der Auswertetechnik auf die Rasterprüfung heruntergerechnet. Je nach Produktdicke wird für die Randzonenprüfung eine umlaufende Randzone mit einer Breite von 50 bis 100 mm definiert, die vollständig geprüft wird. In der Prüfung werden Anzahl und Flächenausdehnung von erkannten Inhomogenitäten ermittelt.

Der Bewertungsmaßstab für die Akzeptanz von Innenfehlern ist ebenfalls in der DIN EN 10160 gegeben. Sie nennt vier Qualitätsklassen (S0 bis S3) für die Flächenprüfung und fünf Qualitätsklassen (E0 bis E4) für die Randzonenprüfung. In diesen werden abgestufte zulässige Grenzwerte für die Größe und Anzahl von Innenfehlern jedweder Art festgelegt. Tabelle 6.8 gibt beispielhaft die jeweiligen Grenzwerte für die Qualitätsklassen der Flächenprüfung wieder. Die Klasse S3 stellt die höchsten Qualitätsanforderungen. Die Qualitätsklasse für die Innenbeschaffenheit bei Prüfung mit Ultraschall wird im Rahmen der jeweiligen Erzeugnisspezifikation festgelegt. Je nach geforderter Qualitätsklasse variiert auch die Empfindlichkeit der Prüfeinrichtung hinsichtlich Impulsstärke und Signalverstärkung.

Die Ergebnisse der Ultraschallprüfung werden häufig in einer eigenen Prüfbescheinigung mitgeteilt, die alle Einzelheiten über die Prüfbedingungen und das Resultat der Ultraschallprüfung im geprüften Produkt enthält, d. h. der erreichten Qualitätsklasse, gegebenenfalls mit Skizze der Innenfehlerlage.

Die hier dargestellten Qualitätsprüfungen sind vorwiegend Standardprüfungen für die Erstellung von Prüfbescheinigungen bei warmgewalzten Flachprodukten. Daneben können Erzeugnisspezifikationen weitere Qualitätsprüfungen und eine entsprechende Bewertung der Qualität durch Angabe von Sollwerten fordern, die in Prüfbescheinigungen dokumentiert werden. Zu diesen Qualitätsprüfungen zählen:

- Biegeprüfungen
- Korrosionsprüfungen
- Dauerfestigkeitsprüfungen
- Zeitstandfestigkeitsprüfungen
- Verschleißprüfungen (z. B. Reibradversuche)
- Physikalische Prüfungen zur Bestimmung von Wärmeausdehnung, elektrischem Widerstand

Tabelle 6.8 Grenzwerte für Anzahl und Dimension von Innenfehlern (Blechdicke < 60 mm)

Qualitätsklasse	Nichtzulässige einzelne Inhomogenität	Zulässige Anhäufung von Inhomogenitäten	
	mm^2	Fläche mm^2	Maximale Anzahl nicht über
S_0	$S > 5000$ □70.7 mm × 70.7 mm	$1000 < S \leq 5000$	20 in dem Quadrat von 1 m × 1 m mit der größten Dichte
S_1	$S > 1000$ □31.6 mm × 31.6 mm	$100 < S \leq 1000$	15 in dem Quadrat von 1 m × 1 m mit der größten Dichte
S_2	$S > 100$ □ 10 mm × 10 mm	$50 < S \leq 100$	10 in dem Quadrat von 1 m × 1 m mit der größten Dichte
S_3	$S > 50$ □7.07 mm × 7.07 mm	$20 < S \leq 50$	10 in dem Quadrat von 1 m × 1 m mit der größten Dichte
ANMERKUNG 1: Diese Tabelle kann bei Dicken ≥ 60 mm angewendet werden, wenn zur Bestimmung der Größe der Inhomogenitäten anstelle des 6-db-Verfahrens ein anderes geeignetes Verfahren angewendet wird.			

6.5.6 Bestimmung mechanischer Eigenschaften mittels Vorausberechnung/Modellierung

Durch bedeutende Fortschritte in der physikalischen Metallkunde und der Rechnertechnik können heute die mechanischen Eigenschaften von warmgewalzten Stahlerzeugnissen wie Grobblech und Warmband nicht nur durch Mess- und Prüfverfahren ermittelt werden. Von den Stahlherstellern und zahlreichen Forschungsinstituten konnten Methoden zur Offline-Vorausberechnung bzw. Modellierung von Festigkeits- und Zähigkeitseigenschaften mit dem Computer entwickelt werden (Kern 2019, Senuma et al. 1992). Einflussgrößen für diese Berechnung statt Messung sind die Stahlzusammensetzung und die Herstellbedingungen beim Walzen und bei der Wärmebehandlung der Erzeugnisse. Bild 6.30 stellt die wichtigen Einsatzmöglichkeiten und Vorteile entsprechender Vorgehensweisen aus der Sicht der Nutzung in der Praxis zusammen.

Ziel der Vorausberechnung von Werkstoffeigenschaften ist es, aus der Kenntnis von quantitativen Zusammenhängen zwischen metallkundlichen Vorgängen im Werkstoff, Stahlzusammensetzung und Prozessbedingungen Aussagen über den Fertigungsablauf und das Werkstoffverhalten mit hoher Vorhersagequalität zu bekommen.

- Vorausberechnung mechanischer Eigenschaften
- Identifizierung wesentlicher und unwesentlicher Einflussgrößen
- schnelle Optimierung von Stahlzusammensetzung und Fertigungsbedingung ohne aufwendige Labor- und Betriebsversuche
- Verkürzung der Testphase bei der Einführung neuer Stähle
- Abschätzung von Fertigungssicherheit und Ausfallrisiko
- zeitsparende Durchführung von Parameterstudien („Was wäre, wenn ...") am Bildschirm

Bild 6.30 Vorteile der numerischen Simulation von Werkstoffeigenschaften

Bild 6.31 zeigt schematisch die Konzeption entsprechender Rechenmodelle. Zentraler Punkt ist, dass die in den unterschiedlichen Prozessstufen der Herstellung des Bleches ablaufenden werkstoffphysikalischen Vorgänge in der Mikrostruktur bis zu den resultierenden mechanischen Eigenschaften im Werkstoff mathematisch beschrieben werden. Hierfür werden allgemeine metallphysikalische Gesetzmäßigkeiten, empirische Ansätze, numerische Verfahren sowie heuristische Algorithmen, in die neben der Stahlzusammensetzung auch die Prozessbedingungen als Einflussgrößen eingehen, verwendet. Diese sind zu einem geschlossenen Rechenmodell derart verknüpft, dass eine sukzessive Beschreibung der Vorgänge im Werkstoff während des gesamten Herstellungsprozesses von der Bramme bis hin zum fertigen Blech möglich ist. In der Anwendung ermöglichen sie zum einen aus der gewählten Stahlzusammensetzung und den Prozessbedingungen eine genaue Vorausberechnung der mechanischen Eigenschaften des fertigen Bleches. Umgekehrt lassen sich zum anderen für ein vorgegebenes Eigenschaftsprofil, z. B. zur Erfüllung bestimmter Kundenanforderungen, die zweckmäßige Stahlzusammensetzung und die geeigneten Herstellungsbedingungen errechnen (Kern et al. 2016). Bild 6.32 gibt ein Beispiel für die anwendungsfreundliche Bildschirmoberfläche eines Rechenprogramms zur Vorausberechnung der mechanischen Eigenschaften.

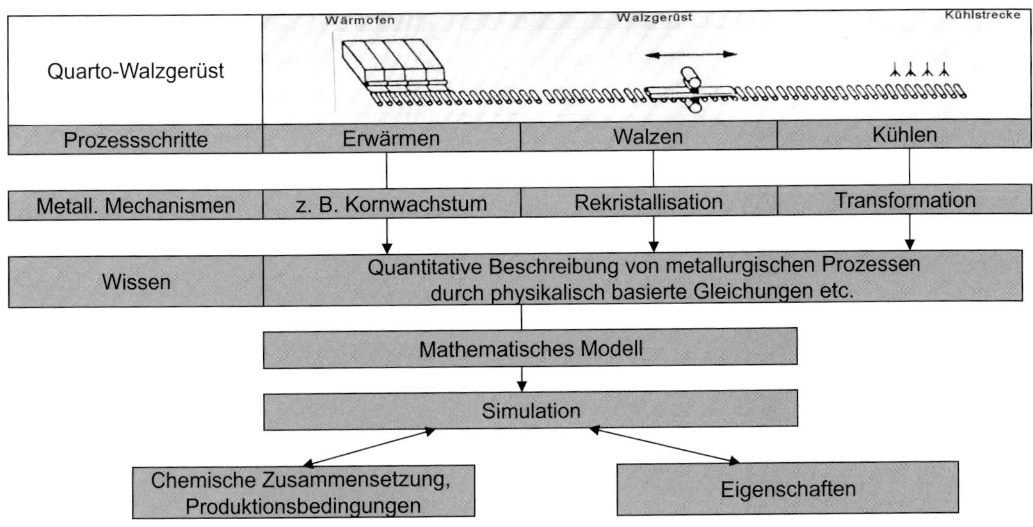

Bild 6.31 Aufbau und Konzeption eines Rechenmodells

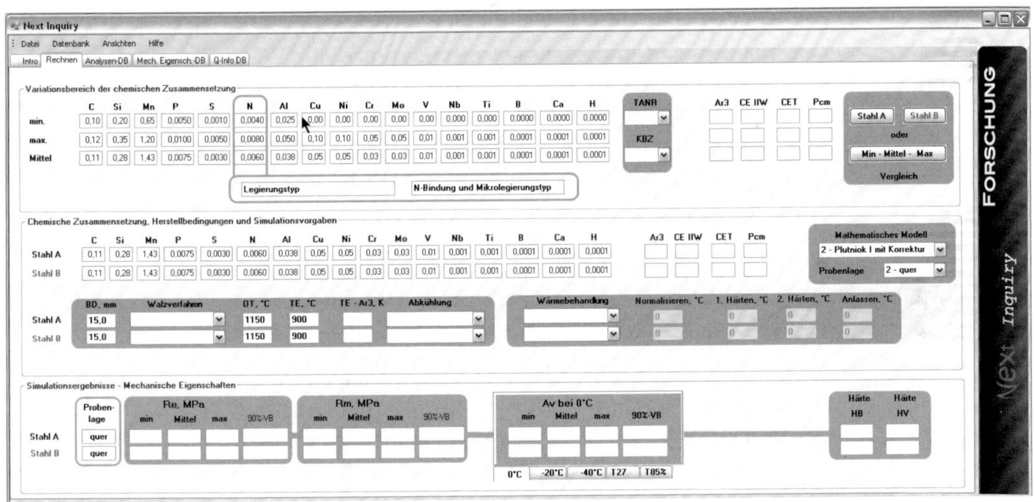

Bild 6.32 Nutzeroberfläche eines Computermodells zur Vorausberechnung mechanischer Eigenschaften

Zur Bewertung derartiger Methoden wird die Genauigkeit von Vorausberechnungen im Vergleich zur klassischen Werkstoffprüfung herangezogen. Eine wichtige Größe der mechanischen Eigenschaften ist die Streckgrenze. Die Ergebnisse der Vorausberechnung der Streckgrenze von warmgewalzten Grobblechen im Vergleich zu Messwerten zeigt Bild 6.33. Die erreichten Vorhersagegenauigkeiten von +/- 40 MPa für das 90%-Konfidenzintervall bei der Streckgrenze liegen praktisch im Bereich der Streuung dieses Kennwertes innerhalb eines betrieblich gefertigten Grobblechs.

	Chemische Zusammensetzung in %										Blechdicke, mm	Produktions-route
	C	Si	Mn	Cu	Ni	Cr	Mo	Nb	V	Ti		
Min.	0,05	0,01	0,75	0,01	0,01	0,01	0,01	0,010	0,000	0,001	4	NU, TM, TM+IK
Max.	0,17	0,45	1,60	0,36	0,30	0,47	0,08	0,060	0,100	0,039	80	

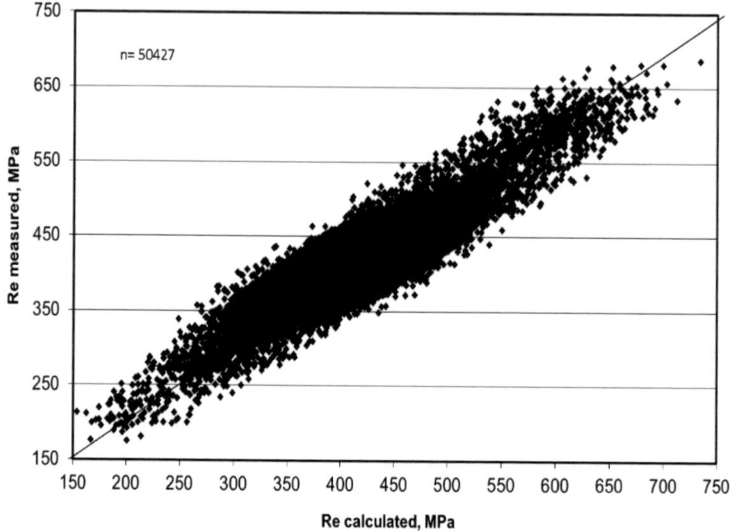

Bild 6.33 Vergleich zwischen gerechneten und gemessen Eigenschaften (Grobblech)

Derartige Systeme bieten ein effektives Arbeitswerkzeug für die Qualitätssteuerung und -sicherung bei der Herstellung warmgewalzter Flacherzeugnisse, mit dem alle relevanten werkstofftechnischen Informationen „aus einer Hand" verfügbar sind. Der Rechner ist damit ein permanent nutzbarer Speicher für wichtiges Expertenwissen im Zusammenhang mit der Herstellung warmgewalzter Flachprodukte. Für wichtige Arbeiten der Qualitätssteuerung und -sicherung, wie z. B. die Bewertung der mechanischen Eigenschaften hinsichtlich Anomalien, die Überarbeitung und Optimierung von Fertigungsvorgaben, die Freigabe von Schmelzen und die Pflege des Analysenbestandes, liefert das beschriebene System wertvolle Hilfestellung (Kern 2019, Paul et al. 2012, Dietrich et al. 2007).

Besonders interessant ist dieses neue Werkzeug für die Nutzung im Rahmen der Ermittlung von Eigenschaftskennwerten für Prüfbescheinigungen. Damit könnte der konventionelle Prüfaufwand durch Probenentnahme und klassische zerstörende Werkstoffprüfung merklich verringert werden. Derartige Systeme sind in dieser Hinsicht aber vielfach noch nicht ausgereift.

6.6 Chemische Zusammensetzung und Eigenschaften warmgewalzter Flachprodukte

6.6.1 Wichtige chemische Elemente in warmgewalzten Flachprodukten

Die chemische Zusammensetzung der Stähle für warmgewalzte Flachprodukte lässt sich aus Bild 6.34 grundsätzlich charakterisieren (Kern 2018). Danach handelt es sich bei diesen Stählen üblicherweise um unlegierte oder legierte Stähle mit Kohlenstoffgehalten bis max. 0,20 %. Die Si- und Mn-Gehalte betragen max. 2 %, während die Legierungselemente Cr, Cu, Ni, Mo in Summe unter 5 % der Stahlzusammensetzung ausmachen. Neben den in Bild 6.34 genannten Max.-Gehalten an Schwefel und Phosphor weisen die Stähle fast immer eine Mikrolegierung mit Nb, V, Ti und/oder Bor auf. Die Gehalte an diesen Stoffen liegen bei max. 0,1 % (Eckstein 1984). Tabelle 6.9 zeigt eine vereinfachte Zusammenstellung der qualitativen Wirkungsweise aller wichtigen Legierungselemente im Stahl auf die Werkstoffeigenschaften. Sie weisen die grundsätzlichen Hebel für die gezielte Einstellung eines gewünschten Eigenschaftsprofils in warmgewalzten Flachprodukten aus.

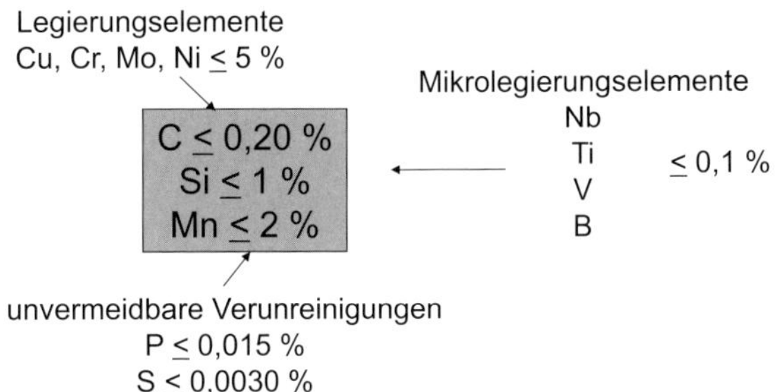

Bild 6.34 Chemische Zusammensetzung warmgewalzter Flachprodukte

Tabelle 6.9 Wirkungsweise einzelner Elemente der chemischen Zusammensetzung auf die Produkteigenschaften (+: positiv, 0: keine Wirkung, –: negativ, i: interstitiell, s: Mischkristall)

Legierungselement	Symbol	Lösung im Kristall	Grundsätzliche Wirkung auf				
			Festigkeit	Zähigkeit	Umformbarkeit	Schweißbarkeit	Verschleißfestigkeit
Kohlenstoff	C	i	++	–	–	–	++
Silizium	Si	s	+	–	–	–	+
Schwefel	S	s	0	––	––	0/–	0
Phosphor	P	s	+	––	––	0/–	+
Mangan	Mn	s	+	0/–	0/–	0	+
Chrom	Cr	s	+	–	–	0/–	+
Kupfer	Cu	s	+	0/–	0/–	0/–	+
Nickel	Ni	s	0/+	+	+	0/–	0/+
Molybdän	Mo	s	+	–	–	0/–	+
Titan	Ti	s	+	+/0/–	+/0/–	+/0/–	+
Niob	Nb	s	+	+	+	0/–	+
Vanadium	V	s	+	–	–	0/–	+
Bor	B	i	+	–	–	0/–	+
Wasserstoff	H	i	0	–	–	0/–	0

Im Einzelnen werden nachfolgend die grundsätzlichen Wirkungsweisen wichtiger Elemente aufgelistet (Kern 2018, Bergmann 1984, Bleck 2017b).

Kohlenstoff (C)

Kohlenstoff liegt in Stählen in der Regel in Form von Karbiden und nur in geringem Umfang gelöst vor. Wichtigste Eigenschaft von Kohlenstoff ist die deutliche Steigerung der Festigkeit durch gelösten und als Karbid (häufig sogenanntes Zementit) vorliegenden Kohlenstoff. Je höher der gelöste Kohlenstoffanteil im Stahl ist, desto höher ist auch seine Härtbarkeit. Diese hohe Härtbarkeit stellt allerdings ein Problem beim Schweißen dar, weshalb schweißgeeignete Stähle in der Regel im Kohlenstoffgehalt durch eine Obergrenze gekennzeichnet sind. Steigende Kohlenstoffgehalte führen in der Regel zu einer Versprödung der Stähle.

Silicium (Si)

Aufgrund seiner hohen Sauerstoffaffinität ist Silicium eines der wichtigsten Desoxidationsmittel. Silicium erhöht die Festigkeit, ohne die Dehnung wesentlich zu verringern. Weiter vergrößert das Element die Härtbarkeit des Stahles und steigert so u. a. die Verschleißfestigkeit. Stähle mit 3 % Silicium finden als Transformatorenwerkstoffe Verwendung, da Silicium den elektrischen Widerstand von Eisen erhöht und damit die Wirbelstromverluste herabsetzt. Durch eine unter atmosphärischen Bedingungen entstehende Schutzschicht aus SiO_2 wird das Korrosionsverhalten in Säuren verbessert. Auch die Zunderbeständigkeit wird durch das Entstehen von siliciumreichen Oxidschichten erhöht.

Silicium ist ein besonders wichtiges Element, wenn es um die Verzinkbarkeit von Stahlbauteilen geht. Si-Gehalte < 0,03 % sind besonders vorteilhaft für eine festhaftende Verzinkungsschicht beim Stückverzinken. Wenn jedoch der Si-Gehalt in dem Stahl zwischen 0,03 und 0,12 % liegt, kann es beim Verzinken zum sogenannten Sandelin-Effekt kommen. Hier wird die Zn-haltige Oberfläche matt und empfindlich gegen Beschädigungen. Die Zinkschicht platzt insbesondere beim Kanten ab, die Stähle haben eine hohe und ungleichmäßige Zinkauflage und lassen sich nicht sauber beschichten (Adams 1999).

Mangan (Mn)

Mangan trägt in gewissem Umfang ebenfalls zur Festigkeitssteigerung durch Mischkristallbildung und zur Härtbarkeitssteigerung im Stahl bei. Es ist hier eines der billigsten und wirkungsvollsten Legierungselemente (Bleck 2017b). Es bildet aber auch zahlreiche nichtmetallische Einschlüsse, z. B. MnO, MnS, die die Zähigkeit verschlechtern und zu anisotropen mechanischen Eigenschaften führen können. Mangan ist in allen warmgewalzten Stählen enthalten, üblicherweise in Mindestgehalten von 0,2 %.

Chrom (Cr)

Chrom gehört zu den wichtigsten Legierungselementen der Stähle. Es erhöht durch die Mischkristallverfestigung und die Bildung feiner (Fe)Cr-Carbide Streckgrenze und Zugfestigkeit, während die Dehnung nur geringfügig verschlechtert wird. Gleichzeitig wird die Härtbarkeit wesentlich gesteigert. Eine Erhöhung der Härte wird weiterhin durch die karbidbildende Wirkung des Chroms hervorgerufen. Daher ist es ein wichtiges Legierungselement in hochfesten verschleißbeständigen Stählen (Pircher et al. 1986, Kern 2017, Dietrich et al. 2007). Höhere Chromgehalte verbessern darüber hinaus die Warmfestigkeit und die Zunderbeständigkeit. Da Cr auch die Bildung einer Oxidschicht fördert, wird es besonders in rost- und säurebeständigen Stählen eingesetzt.

Nickel (Ni)

Nickel gehört zu den vergleichsweise teuren Legierungselementen, die besonders die Durchhärtung und Durchvergütung fördern. Zur Festigkeitssteigerung trägt es kaum bei. Nickel ist besonders wirksam zur Steigerung der Zähigkeit, besonders im Tieftemperaturgebiet. Es unterstützt darüber hinaus die Bildung von korrosionsbeständigen Schutzschichten auf der Oberfläche.

Molybdän (Mo)

Molybdän wirkt ähnlich wie Cr und trägt über Mischkristallverfestigung und Carbidbildung schon in geringen Gehalten zur Festigkeitssteigerung bei. Es ist aber besonders wirksam zur Erhöhung der Härtbarkeit. Die dafür notwendigen Molybdängehalte liegen zwischen 0,2 und 0,4 %. Eine Zugabe von 1 % Molybdän hat auf die Durchhärtung etwa den gleichen Einfluss wie eine Zulegierung von 2 % Chrom (Bleck 2017b). Die Carbide erhöhen die Verschleißfestigkeit und die Anlassbeständigkeit (Dietrich et al. 2007).

Kupfer (Cu)

Bei der Warmwalzung von kupferhaltigen Stählen kann an der Oberfläche angereichertes Kupfer zu Oberflächenrissen führen. Deshalb wird Kupfer üblicherweise nur in sehr geringem Maß als Legierungselement verwendet. Allerdings steigert Cu durch Aushärtung merklich die Festigkeit von Stählen. Bedeutung hat Cu in wetterfesten Stählen, in denen es mit Anteilen von rd. 0,3 % in Verbindung mit höheren Phosphorgehalten den Korrosionswiderstand gegen atmosphärische Korrosion steigert (Stahl-Informationszentrum 2004).

Aluminium (Al)

Neben Silicium ist Aluminium das wichtigste Desoxidationsmittel. In beruhigt vergossenen Stählen beträgt der Aluminiumgehalt etwa 0,01–0,05 %. Aluminium bildet mit Stickstoff Aluminiumnitride, die durch Kornfeinung vor allem zur Festigkeits- und Zähigkeitssteigerung beisteuern. Darüber hinaus werden höhere Al-Gehalte in Verbindung mit Bor zur Härtbarkeitssteigerung in hochfesten Baustählen genutzt (Kern/Schriever 2005). Hier ist bei der Stahlwerksherstellung darauf zu achten, dass es zu keiner übermäßigen Aluminiumoxidbildung kommt, die die Zähigkeit verschlechtert.

Niob (Nb), Titan (Ti) und Vanadium (V)

Niob gehört mit *Titan* und *Vanadium* zu den klassischen Mikrolegierungselementen, die für die thermomechanische Behandlung eingesetzt werden. Sie werden in Mengen von max. 0,1 % zulegiert (Eckstein 1984). Alle drei Elemente weisen eine hohe Affinität zu Kohlenstoff und Stickstoff auf, sodass feine Karbide, Nitride und Karbonnitride gebildet werden. Diese beeinflussen die mechanischen Eigenschaften, insbesondere die Zähigkeit in der Regel positiv. Insbesondere Nb ist heute in fast allen warmgewalzten Baustählen zulegiert.

Schwefel (S)

Schwefel ist ein Begleitelement im Stahl, das zu starken Seigerungen neigt und mit Mn zu nichtmetallischen (sulfidischen) Einschlüssen führt, die die Zähigkeit des

Stahles merklich verschlechtern. Schwefel wirkt daher fast immer versprödend und fördert bei hohen Temperaturen das Auftreten von Heißbrüchen (Bleck 2017b). Zur Reduzierung des Schwefelgehaltes im Stahl und zur Einstellung besonders hoher Zähigkeiten werden die Stähle häufig mit Kalzium (Ca) im Rahmen der sekundärmetallurgischen Behandlung (vgl. Teil A, Abschnitt 6.1) versetzt (Degenkolbe 1993). Bild 6.35 zeigt dazu die positive Wirkung der Injektionsbehandlung mit Ca zur gezielten Beeinflussung des S-Gehaltes und der Sulfidform auf die Kerbschlagarbeit.

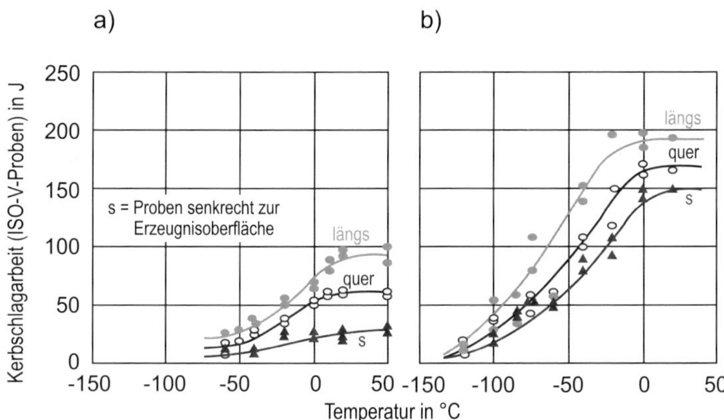

Bild 6.35 Einfluss einer Ca-Behandlung auf die Werkstoffeigenschaften, a) ohne Calcium, b) mit Calcium (Handbuch Stahl, Carl Hanser Verlag 2017, S. 602)

Phosphor (P)

Phosphor ist ein Element, das in der Regel zur Segregation an die Korngrenzen im Stahlgefüge wandert und ebenfalls zur Versprödung führt, sodass die Zähigkeit des Werkstoffes sinkt. Zumeist enthalten die Stahlwerkstoffe daher geringe Phosphorgehalte, zumeist unter 0,020 %. In Gegenwart von Kupfer verbessert Phosphor allerdings die Beständigkeit gegen atmosphärische Korrosion und wird daher häufig in wetterfesten Baustählen eingesetzt (Bleck 2017b, Stahl-Informationszentrum 2004).

6.6.2 Eigenschaften warmgewalzter Flachprodukte

Die warmgewalzten Flachprodukte aus Stahl werden zumeist in hochbeanspruchten Konstruktionen des Schwermaschinenbaus eingesetzt (siehe Teil A, Abschnitt 6.8). Dabei sind besonders Tragfähigkeit, Sprödbruchsicherheit und günstiges Verarbeitungsverhalten wichtig (Hamme et al. 2000). Bild 6.36 gibt einen Überblick über die wichtigsten geforderten Eigenschaften bei warmgewalzten

Flachprodukten für den Einsatz im Schwermaschinenbau. Die Eigenschaftsvielfalt heutiger Stähle hat sich in den letzten 80 Jahren Schritt für Schritt herausgebildet (Kaiser et al. 2009). Dabei erfolgten die Entwicklungen zumeist in Richtung höherer Festigkeiten. Hintergrund war das Bedürfnis zum Leichtbau mit Stahl, insbesondere bei beweglichen Konstruktionen. Bild 6.37 ergänzt dazu, dass bei einer gegebenen Beanspruchung durch den Einsatz immer höherfesterer Stähle die Erzeugnisdicken reduziert werden können. Moderne warmgewalzte Flachprodukte decken heute Mindeststreckgrenzen zwischen 235 und 1300 MPa bei gleichzeitig guter Zähigkeit bis hin zu tiefen Temperaturen von –60 °C ab. Der übliche Dickenbereich für Grobblech und Warmbänder liegt dabei zwischen 2 und 120 mm. Stahlwerkstoffe aus hochfesten Stählen machen die Konstruktion nicht nur leichter und tragfähiger, sondern vielfach auch wirtschaftlicher. Insbesondere durch den Einsatz geringerer Blechdicken können Schweißkosten durch ein geringeres Schweißnahtvolumen eingespart werden (Wegmann/Gerster 2013, Uwer 1981).

- hohe Streckgrenze und Zugfestigkeit
- gute Zähigkeit
  - Duktilität
  - Sprödbruchsicherheit
- Eignung zum Brennschneiden und Schweißen
- gute Kaltumformbarkeit
- Alterungsbeständigkeit
- Gleichmäßigkeit
- Scherbarkeit, Zerspanbarkeit
- Eignung zum Verzinken

Bild 6.36 Anforderungen an warmgewalzte Flachprodukte

Stähle für warmgewalzte Flachprodukte, ihre chemische Zusammensetzung und mechanischen Eigenschaften listet Tabelle 6.10 auf. Es wird deutlich, dass die geeignete Kombination von chemischer Zusammensetzung und Herstellverfahren bei Walzen und Wärmebehandlung die Voraussetzung zur Einstellung des breiten Eigenschaftsprofils bei warmgewalzten Flachprodukten ist. Mit immer höherem Anspruch an die Festigkeit nimmt in der Regel der Legierungsaufwand im Stahl zu. Gleichzeitig ist bei besonders hohen Festigkeiten das Wasservergüten als nachträgliche Wärmebehandlung der Bleche unverzichtbar. Ein wichtiger Basiswerkstoff in der industriellen Praxis ist der Baustahl S355 mit einer Mindeststreckgrenze von 355 MPa. Höherfeste Stähle werden thermomechanisch gewalzt und weisen einen geringeres Kohlenstoffäquivalent und demnach ein günstigeres Verarbeitungsverhalten auf. Mit dem thermomechanischen Walzen werden Streckgrenzen bis rund 700 MPa erreicht (Kern et al. 2005). Besonders hohe Festigkeiten erfordern aber zumeist ein dem Warmwalzen nachgeschaltetes Wasservergüten.

Dabei kann das Härten auch aus der Walzhitze erfolgen. Gleichzeitig müssen die Stähle vergleichsweise hoch legiert sein, um auch bei großen Erzeugnisdicken noch ausreichend gehärtet zu werden (Müsgen 1985). Wichtige Legierungselemente sind hier Cr und Mo, aber auch eine Mikrolegierung mit Bor.

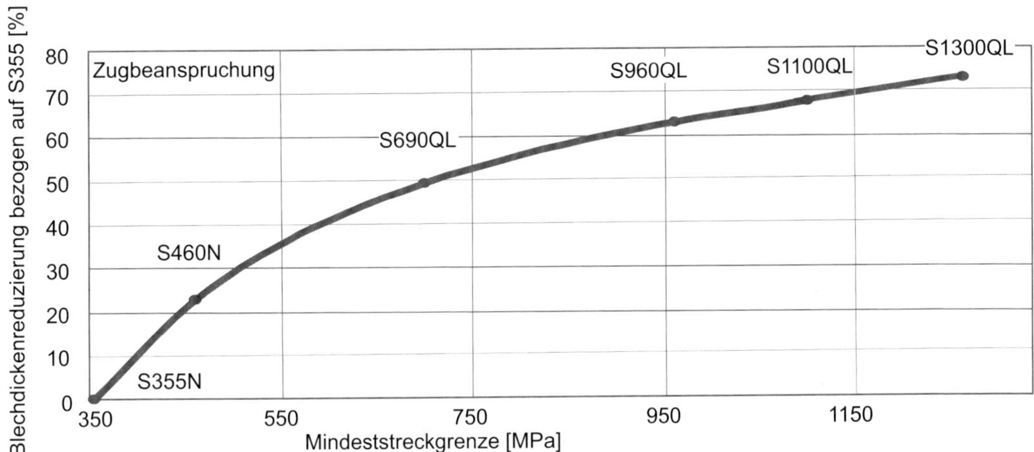

Bild 6.37 Leichtbau durch hochfeste Baustähle

Ergänzend dazu zeigt Bild 6.38 eine Übersicht über das Eigenschaftsprofil in Stählen für Grobbleche. Dabei wird das besondere Zähigkeitsniveau bei wasservergüteten Stählen deutlich, die trotz sehr hoher Festigkeit eine hohe Tieftemperaturzähigkeit aufweisen. Grundsätzlich entscheidet demnach die Wahl der Stahlzusammensetzung und des Herstellverfahrens über das erreichte Eigenschaftsprofil. Übersichtlich lässt sich dies an Bild 6.39 besonders gut darstellen, und es wird deutlich, dass bei gegebener chemischer Zusammensetzung des Stahles durch Wahl unterschiedlicher Herstellverfahren unterschiedliche Festigkeitseigenschaften einstellbar sind (Degenkolbe 1993, Kaiser et al. 2009, Kern 2017). Für die Praxis besonders interessant ist die Erkenntnis, dass für eine gegebene Festigkeitsstufe der Legierungsgehalt im Stahl durch Wahl geeigneter Herstellverfahren niedrig gehalten werden kann. Demnach weisen thermomechanisch gewalzte gegenüber normalisierten Produkten gleicher Gütestufe immer merklich geringer legierte Stahlwerkstoffe auf.

Tabelle 6.10 Werkstoffcharakteristik hochfester Baustähle

	Güte	Legierung	Typ. CET [1] [%]	Lieferzustand	$R_{e,\,min}$ [MPa]	R_m [MPa]	Härte [HBW]	$A_{V,\,min}$ [J] längs	
								-20 C	-40 C
Normalfest	S355	Nb(Ti)	0,31	N	355	470-630		27	
Höherfest	S460M	NbTiV	0,28	TM	460	540-720		40	
	„S500M“	NbTiV		TM+A	500	560-720		40	40
	„S700M“	NiMoCuV			700	750-950			
Hochfest	S690QL	CrMo (V, Ni)	0,31	QT	690	770-940			27[3]
	S960QL		0,39		960	980-1150			27[3]
	„S1100QL“		0,42		1100	1200-1500			27[3]
Verschleißfest	400 HBW	Cr (Mo, Ni)	0,32	Q	*1050*[2]	*1250*[2]	360-440		*30*[2]
	500 HBW		0,41		*1300*[2]	*1600*[2]	450-530	*2*[2]	
	600 HBW		0,54		*1700*[2]	*2000*[2]	>550	*20*[2]	

[1] Typische Werte bei Dicken < 20 mm
CET = C + (Mn + Mo) / 10 + (Cr + Cu) / 20 + Ni / 40
[2] Typische Werte
[3] Querwerte

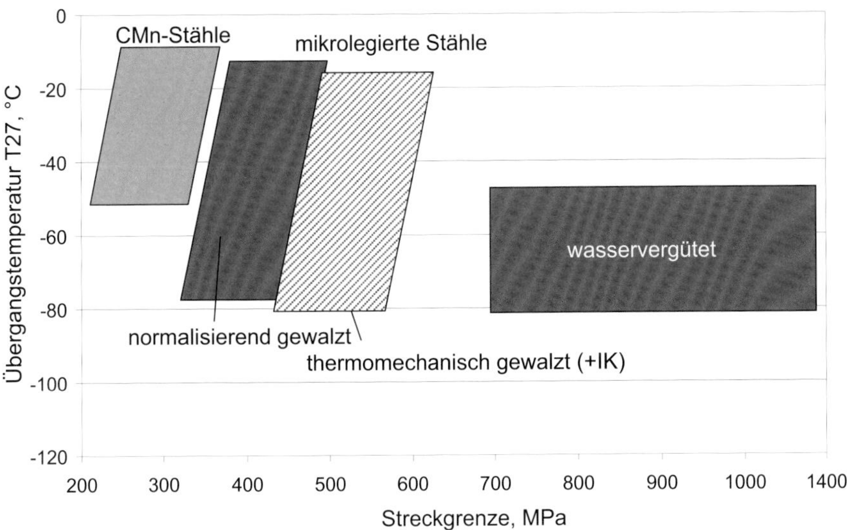

Bild 6.38 Mechanische Eigenschaften hochfester Stähle

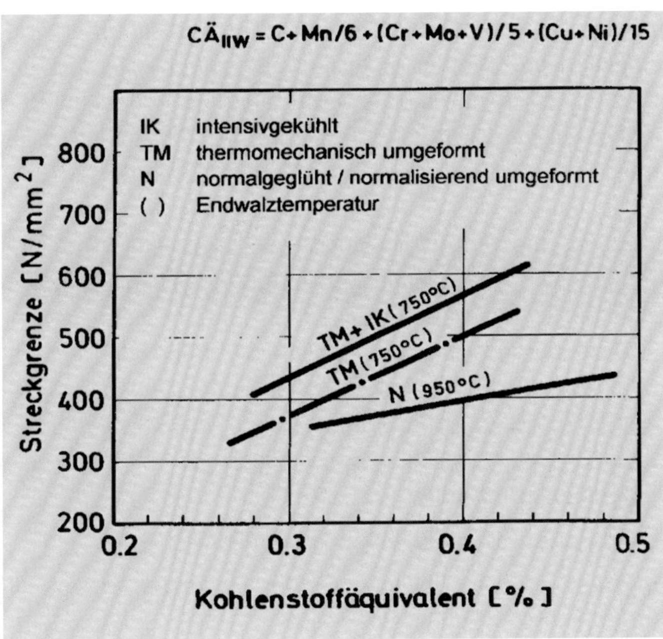

Bild 6.39 Steuerung mechanischer Eigenschaften durch Stahlzusammensetzung und Herstellverfahren

6.7 Einteilung der Stahlsorten

Weltweit werden etwa 2500 verschiedene Stähle hergestellt, deren chemische Zusammensetzung, Gefüge und Eigenschaften für unterschiedliche Produktformen und Anwendungen maßgeschneidert sind (Bleck 2017a). Für die warmgewalzten Flachprodukte sind dies mehr als 500 verschiedene Stähle. Die einheitliche Bezeichnung der Stahlsorten ist zur Identifizierung von Stählen und zu ihrer vertraglichen Festlegung von großer Bedeutung. Stähle werden gemäß DIN EN 10020 je nach ihrer chemischen Zusammensetzung unterteilt in

- unlegierte Stähle,
- nichtrostende Stähle und
- andere legierte Stähle.

Unlegierte Stähle sind Stahlsorten, bei denen keiner der Grenzwerte nach Tabelle 6.11 erreicht wird. Sie werden in die Güteklassen Qualitätsstähle und Edelstähle unterteilt. Die *unlegierten Qualitätsstähle* sprechen im Allgemeinen nicht gleichmäßig auf eine Wärmebehandlung an. Es sind keine Anforderungen an den Reinheitsgrad vorgeschrieben. Aufgrund der Beanspruchungen bei ihrem Gebrauch bestehen jedoch zusätzliche Anforderungen, zum Beispiel hinsichtlich der Sprödbruchunempfindlichkeit, der Korngröße, der Verformbarkeit, sodass die Herstellung der Stähle besondere Sorgfalt erfordert. *Unlegierte Edelstähle* haben insbesondere bezüglich nichtmetallischer Einschlüsse einen höheren Reinheitsgrad als *unlegierte Qualitätsstähle*. In den meisten Fällen sind für sie ein Vergüten oder Oberflächenhärten vorgesehen und durch gleichmäßiges Ansprechen auf eine solche Behandlung gekennzeichnet. Die genaue Einstellung der chemischen Zusammensetzung stellt verbesserte Eigenschaften zwecks Erfüllung erhöhter Anforderungen sicher (Bleck 2017a). Diese Eigenschaften schließen hohe oder eng eingeschränkte Streckgrenzen- oder Härtbarkeitswerte sowie hohe Zähigkeitswerte ein und sind gekoppelt mit einer Eignung zum Kaltumformen und Schweißen. *Unlegierte Edelstähle* sind Stahlsorten, die beispielsweise einer oder mehreren der nachfolgenden Anforderungen entsprechen:

- festgelegter Mindestwert der Kerbschlagarbeit im vergüteten Zustand
- festgelegte Einhärtungstiefe oder Oberflächenhärte im gehärteten, vergüteten oder oberflächengehärteten Zustand
- besonders niedrige Gehalte an nichtmetallischen Einschlüssen
- festgelegter Höchstgehalt an Phosphor und Schwefel (Schmelzenanalyse: $\leq$ 0,020 %; Stückanalyse: $\leq$ 0,025 %; festgelegter Mindestwert der Kerbschlagarbeit an Charpy-V-Kerbproben bei −50 °C von mehr als 27 J für in Längsrichtung entnommene Proben oder mehr als 16 J für in Querrichtung entnommene Proben

Tabelle 6.11 Grenzgehalte zur Abgrenzung unlegierter Stähle

Legierungselement	Chemisches Symbol	Grenzwert, Massen-%
Aluminium	Al	0.30
Bor	B	0.0008
Wismut	Bi	0.10
Cobalt	Co	0.30
Chrom	Cr	0.30
Kupfer	Cu	0.40
Lanthanoide	La	0.10
Mangan	Mn	1.65
Molybdän	Mo	0.08
Niob	Nb	0.06
Nickel	Ni	0.30
Blei	Pb	0.40
Selen	Se	0.10
Silizium	Si	0.60
Tellur	Te	0.10
Titan	Ti	0.05
Vanadium	V	0.10
Wolfram	W	0.30
Zirkon	Zr	0.05
Sonstige (Ausnahme: C, P, S, N)		0.10

Nichtrostende Stähle sind Stähle mit einem Massenanteil Chrom von mindestens 10,5 % und höchstens 1,2 % Kohlenstoff. Sie werden weiterhin nach ihrem Nickelgehalt (< 2,5 %, > 2,5 %) sowie den Haupteigenschaften korrosionsbeständig, hitzebeständig, warmfest unterschieden.

Andere legierte Stähle sind Stahlsorten, die nicht der Definition für nichtrostende Stähle entsprechen und bei denen, nach der Definition der Gehalte, wenigstens einer der Grenzwerte in Tabelle 6.11 überschritten wird. Auch hier werden die Güteklassen Qualitäts- und Edelstähle unterschieden. *Legierte Qualitätsstähle* sind Stahlsorten, für die Anforderungen bezüglich z. B. Zähigkeit, Korngröße und/oder Umformbarkeit bestehen. Legierte Qualitätsstähle sind im Allgemeinen nicht zum Vergüten oder Oberflächenhärten vorgesehen. Zu den legierten Qualitätsstählen zählen

- schweißgeeignete Feinkornbaustähle für Konstruktionen im Stahl-, Druckbehälter und Rohrleitungsbau;
- legierte Stähle für Schienen, Spundbohlen und Grubenausbau;

- legierte Stähle für schwierige Kaltumformungen, die Elemente wie Bor, Niob, Titan, Vanadium (Vanadin) und/oder Zirkonium enthalten;
- legiertes Elektroblech und -band mit festen Anforderungen an Höchstwerte für den Ummagnetisierungsverlust oder Mindestwerte für die magnetische Induktion, Polarisation oder Permeabilität.

Die Klasse der *legierten Edelstähle* umfasst Stahlsorten, außer nichtrostende Stähle, denen durch eine genaue Einstellung ihrer chemischen Zusammensetzung sowie durch besondere Herstell- und Prüfbedingungen verbesserte Eigenschaften verliehen wurden, die häufig in Kombination und innerhalb eng eingeschränkter Grenzen festgelegt sind. Legierte Edelstähle schließen legierte Maschinenbaustähle und legierte Stähle für den Druckbehälterbau, Vergütungsstähle, Wälzlagerstähle, Werkzeugstähle, Schnellarbeitsstähle und Stähle mit besonderen physikalischen Eigenschaften ein (Bleck 2017a).

Eine weitere wichtige Einteilungshilfe für die Klassifizierung der Stahlsorten ist ihre Einteilung in niedrig- und hochlegierte Stähle. Unlegierte und teilweise auch legierte Qualitäts- und Edelstähle zählen vielfach zu den niedriglegierten Stählen, wenn die Summe ihrer Legierungsbestandteile <5 % ist. Höhere Gesamtanteile an Legierungselementen mit einer Summe > 5 % ordnen die Stähle den hochlegierten Stählen zu.

Die Bezeichnung der Stähle erfolgt über Kurznamen oder Werkstoffnummern. Die Kurznamen werden nach DIN EN 10027-1 in zwei Hauptgruppen unterschieden: Hauptgruppe 1 umfasst Kurznamen, die Hinweise auf die Verwendung und die mechanischen oder die physikalischen Eigenschaften der Stähle enthalten. Kurznamen der Hauptgruppe 2 werden mit Hinweisen auf die chemische Zusammensetzung der Stähle gebildet. Daneben existiert ein System von Werkstoffnummern; die Werkstoffnummern der Stähle werden vom Stahlinstitut VDEh als europäische Stahlregistratur (Stahl-Eisen-Liste) verwaltet.

6.8 Anwendungsbeispiele

Einsatzbereich der warmgewalzten Flachprodukte ist allgemein der Schwermaschinenbau (Kaiser et al. 2009). Schwerpunktmäßig ist dies dabei der

- allgemeine Stahl- und Hochbau (z. B. Brücken),
- Rohrleitungsbau,
- Fahrzeugbau, insbesondere Nutzfahrzeugbau,
- Schiffbau und
- (Druck-)Behälterbau.

Bild 6.40 zeigt die wichtigen Anwendungsbereiche im Überblick. Ergänzend dazu zeigt Bild 6.41 welche Gütefamilien in der Praxis hierfür unterschieden werden können, die sich jeweils bei chemischer Zusammensetzung, Herstellverfahren und damit spezifischem Eigenschaftsprofil unterscheiden.

Energie/Infrastruktur

Mining/Rohstoffe

Leichtbau

Bild 6.40 Anwendungsbereiche warmgewalzter Flachprodukte; hier besonders Grobblech (Quelle Teilbild links oben: Barlage Gmbh, Quelle der anderen Teilbilder: thyssenkrupp Steel Europe AG)

Bei beweglichen Konstruktionen kommt es immer häufiger auf ein geringes Eigengewicht der Konstruktion an, um Betriebskosten einzusparen. Hebezeuge, wie z. B. Mobilkrane (Bild 6.42), verlangen gleichzeitig immer höhere Traglasten (Hamme et al. 2000, Wegmann/Gerster 2013). Daraus resultiert die stetige Bereitstellung von Stählen mit immer höheren Festigkeiten, um bei gleicher Traglast möglichst die Blechdicke zu reduzieren und Gewicht einzusparen (vgl. Bild 6.37). Gerade in diesen Anwendungsbereichen sind neben einer sehr hohen Festigkeit auch ein hoher Sprödbruchwiderstand und damit ein hohes Zähigkeitsniveau sehr wichtig. Daher wird für entsprechende Flachprodukte neben der Überprüfung der Festigkeit auch immer eine Überprüfung der Zähigkeit im Kerbschlagbiegeversuch mit spezifischer Prüfung an jedem Produkt (Blech/Coil) gefordert, die in der Prüfbescheinigung ausgewiesen wird.

Im Druckbehälterbau (Bild 6.43) werden neben ausreichenden Festigkeits- und Zähigkeitseigenschaften häufig auch anforderungsgerechte Eigenschaften bei höheren Temperaturen (bis 400 °C) gefordert oder im Vergleich zu den Baustählen auch strengere Zähigkeitsanforderungen gestellt. Darüber hinaus müssen Druckbehälterstähle immer häufiger auch einen geeigneten Korrosionswiderstand aufweisen (Kern et al. 2017, de Boer et al. 1984, Schäf et al. 2012). Dabei steht der Widerstand gegen wasserstoffinduzierte Rissbildung (Hydrogen Induced Cracking, HIC) im Vordergrund.

- Allgemeine Baustähle für Hoch- und Brückenbau
- wetterfeste Baustähle
- Sonderbaustahl mit erhöhtem Feuerwiderstand
- Stähle für Schiffbau und Offshoretechnik
- warmfeste Stähle und Kesselbleche
- kaltzähe Stähle bis zum 9 %-Nickel-Stahl
- Sonderbaustähle zum Kaltumformen
- hochfeste wasservergütete Sonderbaustähle
- verschleißfeste Sonderbaustähle
- Sicherheitsstähle für ballistischen Schutz
- Sägestähle

Bild 6.41 Gütegruppen hochfester Stähle

Bild 6.42 Mobilkran (Quelle: thyssenkrupp Steel Europe AG)

Bild 6.43 Behälterkonstruktion (Quelle: *www.shutterstock.com*, Stockfoto-Nummer: 220487392)

Grobbleche und Warmbänder aus Baustählen für den Einsatz im Fahrzeugbau müssen häufig komplexen Umformoperationen standhalten (Bild 6.44). Dazu werden zumeist sehr legierungsarme Stahlkonzepte in Verbindung mit thermomechanischem Walzen bei der Herstellung eingesetzt. Hierdurch lassen sich hohe Festigkeiten mit ausgezeichneter Verarbeitbarkeit kombinieren (Pfeiffer/Kern 2014, Kern 2018).

Bild 6.44 Betonpumpenkonstruktion (Quelle: thyssenkrupp Steel Europe AG)

Ein besonderes Anwendungsfeld der warmgewalzten Flachprodukte sind verschleißbeanspruchte Konstruktionen, wie Baggerschaufeln, Mulden, Schleißplatten etc. (Bild 6.45).

Bild 6.45 Verschleißkonstruktionen (Quelle: thyssenkrupp Steel Europe AG)

Diese Stähle zeichnen sich zumeist durch eine hohe Härte und Festigkeit, aber nur ein begrenztes Zähigkeitsniveau aus. Ihre Verarbeitung durch Schneiden und Schweißen ist anspruchsvoll und erfordert hohes Fachwissen des Anwenders. Dabei ist die Auswahl des verschleißfesten Werkstoffes sehr stark vom Einsatzzweck und damit von der zu erwartenden Verschleißbeanspruchung und der Härte des Gegenstoffes abhängig. Je nach Härte des Gegenstoffes ist der Einsatz von besonders harten Stählen nicht immer zielführend (Dietrich et al. 2007, Kaiser et al. 2009).

TEIL B

Kommentierung der DIN EN 10204:2005

Einführung

„Metallische Erzeugnisse – Arten von Prüfbescheinigungen; Deutsche Fassung EN 10204:2005“

Die Kommentierung der DIN EN 10204:2005, die in den folgenden Kapiteln von Teil B vorgenommen wird, folgt dem Text und Aufbau der EN 10204:2005. In Kästen vorangestellt ist der deutsche Wortlaut des jeweiligen Abschnitts, gefolgt von der Kommentierung („Anmerkungen“), die das Verständnis von und den Umgang mit der Norm und Prüfbescheinigungen erleichtern soll. Diesem Zweck dienen auch die „Antworten auf häufig gestellte Fragen im Zusammenhang mit der Anwendung von DIN EN 10204:2005“, die vom Normenausschuss Materialprüfung im Deutschen Institut für Normung e. V. (DIN) zusammengestellt wurden und in Teil C – Anhang (Fragen und Hinweise zur DIN EN 10204) wiedergegeben sind, sowie die Verweise auf die Grundlagen in Teil A.

1 Nationales Vorwort

„Die Überarbeitung der Europäischen Norm EN 10204 wurde im Technischen Komitee ECISS/TC 9 ‚Technische Lieferbedingungen und Qualitätssicherung' (Sekretariat: Belgien) unter intensiver Mitwirkung der Normenausschüsse Materialprüfung (NMP) und Eisen und Stahl (FES) vorgenommen.

Das zuständige deutsche Normungsgremium ist der Arbeitsausschuss NMP 892 ‚Probenahme; Abnahme' des Normenausschusses Materialprüfung (NMP).

Für die Anwendung der Norm gibt der Arbeitsausschuss NMP 892 folgenden Hinweis:

Ausführliche Erläuterungen zur Anwendung der Norm sind in einem Beuth-Kommentar mit dem Titel ‚Beuth-Kommentar – Prüfbescheinigungen – Kommentare zu DIN EN 10204' zusammengestellt. Schwerpunkte dieser Veröffentlichung sind:

- Prüfbescheinigungen im Überblick, Grundsätze für die Anwendung der Norm;
- Prüfbescheinigungen aus der Sicht des Herstellers;
- Rechtliche Aspekte von Prüfbescheinigungen;
- Prüfbescheinigungen im Online-Datenaustausch.

Zu beziehen über den Beuth Verlag GmbH, 10772 Berlin (Hausanschrift: Burggrafenstraße 6, 10787 Berlin) ISBN 3-410-15905-3

Änderungen

Gegenüber DIN EN 10204:1995-08 wurden folgende Änderungen vorgenommen:

a) Einführung neuer Begriffe ‚Hersteller', ‚Händler' und ‚Erzeugnisspezifikation';
b) Verringerung der Anzahl der Prüfbescheinigungen:
   - Streichung des Werkszeugnisses 2.3 der früheren Ausgabe;
   - Abnahmeprüfzeugnis 3.1 ersetzt 3.2.B der früheren Ausgabe;
   - Abnahmeprüfzeugnis 3.2 ersetzt 3.1 A, 3.1C und 3.2 der früheren Ausgabe;
c) Änderung der deutschen Bezeichnung ‚Sachverständiger' in ‚Abnahmebeauftragter'.

Frühere Ausgaben

DIN 50049:1951-12, 1955-04, 1960-04, 1972-07, 1982-07, 1986-08, 1991-11, 1992-04 DIN EN 10204:1995-08"

Anmerkungen

Zur **Historie** der DIN EN 10204 wird zunächst auf die Darstellungen in Teil A, Abschnitt 3.3 verwiesen.

1992 wurde die DIN 50049 erstmalig als „Deutsche Fassung" der Europäischen Norm EN 10204:1991 veröffentlicht und mit einem „Nationalen Vorwort" versehen. Dabei blieb der Inhalt weitgehend, wenn auch nicht vollständig, erhalten. 1995 verschwand die Bezeichnung 50049 dann endgültig mit der Veröffentlichung der DIN EN 10204:1991 (Änderung A1 1995; im Folgenden: EN 10204:1991/1995), und 2004 erschien die bis heute gültige Version der EN 10204:2004, die im Januar 2005 als deutsche Norm DIN EN 10204:2005 veröffentlicht wurde. Diese europäische Norm existiert in drei offiziellen Fassungen (Deutsch, Englisch und Französisch).

Weitere Normen. Für Stahlerzeugnisse sind ergänzend zur DIN EN 10204:2005 folgende Normen zu beachten:

- DIN EN 10021:2006, Abschnitte 3 (Begriffe) und 8 (Prüfung)
- DIN EN 764-5:2015 für metallische Werkstoffe in Druckgeräten
- *ISO 10474:2013 Steel and steel products - Inspection documents*, im Wesentlichen inhaltsgleich mit der EN 10204:2004
- *ISO 404:2013 Steel and steel products - General technical delivery requirements*, im Wesentlichen inhaltsgleich mit der DIN EN 10021:2006

Nutzung früherer Bezeichnungen für Abnahmeprüfbescheinigungen. Manche Erzeugnisspezifikationen und technische Regelwerke nehmen noch Bezug auf die Arten von Prüfbescheinigungen der EN 10204:1991/1995, insbesondere die Abnahmeprüfzeugnisse 3.1B und 3.1C, so z. B. die DIN EN 10224:2005 oder die DIN EN 10217-1:2005. In solchen Fällen sollten die Vertragsparteien stets prüfen, welche Art von Bescheinigung tatsächlich im Einzelfall in dem betreffenden Regelwerk, insbesondere einer harmonisierten Norm, gefordert ist. Im Übrigen bestehen keine rechtlichen Bedenken gegen die Weiterverwendung der „alten" Bezeichnungen nach EN 10204:1991/1995.

2 Vorwort

Vorwort

„Dieses Dokument EN 10204:2004 wurde vom Technischen Komitee ECISS/TC 9 „Technische Lieferbedingungen und Qualitätssicherung“ erarbeitet, dessen Sekretariat vom IBN gehalten wird.

Diese Europäische Norm muss den Status einer nationalen Norm erhalten, entweder durch Veröffentlichung eines identischen Textes oder durch Anerkennung bis April 2005, und etwaige entgegenstehende nationale Normen müssen bis April 2005 zurückgezogen werden.

Dieses Dokument ersetzt EN 10204:1991.

Diese Europäische Norm ist durch die Europäische Kommission und die Europäische Freihandelsorganisation mandatiert und unterstützt grundlegende Anforderungen der EU-Direktive 97/23/EG.

Die Beziehungen zur EU-Direktive 97/23/EG sind im informativen Anhang ZA dieser Norm angegeben.

Die wichtigsten Änderungen sind:

Einführung neuer Begriffe ‚Hersteller', ‚Händler' und ‚Erzeugnisspezifikation';

- Verringerung der Anzahl der Prüfbescheinigungen:
- Streichung des Werkszeugnisses 2.3 der früheren Ausgabe;
  - Abnahmeprüfzeugnis 3.1 ersetzt 3.1B der früheren Ausgabe;
  - Abnahmeprüfzeugnis 3.2 ersetzt 3.1 A, 3.1C und 3.2 der früheren Ausgabe;
  - Änderung der deutschen Bezeichnung ‚Sachverständiger' in ‚Abnahmebeauftragter'.

Entsprechend der CEN/CENELEC-Geschäftsordnung sind die nationalen Normungsinstitute der folgenden Länder gehalten, die Europäische Norm zu übernehmen: Belgien, Dänemark, Deutschland, Estland, Finnland, Frankreich, Griechenland, Irland, Island, Italien, Lettland, Litauen, Luxemburg, Malta, Niederlande, Norwegen, Österreich, Polen, Portugal, Schweden, Schweiz, Slowakei, Slowenien, Spanien, Tschechische Republik, Ungarn, Vereinigtes Königreich und Zypern.“ ■

Anmerkungen

Die EN 10204 ist eine **mandatierte Norm**, siehe Anhang ZA (informativ) der EN 10204:2005: („*Die Beziehung zwischen dieser Europäischen Norm und den grundlegenden Anforderungen der EU-Direktive 97/23/EG*“): „*Diese Europäische Norm ist vorbereitet worden durch ein Mandat der Europäischen Kommission an CEN, um die grundlegenden Anforderungen der EU-Direktive 97/23/EG des Europäischen Parlaments und EU-Rates vom 29. Mai 1997 über die Angleichung der Rechtsvorschriften der Mitgliedsstaaten bezüglich Druckgeräte zu erfüllen.*“ (Zum Begriff der mandatierten Norm vergleiche Teil A, Abschnitt 1.5)

Bei der „EU-Direktive 97/23/EG“ handelt es sich um die Richtlinie 97/23/EG vom 29. Mai 1997 zur Angleichung der Rechtsvorschriften der Mitgliedstaaten über Druckgeräte (ABl L 181 vom 9.7.1997, S. 1), die durch die Richtlinie 2014/68/EU vom 15. Mai 2014 zur Harmonisierung der Rechtsvorschriften der Mitgliedstaaten über die Bereitstellung von Druckgeräten auf dem Markt (ABl. L 189 vom 27.6.2014, S. 164) ersetzt wurde. Diese Richtlinie ist durch die Druckgeräteverordnung (Vierzehnte Verordnung zum Produktsicherheitsgesetz/14. ProSV) vom 13.5.2015 (BGBl. I S. 692) in deutsches Recht umgesetzt worden.

Die Prüfbescheinigung (engl. *inspection document*, franz. *document de contrôle*) nach EN 10204 ist eine **Konformitätserklärung** im weiteren Sinne. In ihr erklärt der Aussteller der Bescheinigung die Übereinstimmung des Erzeugnisses mit den Anforderungen der Bestellung oder einer vertraglich festgelegten Norm (vgl. Teil A, Abschnitt 3.2).

Die Prüfbescheinigung ist dagegen **keine (EG-)Konformitätserklärung** im engeren Sinne, d. h. keine Erklärung nach den europäischen Harmonisierungsregeln (vgl. Teil A, Abschnitt 3.1). Nach Art. 5 des Beschlusses 768/2008/EG vom 9.7.2008 über einen gemeinsamen Rahmen zur Vermarktung von Produkten (ABl. L 218 vom 13.8.2008, S. 82) handelt es sich bei einer (EG-)Konformitätserklärung um die Erklärung eines Herstellers, dass ein Produkt nachweislich die geltenden Anforderungen einer Harmonisierungsvorschrift (z. B. der Druckgeräte-Richtlinie) der Gemeinschaft erfüllt, wenn und soweit die betreffende Vorschrift eine solche Erklärung verlangt. Die (EG-)Konformitätserklärung ist wiederum Grundlage für das CE-Zeichen, das bescheinigt, dass die in den einschlägigen Harmonisierungsrechtsvorschriften der Union festgelegten Anforderungen eingehalten werden. Allgemeine Anforderungen an den Inhalt von (EG-)Konformitätserklärungen enthalten die EN ISO/IEC 17050-1:2004 und EN ISO/IEC 17050-2:2004 sowie den sogenannten „Blue Guide“ (Bekanntmachung der Europäischen Kommission – Leitfaden für die Umsetzung der Produktvorschriften der EU 2016, ABl C 272 vom 26.7.2016, S. 1). Diese Voraussetzungen erfüllt die Prüfbescheinigung nach EN 10204 nicht.

Rückverfolgbarkeit (siehe hierzu zunächst Teil A, Abschnitt 3.1). Ein wesentlicher Zweck der Prüfbescheinigungen ist die Rückverfolgbarkeit. Sie ist im Falle von Beanstandungen des gelieferten Materials oder zu Bauteilen daraus zu Beweiszwecken wichtig. Prüfbescheinigungen sichern hier den Nachweis über die Herkunft des Materials und erleichtern damit deren Rückverfolgung in einem Schadensfall. Vergleiche OLG Düsseldorf, Urteil vom 29.12.1988: *„Das Zeugnis hat ersichtlich den Zweck, im Falle von Schäden und Unfällen, die auf Fehler der Materialbeschaffenheit zurückzuführen sind, dem Geschädigten die Geltendmachung von Ansprüchen - z. B. aus der Produzentenhaftung - zu erleichtern."*

Prüfbescheinigungen als Beweismittel. Prüfbescheinigungen sind keine Beweismittel. Sie beweisen im Besonderen nicht die vertragsgemäße Erfüllung eines Vertrages. Sie bestätigen nur, dass geprüft wurde (zutreffend der Eingangstext der DIN 50049: *„Zur Bestätigung der für die Ablieferung von Werkstoffen vorgenommenen Prüfungen kommen in Betracht: ..."*) - mal ohne, mal mit Angabe von Prüfergebnissen, mal aufgrund nichtspezifischer, mal aufgrund spezifischer Prüfung. Sie enthalten auch keine Garantien oder Zusicherungen in Bezug auf die mitgeteilten Prüfergebnisse, und zwar weder des Herstellers noch einer anderen Person in der Lieferkette.

Keine Prüfbescheinigungen im Sinne der EN 10204 sind sogenannte **Händlerbescheinigungen**, in denen eine in den Absatzprozess eingegliederte Zwischenperson bescheinigt, ihr habe für das betreffende, von ihr verkaufte Erzeugnis eine Prüfbescheinigung vorgelegen.

3 Anwendungsbereich

„**1 Anwendungsbereich**

1.1 In diesem Dokument sind die verschiedenen Arten von Prüfbescheinigungen festgelegt, die dem Besteller in Übereinstimmung mit den Vereinbarungen bei der Bestellung für die Lieferung von allen metallischen Erzeugnissen, wie z. B. Blechen, Feinblechen, Stangen, Schmiedestücken, Gussstücken, zur Verfügung gestellt werden können, unabhängig von der Art ihrer Herstellung.

1.2 Dieses Dokument darf auch für nichtmetallische Erzeugnisse angewendet werden.

1.3 Dieses Dokument ist zusammen mit den Erzeugnisspezifikationen anzuwenden, in denen die technischen Lieferbedingungen für die Erzeugnisse festgelegt sind.

ANMERKUNG 1 Informationen über den möglichen Inhalt von Prüfbescheinigungen können aus entsprechenden Dokumenten entnommen werden, z. B. EN 10168 für Stahl.

ANMERKUNG 2 Anhang A gibt eine Übersicht über die verschiedenen Prüfbescheinigungen."

Anmerkungen

Die EN 10204 gilt – entsprechend ihrer Bezeichnung – in erster Linie für **metallische Erzeugnisse**, also alle Eisenwerkstoffe wie Stahl und Gusseisen, Nichteisen-(NE-)Metalle, Hart- und Weichmetalle. Die Erwähnung bestimmter Erzeugnisse in Abschnitt 1.1 (Bleche, Feinbleche, Stangen, Schmiedestücke, Gussstücke) ist nur beispielhaft und keinesfalls abschließend. Die Begriffsbestimmungen der Stahlerzeugnisse finden sich in der DIN EN 10079.

Die Arten der Prüfbescheinigungen nach EN 10204 sind, im Vergleich zur früheren Ausgabe DIN EN 10204:1991/1995, von ehemals sieben auf vier Arten reduziert worden (siehe Tabelle 3.1).

Tabelle 3.1 Übersicht über Prüfbescheinigungen

EN 10204:1991/1995	EN 10204:2005	Prüfart
Werksbescheinigung 2.1	Werksbescheinigung 2.1	freigestellt
Werkszeugnis 2.2	Werkszeugnis 2.2	nichtspezifisch
Werksprüfzeugnis 2.3	gestrichen	spezifisch
Abnahmeprüfzeugnis 3.1.B	Abnahmeprüfzeugnis 3.1	spezifisch
Abnahmeprüfzeugnis 3.1 A	Abnahmeprüfzeugnis 3.2	spezifisch
Abnahmeprüfzeugnis 3.1 C	Abnahmeprüfzeugnis 3.2	spezifisch
Abnahmeprüfprotokoll 3.2	Abnahmeprüfzeugnis 3.2	spezifisch

Abschnitt 1.2 stellt klar, dass die EN 10204:2005 auch für **nichtmetallische Erzeugnisse** anzuwenden ist. Diese Klarstellung wurde notwendig, nachdem sich erstmals in der Ausgabe April 1992 der (damaligen) DIN 50049 (als deutsche Fassung der EN 10204:1991) der Titel der Norm auf „Metallische Erzeugnisse" bezog. Zuvor lauteten die Titel allgemein „Bescheinigungen über Werkstoffe" (Ausgabe Dezember 1951) bzw. „Bescheinigungen über Werkstoffprüfungen" (Ausgabe April 1960) bzw. „Bescheinigungen über Materialprüfungen" (Ausgabe Juli 1982).

Andererseits ist diese Klarstellung selbstverständlich, denn als „bereitliegende Rechtsordnung" ist die Anwendung der EN 10204 nicht auf bestimmte Erzeugnisse bzw. Werkstoffe beschränkt. So können Prüfbescheinigungen nach dem Muster der EN 10204 z. B. für Fertigerzeugnisse und Anlagen ausgestellt werden, was in der Praxis allerdings eher selten vorkommt; denn die EN 10204 beschreibt nur die Arten von Prüfbescheinigungen, nicht deren Inhalt und Umfang, für die die verschiedenen Erzeugnisspezifikationen zuständig sind. Nur wenn außerhalb der metallischen Werkstoffe Normen existieren, die Aussagen zu Inhalt und Umfang von Materialprüfungen treffen, ist die Anwendung der EN 10204 sinnvoll, im Übrigen immer dort, wo die Einzelheiten der Prüfung zwischen dem Hersteller und dessen Abnehmer (Besteller; Käufer) zuvor festgelegt wurden.

Abschnitt 1.3 und ANMERKUNG 1 stellen klar, dass für den **Inhalt von Prüfbescheinigungen** nach EN 10204 die Erzeugnisspezifikation und die technischen Lieferbedingungen bzw. die „entsprechenden Dokumente" maßgebend sind, denn die EN 10204 beschränkt sich auf die Beschreibung der verschiedenen Arten von Prüfbescheinigungen. Spezifikationen und technische Lieferbedingungen sind für die Stahlerzeugnisse in den entsprechenden Erzeugnisspezifikationen (hier „Dokumente" genannt) festgelegt. Harmonisierte Normen als Erzeugnisnormen enthalten darüber hinaus Angaben zu Art und Inhalt von Prüfbescheinigungen. Der Begriff der Erzeugnisspezifikation ist in Abschnitt 2.5 der EN 10204 definiert. Diese Erzeugnisspezifikation enthält Angaben zu den vom Erzeugnis einzuhaltenden Produkteigenschaften, insbesondere zu dessen chemischer Zusammensetzung, mechanisch-technologischen Eigenschaften und äußerer Beschaffenheit.

ANMERKUNG 1 zu Abschnitt 1.3 verweist für den Inhalt von Prüfbescheinigungen zum einen auf „entsprechende Dokumente“. Gemeint sind hiermit Erzeugnisspezifikationen und technische Regeln mit Bezug auf Prüfbescheinigungen. Zum anderen wird auf die EN 10168 verwiesen (siehe hierzu die Grundlagen in Teil A, Abschnitt 3.4).

4 Begriffe

4.1 Nichtspezifische und spezifische Prüfung

„**2 Begriffe**

Für die Anwendung dieses Dokuments gelten die folgenden Begriffe:

2.1 nichtspezifische Prüfung

vom Hersteller nach ihm geeignet erscheinenden Verfahren durchgeführte Prüfungen, durch die ermittelt werden soll, ob Erzeugnisse, die nach der gleichen Erzeugnisspezifikation und nach dem gleichen Verfahren hergestellt worden sind, die in der Bestellung festgelegten Anforderungen erfüllen.

Die geprüften Erzeugnisse müssen nicht notwendigerweise aus der Lieferung selbst stammen.

2.2 spezifische Prüfung

Prüfungen, die vor der Lieferung entsprechend der Erzeugnisspezifikation an den zu liefernden Erzeugnissen oder an Prüfeinheiten, von denen diese ein Teil sind, durchgeführt werden, um festzustellen, ob die Erzeugnisse die in der Bestellung festgelegten Anforderungen erfüllen."

Anmerkungen

Die EN 10204 und EN 10021 unterscheiden zwischen **spezifischen und nichtspezifischen Prüfungen**. Die Art der Prüfbescheinigung – und damit auch die Art der Prüfung – muss der Besteller angeben (siehe Abschnitt 8.3.1.1 der EN 10021):

„Wenn der Besteller spezifische Prüfungen zum Nachweis der Übereinstimmung mit den Anforderungen der Bestellung verlangt, so muss die Bestellung die Art der gewünschten Bescheinigung enthalten; in Betracht kommt das Abnahmeprüfzeugnis 3.1 oder das Abnahmeprüfzeugnis 3.2 (siehe EN 10204:2004) und Folgendes, falls die Produktspezifikation keine entsprechenden Angaben enthält;

- *der Prüfumfang (siehe 8.3.2);*
- *die Anforderungen an die Entnahme und Vorbereitung der Probenabschnitte und Proben (siehe 8.3.4);*
- *gegebenenfalls die Identifizierung der Prüfeinheiten.*

Bei der Prüfbescheinigung 3.2 (siehe EN 10204:2004) sind in der Bestellung geeignete Angaben zur Kontaktaufnahme mit dem externen Abnahmebeauftragten zu machen.“

Die Definitionen der nichtspezifischen und spezifischen Prüfungen sind also maßgebend für die Arten von Prüfbescheinigungen, nämlich die in Abschnitt 3 der EN 10204 beschriebenen Prüfbescheinigungen auf der Grundlage nichtspezifischer Prüfung (Werksbescheinigung 2.1 und Werkszeugnis 2.2) sowie die in Abschnitt 4 der EN 10204 beschriebenen Prüfbescheinigungen auf der Grundlage spezifischer Prüfung (Abnahmeprüfzeugnisse 3.1 und 3.2). Diese Definitionen sind wortgleich mit denjenigen in der EN 10021.

Die EN 10021 definiert die Prüfung in Abschnitt 3.2 als *„Konformitätsbewertung durch Sichtprüfung und Beurteilung, gegebenenfalls in Verbindung mit Messung (mit und ohne Lehre) und Prüfung.“* „Prüfung“ ist also die Feststellung, inwieweit das Prüfobjekt eine Forderung erfüllt. Das „Prüfen“ ist gemäß Abschnitt 3.11 die *„Ermittlung eines oder mehrerer Merkmale nach einem Verfahren.“* Die Prüfverfahren mit dem Zweck der Ausstellung einer Prüfbescheinigung nach EN 10204 sind in der jeweiligen Erzeugnisspezifikation sowie der EN 10021 festgelegt. Sie sind nicht frei wählbar.

Darüber hinaus nennt die EN 10021 in Abschnitt 3.9 noch die **sequentielle Prüfung** und definiert sie als *„Prüfung, bei der der Einzelwert und der Mittelwert einer Prüfserie zur Bewertung der Übereinstimmung mit den Anforderungen der Bestellung und/oder der Produktspezifikation herangezogen werden.“* Klassisches Beispiel dafür ist die Kerbschlagbiegeprüfung, bei der je nach Prüftemperatur ein Satz von drei Einzelproben geschlagen wird. Als Ergebnis dieser Prüfung wird insgesamt der Mittelwert angegeben. Zur Bewertung der Übereinstimmung mit den Anforderungen der Bestellung werden dieser Mittelwert und jeder Einzelwert im Vergleich zum Sollwert herangezogen (für weitere Einzelheiten hierzu siehe Abschnitt 8.3.4.2 der EN 10021).

Die in Abschnitt 2 der EN 10204 beschriebenen Prüfarten unterscheiden sich im Wesentlichen darin, dass spezifische Prüfungen an den Erzeugnissen bzw. an Prüfeinheiten mit (in der Erzeugnisspezifikation) festgelegter Prüfhäufigkeit durchgeführt werden, während nichtspezifische Prüfungen nicht notwendig an dem jeweiligen Erzeugnis bzw. der Prüfeinheit durchgeführt werden müssen. Die testierten Prüfergebnisse müssen nicht einmal aus derselben Charge oder Schmelze stammen.

Als **Prüfeinheit** definiert die EN 10021 in Abschnitt 3.13 *„die Zahl oder die Masse der Erzeugnisse, die auf Grund der laut der Produktspezifikation oder Bestellung an den Probestücken durchzuführenden Prüfungen gemeinsam angenommen oder zurückgewiesen werden"*, wobei unter Probestück ein *„Erzeugnis (z. B. Blech), das aus der Prüfeinheit zur Entnahme der zu prüfenden Proben ausgewählt wird"* verstanden wird (Abschnitt 3.8 der Norm).

Die Prüfeinheit, auch als Los bezeichnet, muss aus Erzeugnissen derselben Form, derselben Sorte und Gütegruppe und desselben Lieferzustandes sein. Sie kann eine Schmelze umfassen oder Teilmengen daraus (z. B. 20 oder 40 t) oder sogar aus jedem einzelnen Erzeugnis (blechweise oder coilweise) bestehen. Für jedes Prüfverfahren wird die Prüfeinheit, das Prüflos, in der Erzeugnisspezifikation angegeben. Abschnitt 8.3.2.1 der EN 10021 legt zu diesem Zweck fest, dass die Prüfeinheit nur aus Erzeugnissen bestehen darf, die eines der folgenden Merkmale erfüllen:

- dieselbe Schmelze
- dieselbe Gießfolge
- dieselbe Walzeinheit
- derselbe Wärmebehandlungszustand oder dasselbe Wärmebehandlungslos
- dieselbe Erzeugnisform
- derselbe Dickenbereich

Alternativ kann sie aus Erzeugnissen, die mehrere dieser Merkmale erfüllen, zusammengesetzt sein, wobei die Masse der Prüfeinheit oder die Zahl der in der Prüfeinheit erfassten Erzeugnisse einen bestimmten Höchstwert nicht überschreiten soll. Zu jeder Prüfeinheit ist die Prüfhäufigkeit, also die Anzahl der Probestücke und Einzelproben je Prüfeinheit, in der Erzeugnisspezifikation festgelegt. In der Regel ist dies einmal je Prüfeinheit, d. h. je Prüfeinheit wird z. B. ein Probeblech beprobt. Die übrigen Bleche der Prüfeinheit sind dann die Losbleche. Prüfeinheiten können aber auch mehrfach geprüft werden. So ist dabei u. a. die Prüfung des dicksten oder dünnsten Erzeugnisses aus einer Prüfeinheit möglich. Bild 4.1 zeigt am Beispiel von Baustählen nach DIN EN 10025 und Druckbehälterstählen nach DIN EN 10028, wie unterschiedlich die Prüfeinheiten und Prüfhäufigkeiten ausfallen können. Im äußersten Fall wird jedes Erzeugnis (Blech, Band) einzeln geprüft.

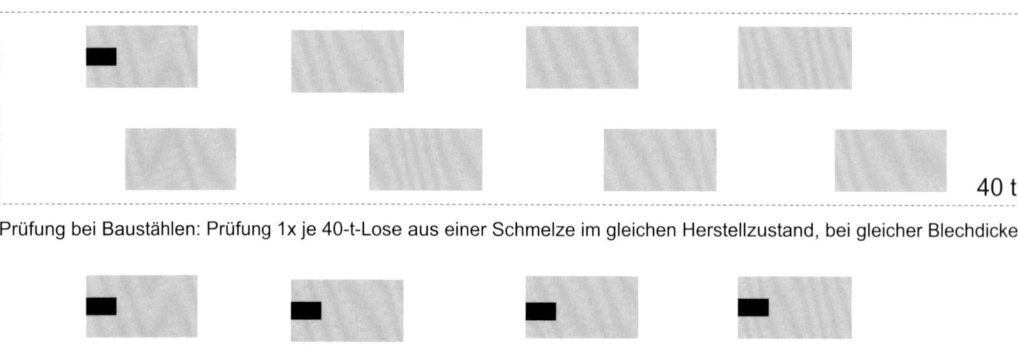

Bild 4.1 Prüfeinheit und Prüfhäufigkeit von Baustählen nach DIN EN 10025 und Druckbehälterstählen nach DIN EN 10028

Weitere Einzelheiten zur Vornahme spezifischer Prüfungen betreffen die Probennahme am Erzeugnis, die Probenvorbereitung, die Durchführung der Prüfungen und die Angabe der Prüfergebnisse im Prüfzeugnis. Diese Angaben finden sich zumeist ebenfalls in den Erzeugnisspezifikationen oder sind in der DIN EN 10021 verankert. Gerade zu Letzterem gehören auch alle Aspekte der Bewertung von Prüfergebnissen im Vergleich zu den festgelegten Werten aus der Erzeugnisspezifikation.

Zusammengefasst regelt Abschnitt 8.3 der DIN EN 10021 in Bezug auf spezifische Prüfungen Folgendes:

- 8.3.1 Allgemeines
  - 8.3.1.1 Bestellangaben
  - 8.3.1.2 Ort der spezifischen Prüfungen
  - 8.3.1.3 Vorlage zur externen spezifischen Prüfung
  - 8.3.1.4 Rechte und Pflichten des externen Abnahmebeauftragten
  - 8.3.1.5 Identifizierung der Prüfeinheiten
- 8.3.2 Prüfumfang
  - 8.3.2.1 Bildung von Prüfeinheiten
  - 8.3.2.2 Zahl der Probestücke, Probeabschnitte und Proben
- 8.3.3 Probenahme, Probenvorbereitung
- 8.3.4 Durchführung der Prüfung
  - 8.3.4.1 Prüfverfahren und Prüfeinrichtung

- 8.3.4.2 Bewertung der Ergebnisse sequentieller Prüfungen
- 8.3.4.3 Wiederholungsprüfungen
  - 8.3.4.3.1 Allgemeines
  - 8.3.4.3.2 Beurteilung aufgrund von Einzelwerten (Nicht-sequentielle Prüfungen)
  - 8.3.4.3.3 Beurteilung von sequentiellen Prüfungen

8.4 Ungültigkeit von Prüfergebnissen

8.5 Rundung von Ergebnissen mechanischer Prüfungen und chemischer Analysen

Prüfabwicklung. In der Praxis werden alle Prüfungen der Festigkeits- und Zähigkeitseigenschaften nach den Vorgaben der europäischen Normen (vgl. Teil A, Abschnitt 6.5) durchgeführt. Etwaige Sonderprüfungen, die nicht genormt sind, müssen detailliert beschrieben und in der Bestellung festgelegt werden. Dazu gehört auch die Dokumentation der Ergebnisse dieser Sonderprüfungen. Alle Prüf- und Messeinrichtungen müssen gemäß den geltenden Prüfstandards kalibriert, justiert und einer regelmäßigen Messmittelüberwachung unterzogen werden. Gerade bei nicht genormten Sonderprüfungen ist die Frage nach der Prüfdurchführung einschließlich Probenentnahme, -vorbereitung und -form, Kalibrierung und Messmittelüberwachung häufig unklar. Besteller und Hersteller müssen sich hier eng abstimmen, um bei Vorliegen der Prüfergebnisse aus solchen Sonderprüfungen eine gleiche Sichtweise auf das Prüfergebnis zu haben. Bei warmgewalzten Sonderwerkstoffen mit Formgedächtniseffekt ist beispielsweise die Ermittlung der Rückstellspannung nach erzwungenem Formgedächtniseffekt eine Sonderprüfung in Anlehnung an den Zugversuch, die nicht genormt ist. Die betreffenden Prüfbescheinigungen für diese Werkstoffe müssen dann Einzelheiten der durchgeführten Prüfungen unter Angabe der Rückstellspannung enthalten.

Spezifische Prüfungen sind nach Abschnitt 8.3.1.2 der EN 10021 üblicherweise im Herstellerwerk durchzuführen und, wenn die erforderlichen Einrichtungen nicht im Herstellerwerk vorhanden sind, an einem anderen zwischen den Parteien vereinbarten Ort oder in einer von einer anerkannten Organisation anerkannten Prüfstelle. In diesem Falle ist darauf zu achten, die Erzeugnisse nicht auszuliefern, bevor die Prüfergebnisse dem Hersteller vorliegen.

Ungenügende Prüfergebnisse. Liefert die Prüfung ungenügende Ergebnisse, d. h., werden die Anforderungen der Erzeugnisspezifikation an die entsprechende Werkstoffcharakteristik nicht erfüllt, ist das Erzeugnis bzw. das geprüfte Los zurückzuweisen, oder es sind Nach- bzw. Wiederholungsprüfungen durchzuführen.

In der Praxis werden jedoch vor Zurückweisung häufig Nachprüfungen oder Wiederholungsprüfungen durchgeführt, wenn dies Aussicht auf Erfolg hat. Dies darf aber nicht willkürlich erfolgen. Vor der Nach- oder Wiederholungsprüfung zu der gewählten Prüfeinheit werden die Prüfeinheiten (Lose, Einzelerzeugnisse) üblicherweise nachbehandelt, um die geforderten Eigenschaftsmerkmale zu erreichen. Dies geschieht bei warmgewalzten Flachprodukten vielfach durch eine Wärmebehandlung. Hier stehen je nach Erzeugnisspezifikation das Normalglühen, Härten, Anlassen oder Vergüten im Vordergrund. Welches Wärmebehandlungsverfahren für die Nachbehandlung ausgewählt wird, hängt primär vom Werkstoff ab und wird durch den Hersteller festgelegt. Dabei kommen aber nur Nachbehandlungen in Betracht, die den in der Erzeugnisspezifikation festgelegten Lieferzustand (wieder) herstellen oder diesen nicht unzulässig verändern. Kritisch in diesem Zusammenhang sind thermomechanisch gewalzte Bleche und Coils mit ungenügenden Eigenschaftswerten. Hier kann der Lieferzustand nicht durch eine nachträgliche Wärmebehandlung eingestellt werden. Für derartig hergestellte warmgewalzte Flachprodukte existiert somit kein geeignetes Nachbehandlungsverfahren für die Einstellung der geforderten Eigenschaften. Dadurch ist bei Erzeugnissen mit diesem Herstellverfahren mit besonderer Sorgfalt auf Fertigungsbedingungen zu achten, mit denen eine sichere Einstellung der Eigenschaften im Erzeugnis ermöglicht wird.

Nach- bzw. Wiederholungsprüfungen folgen vorgegebenen Regeln. Diese sind in Abschnitt 8.3.4.3 der DIN EN 10021 festgeschrieben und in Bild 4.2 und Bild 4.3 in einem Ablaufschema festgehalten. Unterschieden wird dabei nach Prüfungen aus nichtsequentiellen (Bewertung eines einzelnen Prüfwertes, z. B. einzelner Zugversuch) und sequentiellen Prüfungen (Bewertung von Einzel- und Mittelwerten z. B. Kerbschlagbiegeprüfung aus drei Einzelproben) mit unterschiedlichen Prüfeinheiten (Einzel- und losweise Prüfung).

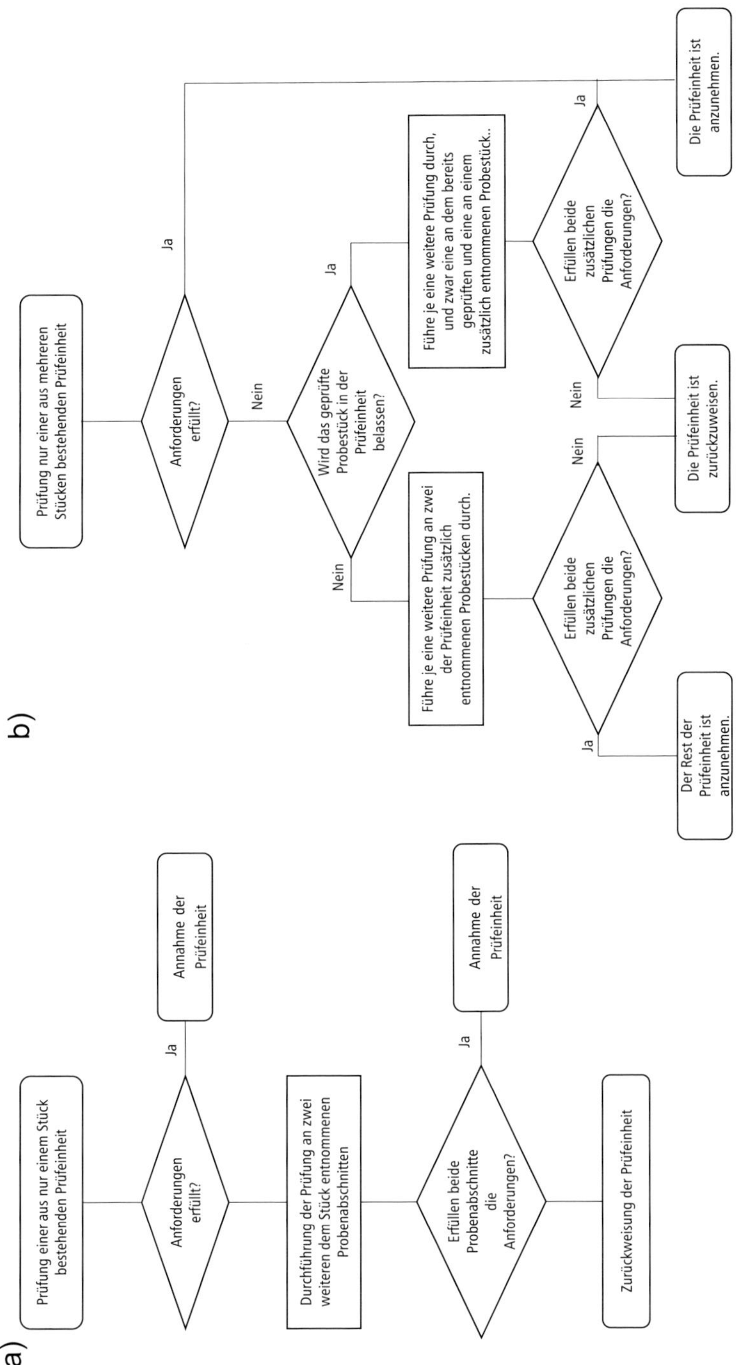

Bild 4.2 Prüfablaufschema für Prüfungen und Wiederholungsprüfungen mit Bewertung von Einzelergebnissen: a) Prüfeinheit nur ein Stück, b) Prüfeinheit mehrere Stücke (keine sequentielle Prüfung)

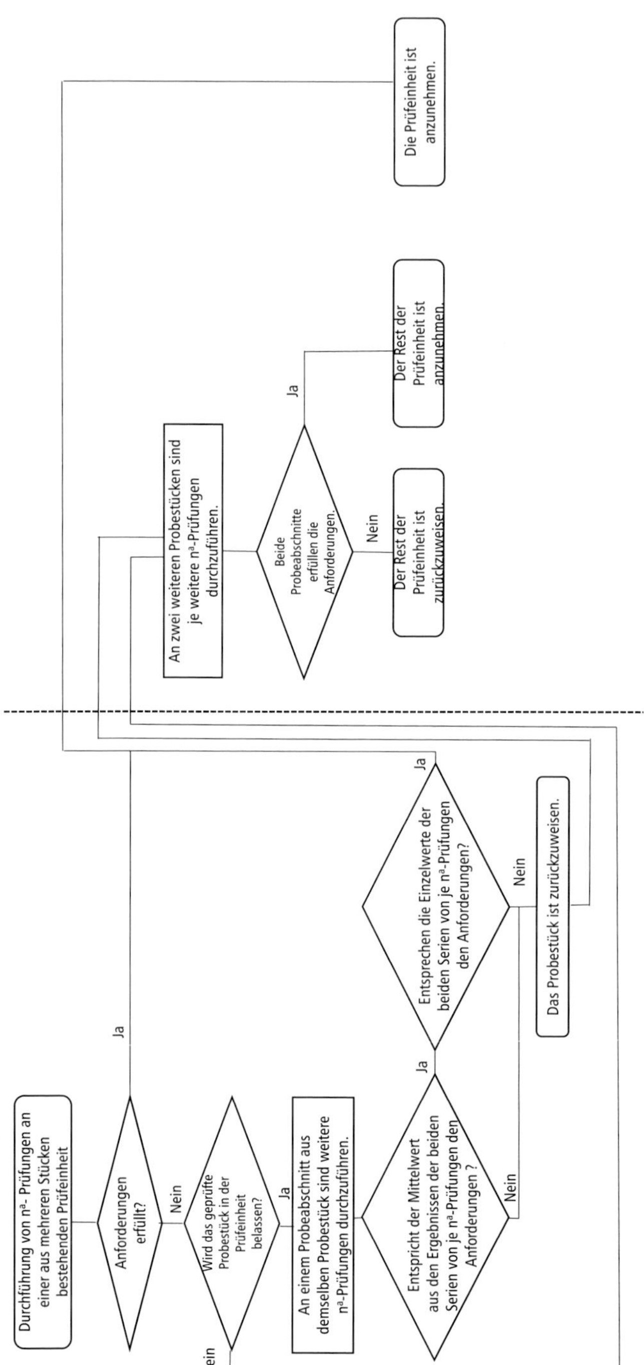

Bild 4.3 Prüfablaufschema bei Prüfungen mit Bewertung von Einzel- und Mittelwerten (sequentielle Prüfungen)

Ungültige Prüfergebnisse. In der Praxis können Fehler bei der Vorgabe von Prüfungen im Rahmen der Fertigungsplanung und -abwicklung vorkommen. Dabei können unpassende Prüfeinheiten, Probenentnahmevorgaben etc. mit der Folge entstehen, dass die ermittelten Prüfergebnisse nach Abschnitt 8.4 der EN 10021 ungültig sind. Ungültig sind danach alle Ergebnisse von Prüfungen an unsachgemäß entnommenen oder unsachgemäß vorbereiteten Proben sowie Resultate aus unsachgemäß durchgeführten Prüfungen. Vielfach bestehen aber werkstoffkundlich begründete Korrelationen zwischen „fehlerhaft" bestimmten und den gemäß Erzeugnisspezifikation original zu prüfenden Werkstoffkennwerten, die dennoch als Nachweis der geforderten Eigenschaften dienen können.

Ein typisches Beispiel hierfür ist die Kerbschlagprüfung in unterschiedlichen Probenrichtungen (längs/quer): Schreibt die Erzeugnisspezifikation die Prüfung der Kerbschlagarbeit in Querrichtung vor, wird jedoch durch eine fehlerhafte Fertigungsplanung die Prüfung versehentlich in Längsrichtung durchgeführt, so ist nach strenger Auslegung der normativen Vorgaben diese Prüfung ungültig und für ein Prüfzeugnis nicht verwendbar. In der Praxis sollte in solchen Fällen eine Lösung in enger Abstimmung mit dem Besteller mit dem Ziel gesucht werden, die solchermaßen „fehlerhaften" Prüfergebnisse im Sinne einer Annahme für die Lieferung der Erzeugnisse zu nutzen. So lassen z. B. Prüfergebnisse der Kerbschlagarbeit in Längsrichtung zumeist verwertbare Schlüsse auf solche in Querrichtung zu. Zu diesem Beispielfall stellt Bild 4.4 den Zusammenhang zwischen den in Längs- und Querrichtung geprüften Kerbschlagarbeiten bei einem hochfesten thermomechanisch gewalzten Baustahl dar. Er zeigt eine Anisotropie (Richtungsabhängigkeit) bei den Zähigkeitseigenschaften dergestalt auf, dass die Kerbschlagarbeiten in Querrichtung immer unter denen in Längsrichtung liegen. Statistische Analysen können hieraus Mindestvorgaben für die in Längsrichtung geprüften Kerbschlagarbeiten ableiten, die zu einer weitgehend sicheren Einhaltung entsprechender Anforderungen in Querrichtung führen. Im Beispielfall müssten demnach mindestens 70 J in Längsrichtung gemessen werden, um in Querrichtung eine Kerbschlagarbeit von im Mittel 18 J mit einer Wahrscheinlichkeit von 95 % einzuhalten. Ein solcher „statistischer" und werkstofftechnisch plausibler Zusammenhang würde die Forderungen aus der Erzeugnisspezifikation erfüllen. Ein derartiges Vorgehen zur Akzeptanz von ungültigen Prüfergebnissen bedarf jedoch stets der detaillierten fachlichen Abstimmung zwischen Besteller, Hersteller und Abnahmebeauftragten unter Berücksichtigung des damit verbundenen Risikos für das Gebrauchsverhalten des Erzeugnisses.

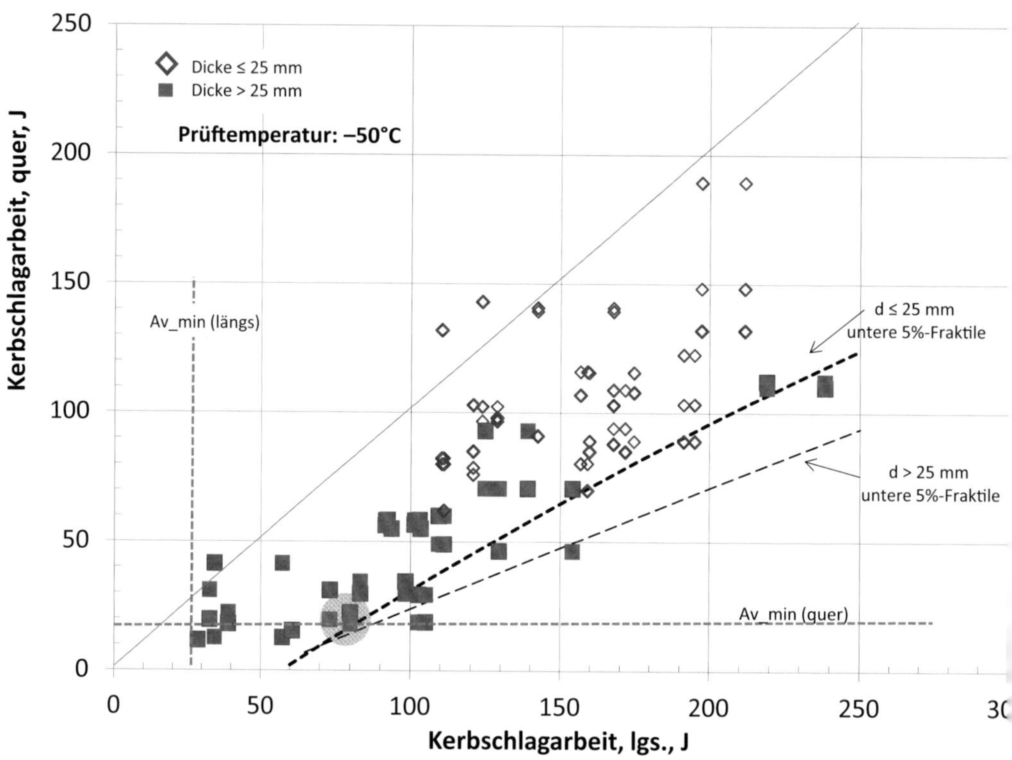

Bild 4.4 Zusammenhang zwischen Kerbschlagarbeiten in Längs- und Querrichtung eines thermomechanisch gewalzten Baustahles

Informatorische Prüfungen. Oft fordert der Besteller – neben den in der Erzeugnisspezifikation vorgesehenen Prüfungen zum Nachweis der Produkteigenschaften, die in jedem Fall in der Prüfbescheinigung aufgeführt werden müssen – ergänzende Prüfungen, die zwar nicht zum Qualitätsnachweis gehören, aber in der Prüfbescheinigung genannt werden sollen. Solche sogenannten informatorischen Prüfungen müssen ausdrücklich vereinbart sein. Sie werden dann üblicherweise in den Prüfbescheinigungen in Abstimmung mit dem Abnahmebeauftragten gesondert gekennzeichnet, z.B. durch ein „i" neben den Prüfwerten/-bedingungen (Bild 4.5). „Ungenügende" Prüfergebnisse gibt es für informatorische Prüfungen nicht, da die Erzeugnisspezifikation für das jeweilige Produkt insoweit keine Qualitätsanforderung stellt, für die die informatorisch durchgeführte Prüfung relevant wäre. So ist z.B. für die Stahlgüte S355J2+N ein Zähigkeitsnachweis bei –20 °C durch den Kerbschlagbiegeversuch durchzuführen und im Abnahmeprüfzeugnis zu testieren. Eine testierte Kerbschlagprüfung bei –40 °C wäre demgegenüber nur rein informatorisch, da sie für den Qualitätsnachweis eines S355J2+N nicht notwendig ist.

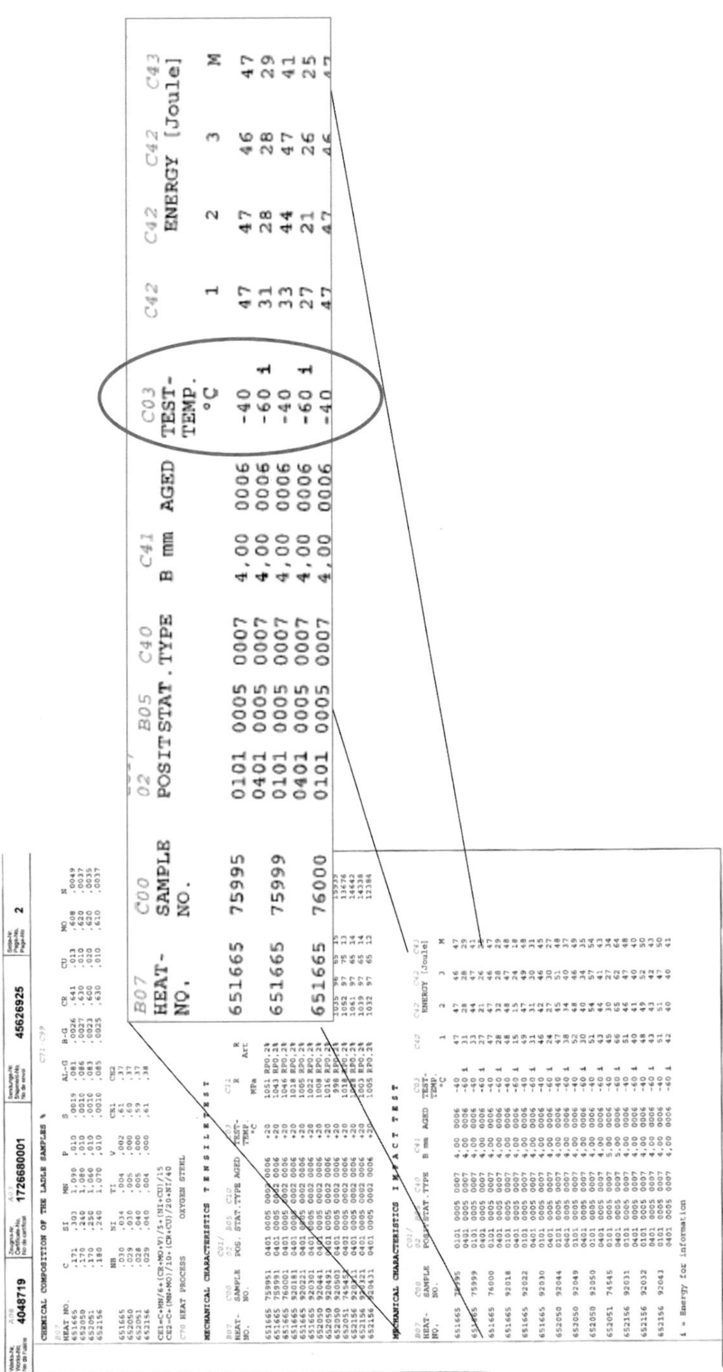

B07 HEAT-NO.	C00 SAMPLE NO.	C01/02 POSIT	B05 STAT.	C40 TYPE	C41 B mm	AGED	C03 TEST-TEMP. °C	C42 ENERGY [Joule] 1	C42 2	C42 3	C43 M
651665	75995	0101	0005	0007	4,00	0006	-40	47	47	46	47
		0401	0005	0007	4,00	0006	-60 i	31	28	28	29
651665	75999	0101	0005	0007	4,00	0006	-40	33	44	47	41
		0401	0005	0007	4,00	0006	-60 i	27	21	26	25
651665	76000	0101	0005	0007	4,00	0006	-40	47	47	46	47

Bild 4.5 Kennzeichnung informatorischer Prüfungen in Prüfbescheinigungen durch Vermerk mit einem "i"

Häufig werden solche informatorischen Prüfungen vom Handel gefordert. Sie geben Auskunft dazu, ob die betreffende Stahlgüte des gelieferten Erzeugnisses gegebenenfalls auch die Forderungen anderer (meist höherer) Stahlgüten erfüllt. Beispiel: Bestellt wird ein Grobblech der Güte S690QL mit einer Zähigkeitsprüfung bei -40 °C gemäß DIN EN 10025-6 zusammen mit einer „informatorischen Prüfung“ bei -60 °C. Dem Ergebnis dieser informatorischen Prüfung kann der Besteller entnehmen, ob das gelieferte Blech gegebenenfalls auch die Forderungen der höherwertigeren Güte S690QL1 erfüllt. Auf diese Weise bilden die Resultate aus informatorischen Prüfungen die Basis für etwaige nachträgliche Aufwertungen für das Erzeugnis beim Hersteller.

Angabe von Resultaten der mechanischen und chemischen Prüfung. Prüfergebnisse **müssen** mit derselben Stellenanzahl, wie in der Erzeugnisspezifikation angegeben, genannt werden. Falls Prüfergebnisse zu runden sind, sind die Angaben der Prüfnormen oder der ISO 31-0, Anhang B, Regel B, zu beachten. Bei der Erstellung der Prüfbescheinigungen müssen daher vielfach Angaben aus dem Stahlwerk zur chemischen Zusammensetzung gerundet werden, da diese mit mehr Stellen, zumeist drei Nachkommastellen, in der Messung anfallen. Insbesondere bei der Angabe von Mikrolegierungsgehalten ist dies wichtig und hat praktische Konsequenzen. Wird beispielsweise in der Erzeugnisspezifikation eine Max.-Grenze von 0,020 % Nb gefordert, so muss das Stahlwerk diesen Wert in der Stahlerzeugung einhalten. Ist die Max.-Grenze in der Erzeugnisspezifikation mit 0,02 % Nb angegeben, so darf das Stahlwerk bis max. 0,024 % Nb im Stahl legieren. Dies eröffnet dem Stahlhersteller bei voller Einhaltung der Erzeugnisspezifikation mehr Gestaltungsfreiheit.

Bedeutung der mechanisch-technologischen Prüfergebnisse. Die mechanisch-technologischen Eigenschaften eines Erzeugnisses, also z. B. dessen Festigkeit oder Zähigkeit, werden jeweils nur an einer bestimmten Stelle des Erzeugnisses geprüft. Hier lässt sich als Beispiel Breitband und Walzdraht heranziehen: Nach Abschnitt 9.2.1.2 der DIN EN 10025-1 ist bei Breitband und Walzdraht der Probenabschnitt in *„angemessenem Abstand vom Ende des Erzeugnisses“* zu entnehmen. Das Prüfergebnis gilt demnach streng genommen nur für diese Probe und diese bestimmte Stelle im Erzeugnis. Für das Beispiel Grobblech gilt Folgendes: Wird bei Grobblechen für die spezifische Prüfung die Probe am Kopf einer Walztafel genommen, so liefert die Prüfung keine Aussage über Eigenschaften am Blechfuß oder der Blechmitte oder einer anderen Stelle des geprüften Bleches. In der Praxis ist das Blech nicht immer homogen. Deshalb können die Prüfergebnisse je nach geprüfter Position im Blech/Band variieren, dies nicht zuletzt auch durch die jeweils vorliegende Prüfungenauigkeit. Dabei können durchaus merkliche Unterschiede in den Eigenschaftswerten von Prüfposition zu Prüfposition vorliegen. Bei losweiser Prüfung liefert die Prüfung des Probebleches dann auch keine Aussage über die spezifischen Eigenschaften der einzelnen ungeprüften Losbleche.

Für den Stahlhandel und die Stahlverarbeitung ist die Kenntnis der in der jeweiligen Erzeugnisspezifikation festgelegten Regeln für die Probenahme daher unerlässlich. Gegebenenfalls sollten hierzu besondere Vereinbarungen getroffen werden. Vergleiche z. B. Abschnitt 10 der DIN EN 10028-2:2009: *„Für den Kerbschlagbiegeversuch kann abweichend von DIN EN 10028-1:2007+A1:2009, Tabelle 3, Fußnote f die Fertigung von Proben, die aus der Mitte der Erzeugnisdicke entnommen wurden, bei der Anfrage und Bestellung vereinbart werden. In diesem Fall sind auch die Prüftemperaturen und die Mindestwerte der Kerbschlagarbeit zu vereinbaren."*

Nutzung von Ergebnissen aus Berechnungsmodellen. Bei der Prüfung von Eigenschaftsmerkmalen wird in der Regel die Bestimmung der Kenngrößen durch Messung an Proben aus den produzierten Erzeugnissen (Bleche, Warmbänder) angewendet. Verfahren und Vorgehen sind in den jeweiligen Erzeugnisspezifikationen bzw. der DIN EN 10021 festgelegt. Zunehmende Bedeutung bei der Qualitätsbewertung von warmgewalzten Flacherzeugnissen gewinnen jedoch Methoden zur Vorausberechnung mechanisch-technologischer Eigenschaften mittels Computermodellen (siehe hierzu Teil A, Abschnitt 6.5.6). Ein derartiges Prozedere würde nicht nur den Prüfaufwand deutlich reduzieren, sondern würde auch einen umfassenderen Überblick über die Materialeigenschaften liefern, da derartige Modelle alle verfügbaren Daten verwenden können, die während der Produktion ermittelt wurden. Konventionelle Materialprüfungen stellen dagegen grundsätzlich nur eine Stichprobenprüfung zum Zeitpunkt der Probennahme dar und dies auch nur für den jeweiligen Entnahmeort der Proben.

Die Prüfpraxis wendet jedoch derartige Methoden für die Ermittlung mechanisch-technologischer Eigenschaften für die Ausstellung von Prüfbescheinigungen nur zögerlich an. Das liegt daran, dass die geltenden Erzeugnisspezifikationen wie z. B. die EN 10025er-Reihe oder die „Rules" der Klassifikationsgesellschaften bzw. die daraus abgeleiteten Lieferspezifikationen von Kunden/Bestellern durchweg auf die konventionelle Materialprüfung zurückgreifen. Das schließt jedoch die Vereinbarung des Computer-Modellings zwischen Besteller und Hersteller nicht aus. Daneben wird derzeit auf internationaler Fachebene daran gearbeitet, die Anforderungen und Rahmenbedingungen an derartige Modelle für den Einsatz als „Ersatzverfahren" für die konventionelle Werkstoffprüfung zu formulieren. Insgesamt ist hierfür eine stetige Begleitung der Modellrechnungen mit klassischen konventionellen Werkstoffprüfungen wichtig. Wesentliche Aspekte sind:

- Der Anwendungsbereich der Modelle hinsichtlich Stahlzusammensetzung und Prozessbedingungen muss dokumentiert werden.
- Der Hersteller ist für die Richtigkeit und Zuverlässigkeit der modellierten Ausgabedaten verantwortlich. Er muss die erforderlichen Maßnahmen ergreifen, um die Genauigkeit des Modells zu bestimmen und die zulässigen Lücken zu

definieren. Darüber hinaus muss der Hersteller durch geeignete vergleichende konventionelle Tests nachweisen, dass das erforderliche Konfidenzniveau für den gesamten Anwendungsbereich des Modells erreicht wird.

- Vor dem standardmäßigen Einsatz der Modelle müssen diese durch den Hersteller verifiziert und mit Unterstützung einer unabhängigen Stelle validiert werden. Dabei werden Modellberechnungen im Vergleich zu entsprechenden Messwerten und deren Abweichung voneinander betrachtet. Die Bewertung der Genauigkeit erfolgt unter Einbeziehung statistischer Kenngrößen aus der Modellentwicklung wie Standardabweichung, Konfidenzbereiche und Korrelationskoeffizienten gemessener/gerechneter Werte.
- Der Nachweis der Funktionsfähigkeit der Modelle (Validierung) muss durch eine unabhängige Stelle erbracht werden. Dieser Validierungsprozess muss über einen Zeitraum von einem Jahr erfolgen. Hier müssen in einem stetigen Prozess alle Ergebnisgrößen der Modellierung aus Berechnungen zur laufenden Produktion mit entsprechenden Messergebnissen verfolgt und abgeglichen werden. Funktionalität, Verlässlichkeit, Verfügbarkeit und Genauigkeit der Modellrechnungen werden so über einen langen Zeitraum überprüft.
- Im Einsatz befindliche Modelle müssen stetig überprüft werden, um sicherzustellen, dass die gerechneten Werte mit entsprechenden Messergebnissen aus konventioneller Werkstoffprüfung ausreichend genau übereinstimmen. Die Methoden der konventionellen Werkstoffprüfungen müssen dabei den Vorgaben der jeweiligen Erzeugnisspezifikationen entsprechen.
- Die Bedingungen für einen Stopp von Modellrechnungen für die Ermittlung von Eigenschaftsmerkmalen (einschließlich der Grenzbedingungen für zulässige/unzulässige Abweichungen) werden durch den Hersteller und Modellverantwortlichen festgelegt. Ein Abbruch erfolgt zumeist, wenn unzulässige Abweichungen zwischen gemessenen und gerechneten Eigenschaftswerten auftreten. Wird der Einsatz von Modellrechnungen gestoppt, tritt an ihre Stelle die konventionelle Werkstoffprüfung, bis die Ursachen für die Abweichungen geklärt und abgestellt sind (sogenannte *corrective action*).

4.2 Hersteller

„2.3 Hersteller

Organisation, die die jeweiligen Erzeugnisse entsprechend den Anforderungen der Bestellung mit den Eigenschaften entsprechend der Erzeugnisspezifikation herstellt“

Anmerkungen

Nach Abschnitt 2.3 ist „Hersteller“ im Sinne der DIN EN 10204

- eine Organisation, also in der Regel eine juristische Person wie GmbH oder AG,
- die das jeweilige Erzeugnis herstellt, und zwar
- entsprechend den Anforderungen, d.h. Vereinbarungen in der Bestellung sowie
- mit den Eigenschaften entsprechend der Erzeugnisspezifikation, d.h. der zuständigen Norm oder einem anderen Regelwerk wie den DVGW-Merkblättern.

Damit definiert die DIN EN 10204 nicht den „Hersteller“, sondern setzt dessen Begriff voraus. Seine Definition und Abgrenzung zu anderen Organisationen beim Absatz von Stahlerzeugnissen wie z.B. Händlern, Stahlservice-Centern (SSC), Brenn-/Schneidbetrieben oder Stahlverarbeitern hängt davon ab, ob man den Begriff des „Herstellers“ eher eng oder weit fasst.

Die „enge“ Definition steht in engem Bezug zur Erzeugnisspezifikation (Abschnitt 2.5): Nur wer in der Lage ist, das betreffende Erzeugnis gemäß der dafür geltenden Erzeugnisspezifikation, also insbesondere den einschlägigen Normen, herzustellen und zu prüfen, kann als dessen „Hersteller“ im Sinne der DIN EN 10204 angesehen werden und ist zur Ausstellung von Prüfbescheinigungen nach dieser Norm berechtigt. Diese „enge“ Definition umfasst zunächst den Hersteller des betreffenden Stahlerzeugnisses an sich, also das Hütten- und Walzwerk. Nur diese Organisation ist in der Lage, der jeweiligen Schmelze Proben zu entnehmen und zu dokumentieren. Damit würden alle anderen Absatzorganisationen aus dem Kreis derer ausscheiden, die Prüfbescheinigungen nach DIN EN 10204 ausstellen können. Gelegentlich wird auch gesagt, „Hersteller“ im Sinne der DIN EN 10204 sei nur derjenige, der die letzte Wärmebehandlung an dem Erzeugnis vornimmt.

Eine eher „weite“ Definition des Herstellers knüpft an das Merkmal der „technischen Anforderungen“ (engl. *technical requirements*) in Abschnitt 2.5 der DIN EN 10204 an und betrachtet jede Organisation als „Hersteller“, die in der Lage ist, das betreffende Erzeugnis entsprechend diesen Anforderungen herzustellen und zu prüfen, wobei der Begriff der „Herstellung“ jeden Schritt vom Roh- über das Halbzeug bis zum Fertigerzeugnis aus Stahl umfasst. Diese Definition würde die sogenannten Stahlservice-Betriebe einschließen, die Stahlbänder (Coils) längs- und querteilen, denn dieser Prozess beeinflusst fraglos die „technischen Anforderungen“ des Ausgangsprodukts (Coil) insoweit, als es dessen Abmessungen ändert, aber – z.B. durch das Richten – auch dessen Ebenheit und unter Umständen Oberfläche sowie gegebenenfalls auch dessen mechanisch-technologische Eigenschaften als Folge der Plastifizierung durch das Richten (Bauschinger-Effekt). Das betrifft aber auch die Brenn- und Schneidbetriebe, deren Tätigkeit– infolge der Wärmeeinwirkung – unter Umständen auch den metallurgischen Zustand des bearbeiteten Erzeugnisses beeinflussen können.

Welche der beiden Definitionen gilt, muss jeweils aus der für das zu prüfende Erzeugnis geltenden Norm beantwortet werden: Gilt für das betreffende Erzeugnis eine bestimmte Norm, in der Regeln für die Prüfung und Prüfbescheinigung festgelegt sind, so ist nach diesen Regeln zu verfahren, und der Aussteller der Prüfbescheinigung ist insoweit „Hersteller". So gibt z. B. die DIN EN 10305-6 in Abschnitt 9 ausführliche Prüfschritte für bestimmte Präzisionsstahlrohre vor und legt in Abschnitt 9.2 sowohl die Art als auch den Inhalt von Prüfbescheinigungen für solche Erzeugnisse fest, wobei es nicht darauf ankommt, ob durch die Herstellung der Rohre deren metallurgischer Zustand verändert wird. Von daher ist der Satz: *„Hersteller im Sinne der DIN EN 10204 ist nur derjenige, der die letzte Wärmebehandlung an dem Erzeugnis vornimmt,"* sicher falsch, denn die ANMERKUNG zu Abschnitt 6 der DIN EN 10021, auf die sich diese Behauptung offenbar stützt (*„Jede Organisation, die bei der Weiterverarbeitung den metallurgischen Zustand des Erzeugnisses verändert, gilt auch als Hersteller."*), macht durch die Verwendung des Wortes „auch" klar, dass es neben der Veränderung des metallurgischen Zustands von Stahlerzeugnisse auch andere Kriterien zur Bestimmung des „Herstellers" gilt. „Metallurgisch" ist jeder Prozess zur Verhüttung und Veredelung von Metallen im Wege der Umformung oder Wärmebehandlung, d. h. die Veränderung dessen Mikrostruktur und damit dessen innerer Eigenschaften. Ein solcher Prozess bestimmt in jedem Fall den Hersteller, aber eben nicht ausschließlich.

Daraus folgt:

Stahlhersteller als Hersteller. Hersteller im Sinne der DIN EN 10204 ist damit immer der Stahlhersteller, also das Hütten- oder Walzwerk. Dementsprechend bestimmt Abschnitt 6 der DIN EN 10021 (*„Lieferung durch einen Händler"*), dass, wenn ein Erzeugnis durch einen Händler geliefert wird, dieser dem Besteller die Bescheinigungen des Herstellers, ohne sie zu verändern, beifügen muss.

Beispiel (nach Abschnitt 4.2.2 der EN 10025-2): Bestellt wird ein Baustahl (S) mit einer vereinbarten Mindeststreckgrenze bei Raumtemperatur von 355 MPa mit einem Mindestwert der Kerbschlagarbeit von 27 J bei 0 °C (J0) und Eignung zum Abkanten (C), Lieferzustand normalisierend gewalzt oder normalgeglüht (N) = Stahl 10025-2-S355J0C+N. Hier sind die Eigenschaften des Stahls in der EN 10025-2 festgelegt, aber auch die Bedingungen der Prüfung (Abschnitt 8), der Vorbereitung von Probeabschnitten, der Proben (Abschnitt 9) und des Prüfverfahrens (Abschnitt 10). Diese technischen Anforderungen der Herstellung und Prüfung kann allein das Herstellerwerk einhalten und in Form einer Prüfbescheinigung nach DIN EN 10204 testieren.

Ein Stahlhersteller bleibt auch dann „Hersteller" nach Abschnitt 2.3, wenn und soweit er Teile seiner Produktion auf andere Hersteller ver- und auslagert, wie in folgendem Beispiel: Stahlhersteller A erhält einen Auftrag zur Fertigung von Grobblechen. Die zur Einstellung der Eigenschaften notwendigen Prozessschritte (z. B.

die Wärmebehandlung) kann er aus Kapazitätsgründen nicht selbst durchführen und beauftragt daher den Stahlhersteller B mit der Durchführung nach seinen Vorgaben. A liefert die bei ihm gewalzten Rohbleche an B, der diese nach den eigenschaftsrelevanten Fertigungsschritten an A zurückliefert. A richtet die Bleche zu, prüft sie, stellt Prüfbescheinigungen „3.1“ aus und liefert die Bleche seinem Kunden K.

Diese Vorgehensweise ist korrekt. A bleibt auch dann „Hersteller“ im Sinne von Abschnitt 2.3, wenn er Teile seiner Produktion auf andere Unternehmen wie das von B überträgt. Die Norm fordert nicht, dass ein „Hersteller“ das geprüfte Erzeugnis selbst, also in seinem eigenen Betrieb, hergestellt hat, um eine entsprechende Prüfbescheinigung auszustellen. Dies zeigt schon ein Blick in Absatz 4 von Abschnitt 4.1 der DIN EN 10204, der den Fall der sogenannten vertikalen Arbeitsteilung regelt, in dem ein Hersteller Vormaterialien bzw. Vorerzeugnisse anderer Hersteller zur Herstellung seines Erzeugnisses verwendet, wobei er die Rückverfolgbarkeit sicherstellen und entsprechende Prüfbescheinigungen des Vorlieferanten archivieren muss. Nichts Anderes kann für den im Beispiel gegebenen Fall der sogenannten horizontalen Arbeitsteilung gelten. Auch hier muss sich der Hersteller A durch Vorlage der entsprechenden Prüfbescheinigung von B über die Einhaltung der geforderten Werte bei der Wärmebehandlung Gewissheit verschaffen und kann dann entweder diese Werte in seine Prüfbescheinigung übernehmen oder die Prüfbescheinigung von B an seine eigene anhängen.

Rechtlich ist B „Erfüllungsgehilfe“ von A im Sinne von § 278 Satz 1 BGB, also einer Person, *„deren er sich zur Erfüllung seiner Verbindlichkeit bedient“* und für dessen Verschulden er gegenüber seinem Kunden haftet wie für eigenes Verschulden. Dagegen hat der Kunde K ausschließlich Rechte gegenüber seinem Vertragspartner A, nicht aber gegenüber B, selbst wenn dessen Prüfbescheinigung derjenigen von A angehängt worden sein sollte.

Stahlverarbeiter als Hersteller. Die von den Stahlherstellern gefertigten Erzeugnisse sind zumeist Halbzeuge, die einer Weiterverarbeitung zu fertigen Endprodukten unterzogen werden müssen. Damit sind neben den Stahlherstellern auch Röhrenwerke, Schmieden, Drahtwerke, Schneid- und Brennbetriebe sowie Wärmebehandlungsbetriebe „Hersteller“, wenn und soweit durch die Verarbeitungsprozesse der metallurgische Zustand des Erzeugnisses verändert wird.

Klassisches Beispiel sind Betriebe zur Fertigung von Böden für Druckbehälter: Die aus Grobblechen hergestellten Behälterböden werden häufig durch Warmumformen hergestellt, wodurch der metallurgische Zustand des Bleches verändert wird. Dementsprechend sind diese Betriebe immer auch Hersteller im Sinne der DIN EN 10204 und können demnach Prüfbescheinigungen im Zusammenhang mit den geltenden Erzeugnisnormen für warmumgeformte Böden nach Abschnitt 4.9 der DIN 28011 ausstellen.

Entsprechendes gilt für solche Betriebe, die zwar nicht den metallurgischen Zustand, aber andere „technische Anforderungen" des Erzeugnisses verändern. Sie gelten ebenfalls als „Hersteller" im Sinne von Abschnitt 2.3 der DIN EN 10204, wenn und soweit die für diese (Verarbeitungs-)Erzeugnisse geltenden Normen Bedingungen für die Prüfung und deren Bescheinigung festlegen. Ein Beispiel sind Hersteller von kaltgefertigten Quadrat- und Rechteckrohren nach DIN EN 10210-1: Die Abschnitte 7 bis 9 dieser Norm enthalten detaillierte Vorgaben zur Prüfung, Probennahme und zu Prüfverfahren einschließlich Arten der Prüfbescheinigungen. Damit gelten sie als „Hersteller" nach Abschnitt 2.3 der DIN EN 10204.

Maßgebend für den Inhalt der entsprechenden Prüfbescheinigungen sind also stets die für das Endprodukt geltenden Normen. Prüfergebnisse, die auf der Grundlage spezifischer Prüfungen des Stahlherstellers am Vormaterial bzw. an den Vorerzeugnissen gemäß der Erzeugnisnorm übernommen werden können, sind gemäß Abschnitt 4.1 bzw. Abschnitt 4.2 der EN 10204 in das jeweilige Abnahmeprüfzeugnis 3.1 bzw. 3.2 einzufügen. Ein Beispiel ist die Herstellung von geschweißten Rohren mit Druckbeanspruchungen. Hier gelten nach Abschnitt 8.2.1 der DIN EN 10217-1 für die Schmelzenanalyse die vom Stahlhersteller gelieferten Werte, die andererseits den Anforderungen der Norm (Tabelle 2 der DIN EN 10217-1) entsprechen müssen.

Brenn- und Schneidbetriebe als Hersteller. Anders liegen die Verhältnisse bei Brenn- und Schneidbetrieben, die gelieferte Stahlerzeugnisse aus warmgewalzten Flachprodukten zu Kleinteilen schneiden oder brennen und gegebenenfalls noch mechanisch anarbeiten. Diese Betriebe sind nicht Hersteller gemäß DIN EN 10204, da der metallurgische Zustand der Erzeugnisse mit Ausnahme der unvermeidbaren Wärmeeinflusszonen an den Brenn- bzw. Schneidkanten nicht geändert wird und für ihre Erzeugnisse keine Erzeugnisspezifikation und zugehörige Prüfvorschriften vorliegen.

Abtafelbetriebe als Hersteller. Entsprechendes gilt im Grundsatz für sogenannte Abtafelbetriebe oder Stahlservice-Center (SSC), die Warmbänder (Coils) zu Bandblechen querteilen („abtafeln"). Zwar mag das Abtafeln die mechanisch-technologischen Eigenschaften der Bandbleche in deren Randzonen beeinflussen, mangelt es jedoch an genormten Prüfregeln für die Bandbleche, können die SSC in diesem Fall auch nicht „Hersteller" im weiteren Sinne gemäß DIN EN 10204 sein, selbst wenn sie diese Eigenschaften (nochmals) prüfen.

Anders verhält es sich allerdings dann, wenn und soweit eine Norm Vorgaben für bestimmte Eigenschaften für Bandbleche enthält. So enthalten z. B. die Teile 2 bis 6 der DIN EN 10025er-Normenreihe in Abschnitt 7.5 und Abschnitt 7.7 Vorgaben sowohl für die Oberflächenbeschaffenheit als auch für die Grenzabmaße von Blechen aus warmgewalztem Band. Diese Eigenschaften kann nur das SSC prüfen; es ist also insoweit „Hersteller" im Sinne von Abschnitt 2.3 der DIN EN 10204 und daher zur Ausstellung von Prüfbescheinigungen 3.1 berechtigt. Dabei kann es nach Abschnitt 4.1, Absatz 4 der Norm in diese Bescheinigung Prüfergebnisse für die mechanisch-technologischen Eigenschaften übernehmen, die auf der Grundlage spezifischer Prüfungen des von ihm verwendeten Vormaterials (Warmband) ermittelt wurden. Es darf diese Ergebnisse nicht durch solche aus eigenen Prüfungen ersetzen, wenn die Norm hierfür explizit Prüfungen durch den Hersteller des Warmbandes vorsieht, so z. B. in den Teilen 2 bis 6 der DIN EN 10025. Es spricht allerdings nichts dagegen, dass das SSC Ergebnisse seiner eigenen Prüfungen seinem Abnehmer (Kunden) - z. B. auf einem separaten Blatt - mitteilt und deutlich als solche kennzeichnet. Ein solches Vorgehen ist auch zweckmäßig: Die in den Prüfbescheinigungen des Warmbandherstellers ausgewiesenen Werte für die mechanisch-technologischen Eigenschaften entstammen in aller Regel - falls nichts Anderes zwischen Hersteller und SSC vereinbart ist - dem Walzende (Coilanfang) des Ausgangscoils; denn z. B. nach Abschnitt 9.2.2.2 der DIN EN 10025-1 ist bei Breitband der Probenabschnitt in angemessenem Abstand vom Ende des Erzeugnisses zu entnehmen. Die in den Prüfbescheinigungen der Hersteller mitgeteilten mechanisch-technologischen Werte müssen aber nicht mit den tatsächlichen Werten der (abgetafelten) Bleche übereinstimmen. In der Praxis werden in diesen Fällen häufig auf dem entsprechenden Lieferschein des SSC die Resultate der Prüfungen des SSC zu Grenzabmaßen und Oberflächenbeschaffenheit vermerkt und dem Kunden gemeinsam mit der Prüfbescheinigung des Warmbandherstellers ausgehändigt. Das SSC kann aber auch eine eigene Prüfbescheinigung mit ihren Prüfungen ausstellen und diese gegebenenfalls gemeinsam mit der Prüfbescheinigung des Warmbandherstellers aushändigen.

Das Vorgesagte gilt dort entsprechend, wo das SSC die Bandbleche nach einer (vertraglich vereinbarten) Erzeugnisspezifikation seines Abnehmers (Kunden) liefert, die detaillierte technische Anforderungen an die Erzeugnisse vorgibt. Dies gilt insbesondere bei Liefervorschriften für Bandbleche, die sowohl Vorgaben zur Oberflächenbeschaffenheit als auch zu den mechanisch-technologischen Eigenschaften enthalten. Die Ergebnisse solcher Prüfungen kann in der Regel nur das SSC ermitteln (lassen) und entsprechend vollständig bescheinigen. Dies gilt erst recht als „Hersteller", wenn durch das Abtafeln und Richten auch noch die mechanisch-technologischen Eigenschaften final eingestellt werden.

Abschnitt 4.1 der DIN EN 10204 verpflichtet den Aussteller eines 3.1-Prüfzeugnisses (anders als Abschnitt 6 den Händler) nicht zur Weitergabe des Originals (oder einer Kopie) des Zeugnisses des Warmbandherstellers; er muss lediglich gewährleisten, dass *„er Verfahren zur Sicherstellung der Rückverfolgbarkeit anwendet und die entsprechende Prüfbescheinigung vorlegen kann."* Es ist aber zweckmäßig, das Vormaterialzeugnis dem eigenen in Kopie beizufügen.

Dies führt – zusammengefasst – zu folgenden Erkenntnissen:

- Das SSC ist Hersteller im Sinne der DIN EN 10204 und kann daher Prüfbescheinigungen nach dieser Norm erstellen. Dies gilt immer dann, wenn eine Norm oder kundenspezifische Erzeugnisspezifikation Vorgaben für bestimmte Eigenschaften für Bandbleche enthalten.
- Art und Umfang der Prüfungen und Bescheinigungen richten sich nach den zuständigen Normen und anderen eventuell vereinbarten Erzeugnisspezikationen, wie z. B. Liefervorschriften der Abnehmer (Kunden).
- Das SSC darf in seine Prüfbescheinigungen Prüfergebnisse des Herstellers des Ausgangscoils übernehmen, jedoch nicht durch eigene ersetzen, wenn die entsprechenden Normen dies vorschreiben. In diesen Fällen darf das SSC über die eigenen Prüfergebnisse eine Bescheinigung ausstellen und sie seinem Abnehmer (Kunden) mitteilen, allerdings nicht in einer Bescheinigung nach DIN EN 10204. Es spricht andererseits nichts dagegen, solche Bescheinigungen „in Anlehnung" an die DIN EN 10204 auszustellen und entsprechend zu kennzeichnen. In solche Bescheinigungen sollten – zwecks Vermeidung von Streitigkeiten – keinesfalls Werte aus der Prüfbescheinigung des Bandherstellers übernommen werden.

Die Definition des Herstellers in Abschnitt 2.3 der DIN EN 10204 ist auf diese Norm und verwandte Normen beschränkt und ist nicht auf andere, insbesondere nicht auf gesetzliche Regelwerke und Tatbestände anwendbar. So gilt z. B. für die Produkthaftung nach dem PHG ausschließlich die dortige Definition in § 4 PHG.

4.3 Händler

„2.4 Händler

Organisation, die Erzeugnisse von einem Hersteller erhält und diese ohne weitere Bearbeitung weitergibt oder, wenn bearbeitet, ohne Veränderung der und in der der Bestellung zugrunde liegenden Erzeugnisspezifikation festgelegten Eigenschaften"

Anmerkungen

Die **Definition des Händlers** im Sinne der DIN EN 10204 steht im engen Zusammenhang mit der des Herstellers nach Abschnitt 2.3: Während dieser das Erzeugnis entsprechend der dafür geltenden Erzeugnisspezifikation herstellt bzw. verändert (siehe Teil B, Abschnitt 4.3), definiert sich der Händler danach, ob er das Erzeugnis ohne oder mit Bearbeitung gibt. Gibt er es unbearbeitet weiter, ist er

Händler. Gibt er es bearbeitet weiter, ist er nur dann Händler, wenn er dadurch nicht die Erzeugnisspezifikation verändert, sonst gilt er als Hersteller. Diese Abgrenzung ist auf den Anwendungsbereich der DIN EN 10204 und verwandte Normen beschränkt und nicht auf andere, insbesondere nicht auf rechtliche Tatbestände und Regelungen, anwendbar.

Händler im weiteren Sinne (in der englischen Ausgabe treffender als *intermediary*, d. h. „Mittelsmann", bezeichnet) sind demnach alle Organisationen im Absatzprozess von Stahlerzeugnissen, unter bestimmten Randbedingungen also auch die sogenannten Stahlservice-Center (SSC), die Stahlbänder (Coils) längs- und querteilen, und alle weiteren Anarbeitungsbetriebe. In diesem Sinne reicht der Händler die Produkte ohne eigenschaftsverändernde Ver- oder Bearbeitungsschritte an Kunden bzw. Weiterverarbeiter weiter.

Prüfung von Erzeugnissen und Ausstellung von Prüfbescheinigungen durch Händler. Es hindern weder die EN 10204 noch gesetzliche Vorschriften den Händler oder andere Zwischenpersonen in der Vertriebskette daran, die gehandelten Produkte, sei es im unveränderten, sei es im be- oder verarbeiteten Zustand, zu prüfen und die Prüfergebnisse zu bescheinigen. Zur Vermeidung von Missverständnissen sollten solche Bescheinigungen aber nicht Bezeichnungen der EN 10204 tragen, sondern sich allenfalls daran anlehnen, z. B. durch die Verwendung der Bezeichnung „Prüfbescheinigung entsprechend Werkszeugnis 2.2" (bei Mitteilung statistischer Werte) oder „Prüfbescheinigung entsprechend Abnahmeprüfzeugnis 3.1" (bei Mitteilung geprüfter Werte).

4.4 Erzeugnisspezifikation

„2.5 Erzeugnisspezifikation

Gesamtheit der für den Auftrag zutreffenden technischen Anforderungen, festgelegt im Auftrag selbst und/oder durch Bezugnahme auf z. B. Regelwerke, Normen und andere Spezifikationen"

Anmerkungen

Die **Definition der Erzeugnisspezifikation** ist weit gefasst. Abschnitt 2.5 definiert sie als die „für den Auftrag zutreffenden technischen Anforderungen". Solche Anforderungen können entweder im Auftrag (= Liefervertrag) selbst enthalten oder durch die Bezugnahme auf „Regelwerke, Normen und andere Spezifikationen" festgelegt sein, d. h. Vertragsinhalt werden. Diese Definition stellt damit klar, dass – jedenfalls unter Geltung der DIN EN 10204 – sämtliche für ein Erzeugnis zutreffenden (einschlägigen) Regelwerke gelten, ohne dass der Vertrag hierauf ausdrücklich Bezug nehmen muss. Es reicht insoweit die sogenannte stillschweigende (konkludente) Vereinbarung, die zudem (zumindest gemäß dem deutschen Wortlaut, die englische Version bestimmt dagegen *written form*, also die Schriftform im Sinne von § 126 BGB!) keinem Formerfordernis unterliegt. Diese Feststellung ist wichtig für Art und Umfang der vorzunehmenden Prüfungen und auszustellenden Prüfbescheinigungen in Bezug auf das zu liefernde Erzeugnis. Diese Anforderungen werden in aller Regel allein durch die Bezeichnung des Erzeugnisses festgelegt. So gelten für einen Baustahl „S355JR“ im Wege der sogenannten „mittelbaren Vereinbarung“ (siehe Teil A, Abschnitt 4.1) automatisch die Anforderungen der DIN EN 10025-2 und damit auch die dortigen Regeln zu Prüfungen und Prüfbescheinigungen. Beispiele für Normen mit konkreter Vereinbarung von Art der Prüfbescheinigungen und Nachweisverfahren enthält Tabelle 4.1.

Der **Begriff der Erzeugnisspezifikation** umfasst damit sämtliche für das betreffende Erzeugnis geltenden Regelwerke (engl. *referenced regulations*). Das sind vor allem

- die Erzeugnisnormen, für Baustahl, z. B. die DIN EN 10025;
- die Maßnormen, also genormte Anforderungen an Grenzabmaße und Formtoleranzen von Stahlerzeugnissen;
- die vom Institut VDEh Düsseldorf herausgegebenen Stahl-Eisen-Blätter, nämlich die (Stahl-Eisen-)Prüfblätter (SEP), die Werkstoffblätter (SEW), die Lieferbedingungen (SEL) und Einsatzlisten (SEE). Einzelheiten hierzu siehe Teil A, Abschnitt 1.4;
- die sogenannten „Rules“ der Klassifikationsgesellschaften und die VdTÜV-Werkstoffblätter (siehe hierzu weiter unten die Anmerkungen zu Abschnitt 6);
- je nach Vertragssituation (auch) ausländische Normen, insbesondere US-amerikanische Normen nach ASTM;
- unter Umständen aber auch (und dann vorrangig) Sonderregelwerke von Großbetrieben wie Liebherr, Bosch, Deutsche Bahn.

So enthält z. B. die Bosch-Norm N28 ES7139 S001 (2012-11-16) für die Lieferung von Einsatzstählen aus legiertem Edelstahl 16MnCrS5 (Werkstoff-Nr. 1.7139) gemäß DIN EN 10084 zusätzliche Anforderungen u. a. zum Reinheitsgrad und schreibt in Abschnitt 11 vor, dass für jede Lieferung ein Abnahmeprüfzeugnis 3.1 nach DIN EN 10204 auszustellen ist. Dieses Zeugnis muss für den Fall, dass die betreffende Bosch-Norm vereinbart ist, den Anforderungen jener Norm entsprechen.

Ähnlich enthält der Deutsche Bahn-Standard (DBS) 918 002-01 (Januar 2010) technische Lieferbedingungen für warmgewalzte Erzeugnisse aus Baustählen nach

DIN EN 10025 sowie Stahlerzeugnisse nach anderen Normen für Schienenfahrzeuge sowie umfassende Bestell- und Anwendervorgaben und spezielle Anforderungen, die zum Teil von der DIN EN 10025 abweichen und für den Fall der vertraglichen Vereinbarung dieser Norm zu beachten und testieren sind.

Eine Besonderheit stellen die **Druckbehälterwerkstoffe** dar: Die Anforderungen an die für den Druckbehälterbau zugelassenen Stähle konkretisieren in Deutschland die AD 2000-Merkblätter. Dieses Regelwerk wird von den in der „Arbeitsgemeinschaft Druckbehälter" (AD) zusammenarbeitenden sieben Verbänden aufgestellt und vom TÜV Berlin herausgegeben. Es enthält alle grundlegenden Sicherheitsanforderungen, die nach der Druckgeräterichtlinie (DGRL) zu beachten sind (vgl. Teil A, Kapitel 5). Die Reihe „W" (für „Werkstoffe") enthält dabei detaillierte Anforderungen an Stähle, die für die Herstellung von Druckbehältern verwandt werden. Die Merkblätter beschreiben darüber hinaus die geforderte Art von Prüfungen und Prüfbescheinigungen für die einzelnen Werkstoffe, die für den Druckbehälterbau zugelassen sind, und beziehen sich häufig auf die vorangehend genannten DIN-Normen. Zugleich werden dadurch die AD 2000-Merkblätter in den Stand „amtlicher" Regeln (oder Vorschriften) gehoben, ohne allerdings den Charakter von Gesetzen anzunehmen. Zum besonderen Stellenwert der DIN EN 10204 im Zusammenhang mit der DGRL siehe Teil A, Kapitel 5. Eine Übersicht zu den AD 2000 W-Merkblättern gibt Tabelle 4.2.

Tabelle 4.1 Normen mit Vorgaben für Prüfbescheinigungen

Norm	Kurztitel	Abschnitt	Art der Prüfung	Prüfbescheinigung
10025-1	Warmgewalzte Baustähle – Allg. technische Bedingungen	8.1	optional	nach Maßgabe der Teile 2 bis 6
10025-2	Unlegierte Baustähle	8.1	optional	nach Vereinbarung
10025-3	Feinkornbaustähle	8.1	spezifisch	3.1/3.2
10025-4	Feinkornbaustähle	8.1	spezifisch	3.1/3.2
10025-5	Wetterfeste Baustähle	8.1	optional	nach Vereinbarung
10025-6	Hochfeste Baustähle	8.1	spezifisch	3.1/3.2
10028-1	Druckbehälterstähle	9.1.1	spezifisch	3.1/3.2
10083-2	Unlegierte Vergütungsstähle	8.1	nichtspezifisch[1)]	2.2
10083-3	Legierte Vergütungsstähle	8.2	nichtspezifisch[1)]	2.2
10084	Einsatzstähle	8.3	nichtspezifisch[1)]	2.2
10088-2	Nichtrostende Flachstähle	7.2	optional	nach Vereinbarung
10088-3	Nichtrostende Langerzeugnisse	7.2	optional	nach Vereinbarung

Tabelle 4.1 Normen mit Vorgaben für Prüfbescheinigungen *(Fortsetzung)*

Norm	Kurztitel	Abschnitt	Art der Prüfung	Prüfbescheinigung
10111	Warmerzeugnisse zum Kaltumformen	6	optional	nach Vereinbarung
10120	Flachstähle für geschweißte Gasflaschen	8.1	spezifisch	3.1/3.2
10149	Hochfeste Stähle zu Kaltumformen	8.8	spezifisch	3.1
10207	Stähle für einfache Druckbehälter	8.2.1.1	nichtspezifisch[1)]	2.2
10225	Baustähle für Offshore-Konstruktionen	9.1	spezifisch	3.1/3.2

[1)] falls nichts anderes vereinbart

Tabelle 4.2 Übersicht der AD-Werkstoffblätter

Merkblatt	Ausgabe	Titel
W 0	Juli 2006	Allgemeine Grundsätze für Werkstoffe
W 1	Juli 2006	Flacherzeugnisse aus unlegierten Stählen
W 2	Februar 2008	Austenitische Stähle
W 3/1	Oktober 2000	Gußeisenwerkstoffe - Gußeisen mit Lamellengraphit (Grauguß), unlegiert und niedriglegiert
W 3/2	Oktober 2000	Gußeisenwerkstoffe - Gußeisen mit Kugelgraphit, unlegiert und niedriglegiert
W 3/3	Januar 2003	Gußeisenwerkstoffe - Gußeisen mit Kugelgraphit, unlegiert und niedriglegiert
W 4	Mai 2008	Rohre aus unlegierten und legierten Stählen
W 5	März 2009	Stahlguß
W 6/1	Januar 2003	Aluminium und Aluminiumlegierungen: Knetwerkstoffe
W 6/2	März 2009	Kupfer und Kupfer-Knetlegierungen
W 7	Mai 2008	Schrauben und Muttern aus ferritischen Stählen
W 8	Mai 2004	Plattierte Stähle
W 9	Juli 2009	Flansche aus Stahl
W 10	November 2007	Werkstoffe für tiefe Temperaturen: Eisenwerkstoffe
W 12	Juli 2003	Nahtlose Hohlkörper aus unlegierten und legierten Stählen für Druckbehältermäntel
W 13	November 2008	Schmiedestücke und gewalzte Teile aus unlegierten und legierten Stählen

Zur Erzeugnisspezifikation zählen schließlich auch die **Werkstoffdatenblätter**, erstellt und herausgegeben von Stahlherstellern. Sie fassen bestimmte, für die Anwendung der betreffenden Stahlsorte und -güte wesentliche mechanische und chemische Eigenschaften zusammen, informieren darüber hinaus über gleichwertige und vergleichbare Normgüten und enthalten Empfehlungen für die Verarbeitung und den Einsatzbereich der betreffenden Sorte und Güte. Diese herstellerspezifischen Erzeugnisspezifikationen nehmen dabei vielfach Bezug auf nationale und internationale Normen. Die jeweiligen Erzeugnisse werden ebenfalls hinsichtlich ihrer Merkmale, nämlich ihrer chemischen Zusammensetzung sowie ihren mechanisch-technologischen Eigenschaften, gekennzeichnet und erhalten sogenannte Markennamen zur Identifizierung der Werkssondergüte. Bild 4.6 zeigt beispielhaft den Aufbau eines entsprechenden herstellerbezogenen Werkstoffblattes für eine Werkssondergüte.

Normative Erzeugnisspezifikationen mit Modifikationen. Nicht immer werden bei der Bestellung Stahlerzeugnisse in voller Übereinstimmung mit DIN/EN-Erzeugnisnormen oder herstellerbezogenen Werkstoffblättern vereinbart. Häufig fordern Besteller Varianten aus den gängigen Erzeugnisnormen. Beispiel: Bestellt wird ein Stahl der Güte P355GH nach DIN EN 10028-2, jedoch mit einer Mindestkerbschlagarbeit von 70 J bei −40 °C anstelle der in der Norm vorgesehenen min. 27 J bei −20 °C sowie bei der chemischen Zusammensetzung maximal 1,00 % Mn anstelle des Normwertes von mindestens 1,10 % Mn. Mit diesen Werten kann die Stahlgüte in der Prüfbescheinigung nicht mehr als P355GH bezeichnet werden. In solchen Fällen hilft sich die Praxis damit, die Stahlgüte mit „xxx mod" zu bezeichnen, im vorangehend genannten Beispiel also als „P355GH mod". Dementsprechend lautet die Erzeugnisspezifikation in der Prüfbescheinigung dann „in Anlehnung an DIN EN 10028-2".

Diese Praxis öffnet einen Spielraum für Kombinationen unterschiedlicher Erzeugnisnormen und Liefervorschriften, die oft Eingang in die herstellerbezogenen Werkstoffdatenblätter finden (siehe vorangehende Abschnitte). Solange ein solcher Bezug fehlt, sollte zwecks Vermeidung von Missverständnissen und Reklamationen auf eine möglichst präzise Darstellung solcher „Sonderwünsche" in dem jeweiligen Liefervertrag geachtet werden. Beispiel: Bestellt wird eine US-Prüfung nach DIN EN 10160 mit der Anforderung „S1/E1" gemäß Tabelle 3 bis 5 der Norm, allerdings mit einer davon abweichenden zulässigen Fehlergröße: Anlass genug für den Hersteller zur Klärung!

Entsprechendes gilt für die Fälle tolerierter Abweichungen. Wird beispielsweise ein normalfester Baustahl S355JR nach DIN EN 10025-2 bestellt, so sieht die Norm in Tabelle 2 jener Norm für solche Stahlsorten einen Cu-Gehalt von max. 0,55 % vor. Will der Hersteller, z. B. aus produktionstechnischen Gründen, hiervon abweichen und akzeptiert der Besteller auf entsprechenden Vorschlag einen Cu-Gehalt von max. 0,80 %, so sollte diese (wesentliche) Abweichung von der Erzeugnisspezifikation vertraglich und darüber hinaus in der Prüfbescheinigung im Angabenblock B nach DIN EN 10168 (Stahlbezeichnung im Beispiel „S355JR mod./zusätzliche Anforderungen") festgehalten werden.

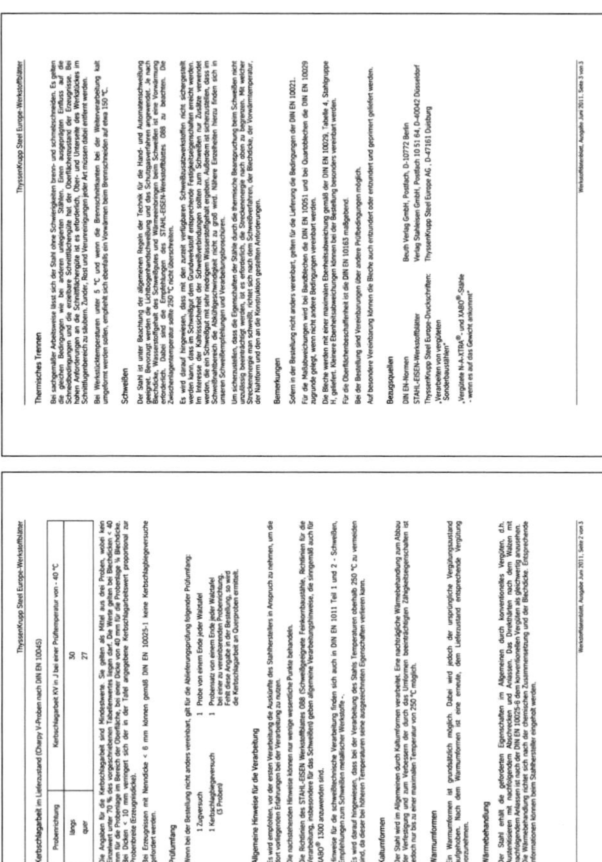

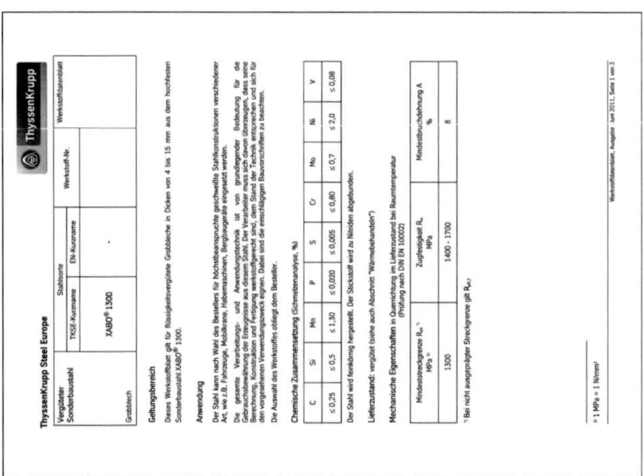

Bild 4.6 Herstellerspezifisches Werkstoffblatt für einen hochfesten Stahl

5 Prüfbescheinigungen auf der Grundlage nichtspezifischer Prüfung

„3 Prüfbescheinigungen auf der Grundlage nichtspezifischer Prüfung

3.1 Werksbescheinigung ‚2.1'

Bescheinigung, in der der Hersteller bestätigt, dass die gelieferten Erzeugnisse den Anforderungen der Bestellung entsprechen, ohne Angabe von Prüfergebnissen.

3.2 Werkszeugnis ‚2.2'

Bescheinigung, in der der Hersteller bestätigt, dass die gelieferten Erzeugnisse den Anforderungen der Bestellung entsprechen, mit Angabe von Ergebnissen nichtspezifischer Prüfungen."

Anmerkungen

Abschnitt 3 und 4 der DIN EN 10204 beschreiben den **Inhalt von Prüfbescheinigungen** über unspezifische und spezifische Prüfungen.

Die Norm hat zwecks Wahrung der Kontinuität die alte Einteilung der Prüfbescheinigungen in Typ 2 (Werksbescheinigung und Werkszeugnis) und Typ 3 (Abnahmeprüfzeugnisse) trotz Neugliederung beibehalten, sodass in der Neufassung 2004 die Werksbescheinigung 2.1 und das Werkszeugnis 2.2 in Abschnitt 3 sowie die Abnahmeprüfzeugnisse 3.1 und 3.2 in Abschnitt 4 geregelt sind.

Die **Werksbescheinigung 2.1** ist die allgemeinste Art von Prüfbescheinigungen nach EN 10204. Darin bestätigt der Hersteller lediglich die Übereinstimmung des gelieferten Erzeugnisses mit den „Anforderungen der Bestellung", also den vertraglichen Vereinbarungen, ohne Angabe irgendwelcher Prüfergebnisse. Andererseits bestätigt sie die Tatsache der Prüfung und das Vorliegen von (spezifischen oder nichtspezifischen) Prüfungen und Prüfergebnissen. Die DIN 50049 (Ausgabe Juli 1982) enthielt noch die Klarstellung, dass die Entsprechung *„ohne ausdrücklich angeführte Prüfergebnisse"* bestätigt wurde. Wenngleich die nachfolgenden Ausgaben der (jetzt) EN 10204 diese Klarstellung nicht mehr enthalten, ist sie doch selbstverständlich, denn andernfalls könnte nicht bestätigt werden, dass die Erzeugnisse den vertraglichen Anforderungen entsprechen. Die Werksbescheinigung 2.1 kann ausschließlich vom Hersteller des betreffenden Erzeugnisses erstellt werden, nicht von einer Zwischenperson wie einem Händler oder einem SSC. Von Prüflaboren kann sie nur dann erstellt werden, wenn sie von einem Hersteller hierzu beauftragt wurde und die Prüfbescheinigung erkennen lässt, dass sie im Namen des Herstellers geprüft haben.

Das **Werkszeugnis 2.2** bestätigt, wie die Werksbescheinigung 2.1, die Übereinstimmung des gelieferten Erzeugnisses mit den *„Anforderungen der Bestellung"*, also den vertraglichen Vereinbarungen, allerdings mit der Angabe von (nichtspezifischen, also nicht an der Lieferung selbst vorgenommenen) Prüfergebnissen des Herstellers.

Für Stahlerzeugnisse gilt zusätzlich die Regelung in DIN EN 10021, Abschnitt 8.2: *„Wenn der Besteller ein Werkszeugnis 2.2 nach EN 10204:2004 verlangt, muss er, falls die Produktspezifikation keine derartigen Angaben enthält, auch angeben, für welche Merkmale des Erzeugnisses Prüfergebnisse in der Bescheinigung aufzuführen sind."*

Im Gegensatz zu den in Abschnitt 4 geregelten Abnahmeprüfzeugnissen 3.1 und 3.2 enthält die Beschreibung des Werkszeugnisses 2.2 keine Vorgaben für die Durchführung von Prüfungen. Sie sind dem Hersteller und Aussteller des Werkszeugnisses freigestellt; er kann sie auch seinen laufenden Aufzeichnungen oder aus Ergebnissen von Modellierungsrechnungen entnehmen. Allerdings können Normen insbesondere für weiterverarbeitete Erzeugnisse wie Blankstahl und Rohre besondere nichtspezifische Prüfungen für ein Werkszeugnis 2.2 vorschreiben (siehe z. B. Abschnitt 8.1.2b der DIN EN 10277-1): *„Falls entsprechend den Vereinbarungen bei der Anfrage und Bestellung ein Werkszeugnis 2.2 auszustellen ist, muss dieses folgenden Angaben enthalten: ... b) die Ergebnisse der Schmelzenanalyse für alle für die betreffende Stahlsorte aufgeführten Elemente."* Siehe auch Abschnitt 9.2.2.2 der DIN EN 10305-1: *„Für Rohre, die mit nichtspezifischer Prüfung geliefert werden, muss das Werkszeugnis 2.2 folgende ... Angaben enthalten: ... Zugversuch, ... chemische Zusammensetzung."*

Verbreitung von Werksbescheinigung 2.1 und Werkszeugnis 2.2. Bei der Fertigung von warmgewalzten Flacherzeugnissen spielt die Werksbescheinigung 2.1 praktisch keine Rolle. Etwas verbreiteter ist das Werkszeugnis 2.2. Es enthält in der Praxis vielfach statistische Aufzeichnungen des Herstellers aus der Fertigung des betreffenden Erzeugnisses. Es gibt für die spezifischen Werte des Erzeugnisses, um das es geht, nichts Konkretes her. Diese Einschränkung gilt zumindest für die Angabe von mechanisch-technologischen Werten wie Streckgrenze, Zugfestigkeit, Dehngrenze und Kerbschlagarbeit. Dagegen dürfte die Angabe der chemischen Zusammensetzung aus der Schmelzenanalyse in einem Werkszeugnis 2.2 einigermaßen verlässlich für das konkrete Erzeugnis sein und deren statistische

Reihe im konkreten Erzeugnis zutreffend widerspiegeln. Diese Werte muss der Hersteller – zumindest für Baustähle nach EN 10025 – für jede Schmelze mitteilen.

Wenn der Besteller ein Werkszeugnis 2.2 verlangt, muss er gemäß Abschnitt 8.2 der DIN EN 10021, falls die Produktspezifikation keine derartigen Angaben enthält, auch angeben, für welche Merkmale des Erzeugnisses Prüfergebnisse in der Bescheinigung aufzuführen sind.

6 Prüfbescheinigungen auf der Grundlage spezifischer Prüfung

„4 Prüfbescheinigungen auf der Grundlage spezifischer Prüfung

4.1 Abnahmeprüfzeugnis ‚3.1'

Bescheinigung, herausgegeben vom Hersteller, in der er bestätigt, dass die gelieferten Erzeugnisse die in der Bestellung festgelegten Anforderungen erfüllen, mit Angabe der Prüfergebnisse.

Die Prüfeinheit und die Durchführung der Prüfung sind in der Erzeugnisspezifikation, den amtlichen Vorschriften und Technischen Regeln und/oder der Bestellung festgelegt.

Die Bescheinigung wird bestätigt von einem von der Fertigungsabteilung unabhängigen Abnahmebeauftragten des Herstellers.

Der Hersteller darf in das Abnahmeprüfzeugnis 3.1 Prüfergebnisse übernehmen, die auf der Grundlage spezifischer Prüfung des von ihm verwendeten Vormaterials bzw. der Vorerzeugnisse ermittelt wurden unter der Voraussetzung, dass er Verfahren der Rückverfolgbarkeit anwendet und die entsprechende Prüfbescheinigung vorlegen kann.

4.2 Abnahmeprüfzeugnis ‚3.2'

Bescheinigung, in der sowohl von einem von der Fertigungsabteilung unabhängigen Abnahmebeauftragten des Herstellers als auch von dem Abnahmebeauftragten des Bestellers oder dem in den amtlichen Vorschriften genannten Abnahmebeauftragten bestätigt wird, dass die gelieferten Erzeugnisse die in der Bestellung festgelegten Anforderungen erfüllen, mit Angabe der Prüfergebnisse.

Ein Hersteller darf in das Abnahmeprüfzeugnis 3.2 Prüfergebnisse übernehmen, die auf der Grundlage spezifischer Prüfung des von ihm verwendeten Vormaterials bzw. der Vorerzeugnisse ermittelt wurden unter der Voraussetzung, dass er Verfahren der Rückverfolgbarkeit anwendet und die entsprechende Prüfbescheinigung vorlegen kann."

Anmerkungen

Abschnitt 4 der EN 10204 regelt die Art solcher Prüfbescheinigungen, die auf der Grundlage **spezifischer Prüfungen** vorgenommen wurden, und zwar die Abnahmeprüfzeugnisse 3.1 und 3.2. Im Gegensatz zu der Vorläufernorm EN 10204: 1991/1995 (DIN 50049:1992) enthält sie nicht mehr

- das Werksprüfzeugnis „2.3“, eine Bestätigung ebenfalls auf der Grundlage spezifischer Prüfungen des Herstellers, der allerdings über keine von der Fertigung unabhängige Prüfabteilung verfügte; diese Art der Prüfbescheinigung hatte keine praktische Bedeutung erlangt;
- das Abnahmeprüfzeugnis „3.1. A“, herausgegeben und bestätigt von einem in „amtlichen Vorschriften“ genannten Sachverständigen; es wurde inhaltlich in das Abnahmeprüfzeugnis 3.1 der EN 10204:2005 integriert;
- das Abnahmeprüfzeugnis „3.1. B“, herausgegeben von einer von der Fertigung unabhängigen Abteilung des Herstellers und bestätigt von einem ebenfalls von der Fertigung unabhängigen Sachverständigen des Herstellers („Werkssachverständigen“); es wurde „ersetzt“ durch das Abnahmeprüfzeugnis 3.1 der EN 10204:2005;
- das Abnahmeprüfzeugnis „3.1. C“, herausgegeben und bestätigt von einem von dem Besteller beauftragten Sachverständigen; es wurde „ersetzt“ durch das Abnahmeprüfzeugnis 3.2 der EN 10204:2005;
- das Abnahmeprüfprotokoll 3.2, das inhaltlich dem Abnahmeprüfzeugnis 3.2 der EN 10204:2005 entspricht.

Durch die Streichung des Abnahmeprüfzeugnisses „3.1. C“ ist die Möglichkeit der **nachträglichen Prüfung von Eigenschaften** und deren Bestätigung des Bestellers durch eine Prüfbescheinigung gemäß EN 10204:2005 entfallen oder zumindest erschwert; denn anders als das Abnahmeprüfzeugnis 3.1 C sieht das Abnahmeprüfzeugnis 3.2 der EN 10204:2005 nur noch die gemeinsame Abnahme („Bestätigung“) durch die Abnahmebeauftragten des Herstellers und des Bestellers vor, nicht mehr die getrennte Abnahme durch den Besteller alleine. Die getrennte Abnahme wird jedoch in den Fällen relevant, in denen über die bereits geprüften und in einer Prüfbescheinigung bestätigten Eigenschaften eines Erzeugnisses hinaus weitere Eigenschaften geprüft und bestätigt werden sollen, so z. B. in Fällen einer Reparatur und der damit verbundenen notwendigen Nachlieferung eines Ersatzes ab Händlerlager, für das keine Prüfbescheinigung der geforderten Werte vorliegt (Friederici 2012, Henseler 2011).

In einer „Position zur Auslegung von DIN EN 10204“ (Normenausschuss Materialprüfung 2014) vertritt der Arbeitsausschuss NA 062-08-92 AA des DIN-Normenausschusses Materialprüfung (NMP) die Ansicht, es könne kein 3.2-Abnahmeprüfzeugnis geben, *„bei dem der Hersteller eine Stahlsorte (zum Beispiel S355N) und die für diese Stahlsorte erforderlichen Prüfergebnisse in einem 3.1-Abnahmeprüfzeugnis bescheinigt sowie ein Abnahmebeauftragter des Bestellers nachträglich und ohne Mitwirken des Herstellers eine andere Stahlsorte (zum Beispiel S355NL) oder zusätzliche Prüfungen bestätigt.“* Andererseits sind nach Ansicht des Ausschusses aber im

Falle nachträglicher Prüfungen und ohne Mitwirken des Herstellers Werkstoffprüfberichte, Maß- und Besichtigungsprotokolle und dergleichen möglich. Ob solche Dokumente geeignet sind, vorliegendes Material in einem Bauteil zu verwenden, sei vom Hersteller dieses Bauteils und, wenn zutreffend, von der zuständigen Überwachungsorganisation zu entscheiden und zu verantworten. Wörtlich: *„Die nachträgliche Erstellung eines 3.2-Abnahmeprüfzeugnisses entsprechend DIN EN 10204 durch ein Prüflabor oder eine benannte Stelle ist nur dann möglich, wenn zuvor ein Abnahmeprüfzeugnis 3.1 für die gleiche Stahlsorte mit den gleichen Zusatzanforderungen vorliegt. Werden im Abnahmeprüfzeugnis 3.2 von einem Prüflabor oder einer benannten Stelle andere Stahlsorten oder Zusatzanforderungen als im Abnahmeprüfzeugnis 3.1 aufgenommen, dann fehlt für diese Bestätigung des Herstellers, dass die gelieferten Produkte die festgelegten Anforderungen erfüllen."* Der gesamte Wortlaut der Stellungnahme ist in Teil C, Abschnitt "Fragen und Hinweise zur DIN EN 10204", wiedergegeben.

Das **Abnahmeprüfzeugnis** 3.1 ersetzt also das Abnahmeprüfzeugnis 3.1B der Vorgängernorm EN 10204:1991/1995, das Abnahmeprüfzeugnis 3.1C aber nur insoweit, als es keine isolierte bzw. nachträgliche Prüfung und Bescheinigung von Erzeugnissen ohne Mitwirkung des Herstellers mehr vorsieht, es sei denn, die (nachträgliche) Prüfung beschränkt sich auf die gleiche Stahlsorte und die gleichen Zusatzanforderungen wie im ursprünglichen Zeugnis bescheinigt. Es bestätigt, wie die Werksbescheinigung 2.1 und das Werkszeugnis 2.2, die Übereinstimmung des gelieferten Erzeugnisses mit den „Anforderungen der Bestellung", also den vertraglichen Vereinbarungen. Es enthält die Ergebnisse spezifischer Prüfungen an den zu liefernden Erzeugnissen oder Teilen hiervon, z. B. eines Coils oder den daraus geschnittenen Blechen oder Bändern.

Den Begriff der **„amtlichen Vorschriften"** enthielt schon die „Urfassung" der DIN 50049 (Ausgabe 1951) ohne ihn zu definieren. Die englische Version „official specifications" legt nahe, dass es sich um solche Spezifikationen handelt, die in gesetzlichen Regelungen wie der Druckgeräterichtlinie 2014/68/EU oder der Bauproduktenverordnung (EU) Nr. 305/2011 enthalten sind. Soweit in diesen Regelungen auf Normen verwiesen wird, können sich die Begriffe „amtliche Vorschriften" mit den „Erzeugnisspezifikationen" und „Technischen Regeln" überschneiden.

Bei dem **„Abnahmebeauftragten"** handelt es sich nach Abschnitt 3.3 der EN 10021 um

„eine oder mehrere Personen, wobei unterschieden wird zwischen

a) *in den amtlichen Regelwerken bezeichneten Abnahmebeauftragten;*

b) *den vom Hersteller autorisierten, von der Herstellungsabteilung unabhängigen Abnahmebeauftragten;*

c) *den vom Besteller autorisierten Abnahmebeauftragten.*

ANMERKUNG 1: Die unter a) und c) erwähnten Abnahmebeauftragten werden im Text als externe Abnahmebeauftragten bezeichnet.

ANMERKUNG 2: Die Abnahmebeauftragten bestätigen die Prüfung und Prüfergebnisse. Die Prüfung kann auch durch die Herstellungsabteilung durchgeführt werden.“

Abnahmebeauftragte wurden in den Vorgängerfassungen der EN 10204 als „Sachverständige“ bezeichnet und, wenn sie vom Herstellerwerk ernannt waren, als „Werkssachverständige.“ Mit der Änderung der Bezeichnungen hat sich an ihrer Funktion und Qualifikation nichts geändert. Nach wie vor sollten sie Fachgebietskenntnisse über die Erzeugnisse und Prüfverfahren und Erfahrungen im Qualitätswesen und in der Abnahme haben. Das Merkmal der „Unabhängigkeit“ in Abschnitt 3.3 lit. b) der EN 10021 bezieht sich auf ihre fachliche Entscheidungsbefugnis in Abnahmefragen. Sie sollte zweckmäßigerweise in einer Stellenbeschreibung des Herstellers festgelegt sein.

ANMERKUNG 1 unterscheidet zwischen sogenannten „externen“, das sind die in „amtlichen Regelwerken“ bezeichneten bzw. vom „Besteller autorisierten“, und solchen Abnahmebeauftragten, die vom Hersteller autorisiert und von dessen „Herstellungsabteilung“ *unabhängig* (so die Formulierung in Abschnitt 4.2 der DIN EN 10204) sind, in der Praxis als „interne“ Abnahmebeauftragte bezeichnet.

ANMERKUNG 2 stellt klar, dass spezifische Prüfungen nicht persönlich durchgeführt werden müssen, sondern an die „Herstellerabteilung“ delegiert werden können. Dementsprechend muss der Abnahmebeauftragte auch nicht bei allen Schritten persönlich anwesend sein. Dennoch muss er seiner Aufsichtspflicht nachkommen und die Bescheinigung persönlich bestätigen (Satz 2), allerdings nicht unterschreiben; sein Faksimile oder sein ausgedruckter Name genügt.

Die Rechte und Pflichten des externen Abnahmebeauftragten sind in Abschnitt 8.3.1.4 der DIN EN 10021 geregelt: Danach muss der externe Abnahmebeauftragte zur Durchführung der vereinbarten Prüfungen zu der vereinbarten Zeit freien Zugang zu den Stellen haben, an denen die zu prüfenden Erzeugnisse gefertigt und gelagert werden. Er hat das Recht, bei der Auswahl der Probestücke anwesend zu sein und die Durchführung der Prüfungen zu verfolgen. Er hat alle Anweisungen, insbesondere die Sicherheitsanweisungen des Werkes zu befolgen, in dem er sich zudem von einem Werksangehörigen begleiten lassen kann. Auch sind die Prüfungen so durchzuführen, dass der normale Betriebsablauf so wenig wie möglich gestört wird.

Das **Abnahmeprüfzeugnis 3.2** ersetzt das Abnahmeprüfprotokoll 3.2 der Vorgängernorm EN 10204:1991/1995. Dort wie hier handelt es sich um eine Prüfbescheinigung, in der sowohl der Abnahmebeauftragte des Herstellers als auch derjenige des Bestellers bzw. der in gesetzlichen („amtlichen“) Richtlinien, Gesetzen und Verordnungen genannte („externe“) Abnahmebeauftragte die Übereinstimmung des gelieferten Erzeugnisses mit den vertraglichen Anforderungen bestätigen.

Sowohl für das Abnahmeprüfzeugnis 3.1 als auch 3.2 darf der Hersteller die Prüfergebnisse übernehmen, die auf der Grundlage spezifischer Prüfung des von ihm verwendeten Vormaterials bzw. der Vorerzeugnisse ermittelt wurden, dies allerdings unter der Voraussetzung der Anwendung von Verfahren der Rückverfolgbarkeit und der Vorlage entsprechender Prüfbescheinigungen. Diese Klausel ist für alle nachgeordneten Hersteller wie Wärmebehandlungsbetriebe, Röhrenwerke, Walzbetriebe, Kaltziehereien oder Schmieden bedeutsam. Sie sind einerseits „Hersteller" im Sinne von Abschnitt 2.3 der EN 10204, andererseits aber regelmäßig nicht in der Lage, z. B. Schmelzanalysen des von ihnen verwendeten Vormaterials zu erstellen. Solche Analysen dürfen sie den Prüfbescheinigungen 3.1. ihres Vorlieferanten entnehmen und ihrer Prüfbescheinigung beifügen.

Abschnitt 4.2 lässt Form und Austeller eines Abnahmeprüfzeugnisses 3.2 offen. Solche Details sollten zweckmäßigerweise bei Vertragsschluss vereinbart werden. Zwingend ist die Bestätigung (auch) durch den Abnahmebeauftragten des Herstellers.

Abnahmeprüfzeugnisse 3.2 kommen vor allem in **überwachungspflichtigen Anwendungsfällen** für warmgewalzte Flacherzeugnisse zum Einsatz. Dies sind der Schiff-, der Stahl- und Brücken- sowie der Druckbehälterbau. Als externe Abnahmebeauftragte des Bestellers für die Erstellung eines Abnahmeprüfzeugnisses 3.2 kommen dabei zumeist Überwachungsorgane in Betracht, die bei der Weiterverarbeitung der Stahlerzeugnisse zum fertigen Endprodukt eine verantwortliche, qualitätskontrollierende Funktion haben und so auch bereits Kontrolle über das eingesetzte „Vormaterial" haben müssen. Wichtige Überwachungsorgane oder Fremdabnahmegesellschaften bei der Lieferung von Stählen für den Schiffbau, aber auch für den Stahl- und Druckbehälterbau (häufig zusammengefasst als „Industrieanwendungen") sind die Klassifikationsgesellschaften, wie z. B.

- GL-DNV,
- Lloyds Register of Shipping (LR),
- Bureau Veritas (BV),
- American Bureau of Shipping (ABS),
- die TÜV-Gesellschaften (VdTÜV),
- Deutsche Bahn (DB),
- das Wehrwissenschaftliche Institut für Werk- und Betriebsstoffe (WIWeB).

Die Klassifikationsgesellschaften GL-DNV, LR, ABS, BV geben sogenannte „Rules" als Erzeugnisspezifikation für den Bau von Schiffskörpern heraus. Diese haben häufig die klassischen Baustahlvorschriften der DIN EN 10025 als Basis, enthalten aber vielfach abweichende Anforderungen an die für den Schiffbau einer bestimmten Klasse infrage kommenden Werkstoffe und Produkte. Darüber hinaus gelten hier die einschlägigen harmonisierten Normen oder kundenbezogene Liefervorschriften sowie technische Regelwerke der Überwachungsorgane wie z. B. VdTÜV-Werkstoffblätter, das AD-2000-Regelwerk oder die DB-Norm DB 981002.

Die Wirkung externer Abnahmebeauftragter in einem 3.2-Abnahmeprüfzeugnis wird in der Praxis häufig als **Fremdabnahme** bezeichnet. Wichtige Voraussetzung zur Durchführung von Fremdabnahmen sind vielfach Produktzulassungen für den Hersteller für die zugehörigen Stahlprodukte. Produktzulassungen sind erforderlich für den Schiff-, Stahl- und Druckbehälterbau sowie bei Sicherheitsanwendungen (auch militärisch). Zulassungen werden dabei auf Basis gesetzlicher/technischer Vorgaben, nationaler/internationaler Normen oder der vorangehend genannten spezifischen Regelwerke der Überwachungsgesellschaften für die Herstellung definierter Produktbereiche erteilt. Sie beziehen sich auf Produktform (z. B. Grobblech), Güte (z. B. S355K2), Herstellungs- und Wärmebehandlungsprozesse (z. B. NU-Walzen) und daraus resultierenden Werkstoffeigenschaften (z. B. chemische/mechanische Eigenschaften). Bild 6.1 fasst die Abläufe bei Zulassungen zusammen. Darüber hinaus gibt es auch kunden- oder bestellerbezogene Zulassungen, die meist bilateral erteilt werden und in die gegebenenfalls auch externe Abnahmebeauftragte einbezogen werden können.

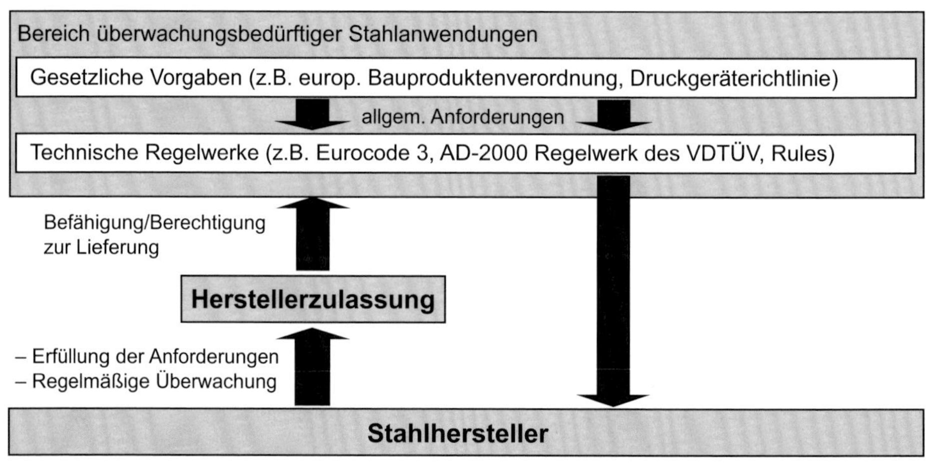

Bild 6.1 Vorgehen bei Zulassungen

Zur Kennzeichnung der Erzeugnisse, die mit einem Prüfzeugnis 3.2 belegt werden, nutzen die Überwachungsorgane bei den warmgewalzten Produkten, insbesondere Grobblech, bestimmte **Stempelungen** auf den Erzeugnissen. Dies gilt vor allem für die Klassifikationsgesellschaften für den Schiffbau. Bild 6.2a zeigt einen solchen Stempel für die Klassifikationsgesellschaft DNV-GL. Diese Fremdabnahmestempel ergänzen in der Regel das Stempelbild des Herstellers, das üblicherweise Angaben zur Blechnummer, Schmelze sowie Gütenbezeichnung und das Symbol des Herstellers enthält (Bild 6.2b).

a) 

b) 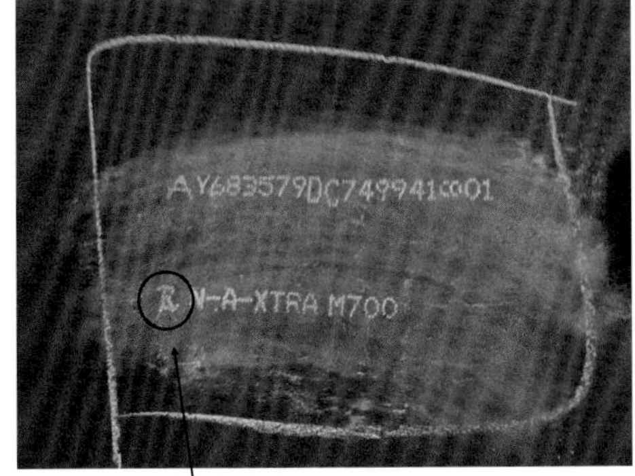

Bild 6.2 a) Stempelbild des DNV-GL für normal- und höherfeste Schiffbaustähle, b) Stempelbild auf einem Grobblech mit Abnahmeprüfzeugnis 3.2

Der **Prüfumfang** ergibt sich ebenfalls aus der zuständigen Norm sowie mangels solcher Angaben aus Abschnitt 8.3.2 der DIN EN 10021. So sind nach Abschnitt 8.4.1 der EN 10025-2 im Falle einer spezifischen Prüfung die folgenden Eigenschaften bei Grobblechen zu prüfen:

- die Schmelzenanalyse
- der Zugversuch
- der Kerbschlagbiegeversuch bei Erzeugnissen der Gütegruppen J0, J2 und K2 sowie nach Abschnitt 7.2.3 der EN 10025-1
- sämtliche Werte zur Ermittlung des Kohlenstoffäquivalents (vgl. Teil A, Abschnitt 3.5)

Der **Prüfumfang für die chemische Zusammensetzung** des Bleches richtet sich nach den Werten in Tabelle 2 und 3 der EN 10025-2. Zu prüfen und zu bescheinigen sind demnach nur die Werte für Kohlenstoff (C), Silizium (Si), Mangan (Mn), Phosphor (P), Schwefel (S) und Stickstoff (N), die allerdings abweichen können je nachdem, ob eine Schmelzen- oder Stückanalyse vereinbart ist; für die Stückanalyse gelten die Werte in Tabelle 4 und 5 der Norm, falls insoweit nichts weiter vereinbart wurde. Tabelle 6.1 fasst die Sollwerte am Beispiel eines 30-mm-Bleches der Sorte S235J0 gemäß EN 10025 zusammen.

Tabelle 6.1 Chemische Zusammensetzung und mechanische Eigenschaften eines S235J0 (Blechdicke: 30 mm)

Min. Streckgrenze, MPa	Zugfestigkeit, MPa	Min. Kerbschlagarbeit, 0°C, J	Max. C, %	Max. Mn, %	Max. P, %	Max. S, %	Max. N, %	Max. Cu, %
225	360 - 510	27	0.17	1.40	0.025	0.030	0.012	0.55

Hinzu können **Optionen** treten, die der Besteller (im Falle der unlegierten Baustähle) aus dem Katalog von Abschnitt 13 der EN 10025-2 wählen und die er zum Gegenstand der Prüfbescheinigung machen kann. Beispiele dazu sind Tabelle 6.2 zu entnehmen. So kann er z.B. nach Nr. 19 B dieses Optionskatalogs bestimmen, dass beim Lieferzustand „AR" (= As Rolled) die mechanischen Eigenschaften an normalgeglühten Probeabschnitten nachzuweisen sind (siehe Abschnitt 7.3.1.3 der EN 10025-2): *„Bei Erzeugnissen, die im Walzzustand geliefert und beim Besteller normalgeglüht werden, sind die Probenabschnitte normalzuglühen, wenn dies zum Zeitpunkt der Bestellung verlangt wurde. Die an den normalgeglühten Probeabschnitten ermittelten Werte müssen diesem Dokument entsprechen. Die Ergebnisse sind in der Prüfbescheinigung mitzuteilen."*

Tabelle 6.2 Bestelloptionen nach DIN EN 10025

Nr.	Option
1)	Angabe des Herstellverfahrens
2)	Stückanalyse
3)	Kerbschlagarbeit durch Prüfung nachzuweisen Teil 2: für Gütegruppe JR Teil 5: für Gütegruppe S355WP
4)	Verbesserte Verformungseigenschaften senkrecht zur Oberfläche
5)	Chemische Zusammensetzung zum Schmelztauchverzinken
6)	Ultraschallprüfung für Flacherzeugnisse
7)	Ultraschallprüfung für Profile
8)	Ultraschallprüfung für Stäbe
9)	-.
10)	Besondere Kennzeichnungsart
11)	Eignung zum Abkanten Teil 2: für Nenndicken <= 30 mm Teil 3: für Nenndicken <= 30 mm Teil 4: für Nenndicken <= 12 mm Teil 5: für Nenndicken <= 20 mm Teil 6: für Nenndicken <= 16 mm
...	...

Die entsprechende Prüfbescheinigung bestätigt in solchen Fällen also den Lieferzustand „AR". Die mechanischen Werte wie z.B. die Kerbschlagarbeit sind aber an einem normalgeglühten Probestück gemessen. Das kann leicht zu Irrtümern führen; denn die mechanischen Eigenschaften der warmgewalzten Erzeugnisse wie z.B. deren Kerbschlagarbeit verändern sich zumeist merklich mit dem Normalisieren. Allerdings darf der Aussteller der betreffenden Prüfbescheinigung diese Option nur wählen, wenn dies so vereinbart wurde. Das wird in der Praxis häufig übersehen!

Bei abnahmepflichtigem Material (auch „geregelter Bereich" genannt) sind für den Inhalt der Prüfbescheinigungen zusätzlich die einschlägigen **technischen Regeln** zu beachten, das sind bei Druckgeräten die AD 2000-Merkblätter „Metallische Werkstoffe" (Tabelle 6.3). So bestimmt z.B. Abschnitt 6.5 des AD 2000-Merkblatts W 2: *„Die Abnahmeprüfzeugnisse müssen die in den Technischen Lieferbedingungen/Normen geforderten Angaben enthalten. Zudem ist in jedem Abnahmeprüfzeugnis die der Lieferung zugrundeliegende Technische Lieferbedingung/Norm (z.B. EN 10028-7) und Technische Regel (AD 2000-Merkblatt W 2) anzugeben."*

Tabelle 6.3 Werkstoffe nach AD 2000 (W1)

Norm	Abschnitt	Stahlsorte Kurzname	Art der Prüfbescheinigung nach DIN EN 10204[1)]
DIN EN 10025-2	2.1	S235JR+N	3.1[2)]
		S235J2+N	3.1
		S275JR+N	3.1[2)]
		S275J2+N	3.1
		S355J2+N	
		S355K2+N	
DIN EN 10207	2.2	P235S	3.1
		P265S	
		P275SL	
DIN EN 10028-2	2.3	P235GH	3.1
		P265GH	
		P295GH	3.2 (< 30 mm 3.1[3)])
		P355GH	
		16Mo3	
		13CrMo4-5	3.2
		10CrMo9-10	
		12CrMo9-10	
		20MnMoNi4-5	
		15NiCuMoNb5-6-4	

Tabelle 6.3 Werkstoffe nach AD 2000 (W1) *(Fortsetzung)*

Norm	Abschnitt	Stahlsorte Kurzname	Art der Prüfbescheinigung nach DIN EN 10204[1]
DN EN 10028-3	2.4	P275N	3.1
		P275NH	
		P275NL1	3.2
		P275NL2	
		P355N	3.2 (< 30 mm: 3.1[3])
		P355NH	
		P355NL1	3.2
		P355NL2	
		P460N	
		P460NH	
		P460NL1	
		P460NL2	
DIN EN 10028-4	2.5	11MnNi5-3	3.2
		13MnNi6-3	
		12Ni14	
		X12Ni5	
		X8Ni9	
	2.6	andere	entsprechend den Festlegungen bei der Eignungsfeststellung

[1] Die Gültigkeit von Prüfbescheinigungen nach DIN EN 10204:1995 ist im AD 2000-Merkblatt W 0, Abschnitt 3.4 geregelt.
[2] Bei Erzeugnisdicken < 6 mm: Werkszeugnis
[3] In den genannten Abmessungsbereichen genügt ein Abnahmeprüfzeugnis 3.1 (anstatt 3.2), wenn das Herstellerwerk gegenüber der zuständigen unabhängigen Stelle den Nachweis ausreichender statistischer Sicherheit geführt hat. Der Übergang auf ein Abnahmeprüfzeugnis 3.1 ist dem Herstellerwerk von der zuständigen unabhängigen Stelle zu bestätigen. Wird hiervon Gebrauch gemacht, ist das Bestätigungsschreiben der zuständigen unabhängigen Stelle in den Abnahmeprüfzeugnissen 3.1 aufzuführen. Sofern es nicht im Rahmen laufender eigener Abnahmeprüfungen geschieht, soll sich die zuständige unabhängige Stelle in bestimmten Zeitabständen (etwa 1 bis 2 Jahre) davon überzeugen, dass die Voraussetzungen erhalten geblieben sind.

Bescheinigung ergänzender Prüfungen. Oft benötigt ein Abnehmer zusätzliche Prüfungen und deren Bescheinigung. Insbesondere der Stahlhandel steht häufig vor dem Problem, den bescheinigten Prüfumfang gelagerter Stahlerzeugnisse zu ergänzen bzw. ergänzen zu lassen, wenn sein Kunde das betreffende Erzeugnis für besondere Zwecke einsetzen will oder aber eine Reparatur an einem abnahmepflichtigen Teil, z. B. an einem Druckbehälter, durchführen will. Wie vorangehend gezeigt, gestattet die DIN EN 10204 solche Ergänzungen in einer vorliegenden Prüfbescheinigung in aller Regel ohne Mitwirkung des Herstellers nicht. Stahl- und Metallerzeugnisse können nach der DIN EN 10204 auf Händler- und Verbraucherlägern nicht ohne Mitwirkung des Herstellers dieser Erzeugnisse gesondert geprüft und hierüber Prüfbescheinigungen nach DIN EN 10204 erstellt werden.

Muss beispielsweise an einem Reparaturblech für einen Druckbehälter eine nachträgliche Ultraschallprüfung durchgeführt werden, so muss diese Prüfung entweder vom Hersteller vorgenommen und in einem Abnahmeprüfzeugnis 3.1 oder – falls gemeinsam mit dem Abnahmebeauftragten des Bestellers durchgeführt – in einem Abnahmeprüfzeugnis 3.2 bescheinigt werden. In beiden Fällen muss das betroffene Erzeugnis im Grundsatz dem Hersteller zum Zwecke der nachträglichen US-Prüfung zur Verfügung gestellt werden, was im besten Fall kostspielig, im schlechtesten Fall aber faktisch unmöglich ist, so wenn der Hersteller nicht ohne Aufwand greifbar ist.

Zudem setzt das nachträgliche Abnahmeprüfzeugnis in solchen Fällen die Bereitschaft des Herstellers voraus, die gewünschten Prüfungen und Abnahmen durchzuführen bzw. durchführen zu lassen. Eine rechtliche Verpflichtung hierzu besteht mangels entsprechender vertraglicher Abreden nicht und ergibt sich auch nicht als Nebenpflicht aus dem Kaufvertrag oder aus den einschlägigen Normen und sonstigen technischen Regeln, denn eine allgemeine Rechtspflicht des Herstellers zur nachträglichen Prüfung und Ausstellung entsprechender Bescheinigungen gibt es nicht.

Einen Ausweg bietet allein die weitere Verwendung von Bescheinigungen des (alten) Typs 3.1 A bzw. 3.1C. Wenn auch die Vorläufernorm DIN EN 10204:1991/1995 zurückgezogen ist, steht sie nach den Grundsätzen der Vertragsfreiheit jedermann zur weiteren Anwendung offen. Daher steht einer Vereinbarung, wonach der Hersteller bzw. Händler ein 3.1 A- oder ein 3.1C-Abnahmeprüfzeugnis beizustellen hat, nichts im Wege. Die Parteien eines Kaufvertrages können beliebig lange die Anwendung der DIN EN 10204:1995 und die dort festgelegten Bescheinigungen vereinbaren. In diesem Fall muss aber die Ausgabe 1995 zitiert werden, und es sollte stets im Einzelfall geprüft werden, ob einer solchen vertraglichen Festlegung nicht sonstige Regelwerke entgegenstehen.

Umschreibungen. Ähnlich ist die Situation bei sogenannten Umschreibungen: In der Praxis richten Kunden des Herstellers, insbesondere lagerhaltende Stahlhändler, vielfach den Wunsch an den Hersteller, eine Prüfbescheinigung 3.1 oder 3.2, z. B. für ein Grobblech S355JR, aufzuwerten und auf eine andere Güte, z. B. S355J2, umzuschreiben. Hintergrund dieser Wünsche sind regelmäßig spezielle Anforderungen des Kunden des Stahlhändlers an das Erzeugnis, denen das vorliegende Prüfzeugnis nicht Rechnung trägt. Schwerpunkt dieser Praxis sind Stähle für Druckbehälter und den Schiffbau, wo häufig ein Bedarf an ergänzenden Lieferungen für Herstellung und/oder Reparatur besteht und wo die chemischen und mechanisch-technologischen Eigenschaften der betreffenden Erzeugnisse eine solche Umschreibung und Ergänzung eher gestatten als bei völlig „artfremden“ Stählen. Durch solche Umschreibungen wird ein gegenüber der ursprünglichen Fassung geändertes Abnahmeprüfzeugnis für *das gleiche* Erzeugnis auf Basis einer nachträglich geänderten Erzeugnisspezifikation ausgestellt.

Wie im Falle der „ergänzenden Prüfungen“ (siehe vorangehende Abschnitte) kann eine Umschreibung immer nur unter Mitwirkung des Herstellers des Erzeugnisses geschehen. Dies gilt insbesondere für Prüfbescheinigungen 3.2: Hier müssen sowohl der Abnahmebeauftragte des Herstellers als auch der externe Abnahmebeauftragte des Bestellers die Umschreibung bestätigen.

Der Hersteller muss in jedem Fall alle qualitativen Gesichtspunkte des betreffenden Erzeugnisses beachten, um zu entscheiden, ob eine Umschreibung möglich ist. Dazu gehört neben der Überprüfung des Eigenschaftsprofils und dessen Homogenität auch die Bewertung des Herstellprozesses im Stahlwerk wie das Walzen und die Wärmebehandlung. Vielfach sind für Umschreibungen ergänzende Prüfungen der mechanisch-technologischen Eigenschaften notwendig. Erforderlich ist stets, dass der Anfragende (Händler) dem Hersteller ein geeignetes Probestück aus dem Produkt bereitstellt, für das das Prüfzeugnis umgeschrieben werden soll.

Ein genormtes Verfahren gibt es weder für ergänzende Prüfungen noch für Umschreibungen: **Prüfzeugnisse von Prüflaboren** können Umschreibungen des Herstellers nicht ersetzen. Ein solches Vorgehen steht im Widerspruch zur DIN EN 10204. Zwar sind Werkstoffprüfberichte, Maß- und Besichtigungsprotokolle und dergleichen ohne Mitwirken des Herstellers möglich, doch ob solche Dokumente geeignet sind, ein solchermaßen testiertes Material in einem Bauteil zu verwenden, müssen der Hersteller dieses Bauteils und, wenn zutreffend, die zuständige Überwachungsorganisation entscheiden und verantworten.

Auch lässt die Norm es nicht zu, ein 3.2-Abnahmeprüfzeugnis umzuschreiben, bei dem der Hersteller eine bestimmte Stahlsorte (zum Beispiel S355N) und die für diese Stahlsorte erforderlichen Prüfergebnisse in einem 3.1-Abnahmeprüfzeugnis bescheinigt und ein externer Abnahmebeauftragter des Bestellers nachträglich und ohne Mitwirken des Herstellers eine andere Stahlsorte (zum Beispiel S355NL) bestätigt (siehe vorangehende Abschnitte).

Als Beispiel ist in Bild 6.3 der Auszug eines 3.1-Prüfzeugnisses für ein Grobblech der Güte P295GH dargestellt. Die erreichten Festigkeits- und Zähigkeitseigenschaften reichen hier aus, dieses Blech der (höherwertigen) Güte P355GH zuzuordnen, wie der Vergleich der Ist-Werte aus dem Prüfzeugnis mit den dargestellten Sollwerten zeigt. Die Bleche könnten somit auf Basis der Prüfwerte „aufgewertet“ werden. Die Bedingungen einer solchen Aufwertung sollte der Hersteller, gegebenenfalls gemeinsam mit einem externen Abnahmebeauftragten, jedoch sorgfältig überprüfen, wobei dann auch die Kenntnisse aus dem Herstellprozess in die Bewertung einfließen müssen.

Auszug 3.1-Prüfbescheingung:

Grobblech P295GH nach DIN EN 10028-2, Dicke: 16 mm

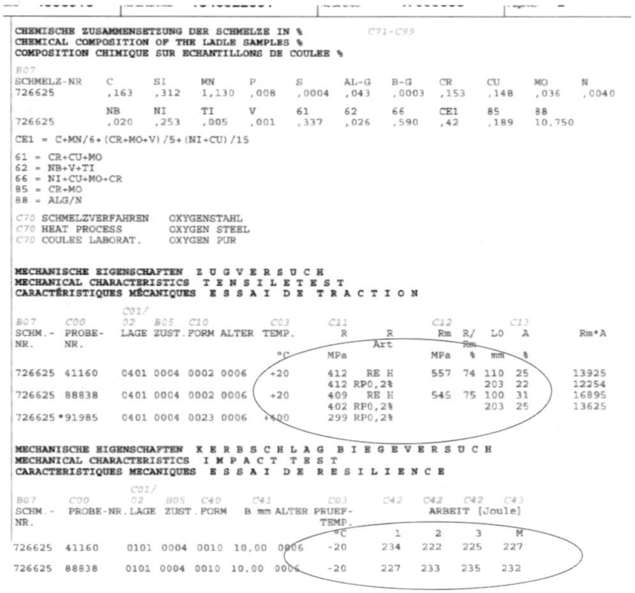

```
CHEMISCHE ZUSAMMENSETZUNG DER SCHMELZE IN %                    C71-C99
CHEMICAL COMPOSITION OF THE LADLE SAMPLES %
COMPOSITION CHIMIQUE SUR ECHANTILLONS DE COULEE %

B07
SCHMELZ-NR   C      SI     MN     P      S      AL-G   B-G    CR     CU     MO     N
726625       ,163   ,312   1,130  ,008   ,0004  ,043   ,0003  ,153   ,148   ,036   ,0040

             NB     NI     TI     V      61     62     66     CE1    85     88
726625       ,020   ,253   ,005   ,001   ,337   ,026   ,590   ,42    ,189   10,750

CE1 = C+MN/6+(CR+MO+V)/5+(NI+CU)/15

61 = CR+CU+MO
62 = NB+V+TI
66 = NI+CU+MO+CR
85 = CR+MO
88 = ALG/N

C70 SCHMELZVERFAHREN     OXYGENSTAHL
C70 HEAT PROCESS         OXYGEN STEEL
C70 COULEE LABORAT.      OXYGEN PUR

MECHANISCHE EIGENSCHAFTEN  Z U G V E R S U C H
MECHANICAL CHARACTERISTICS  T E N S I L E T E S T
CARACTÉRISTIQUES MÉCANIQUES  E S S A I  D E  T R A C T I O N

                  C01/
B07     C00       02   B05  C10        C03       C11          C12        C13
SCHM.-  PROBE-    LAGE ZUST.FORM ALTER TEMP.     R     R      Rm  R/  LO   A      Rm*A
NR.     NR.                                            Art        Rm
                                       °C        MPa          MPa  %  mm   %

726625 41160    0401 0004 0002 0006   +20       412   RE H    557  74 110  25     13925
                                                412 RP0,2%            203  22     12254
726625 88838    0401 0004 0002 0006   +20       409   RE H    545  75 100  31     16895
                                                402 RP0,2%            203  25     13625
726625*91985    0401 0004 0023 0006   +400      299 RP0,2%

MECHANISCHE EIGENSCHAFTEN  K E R B S C H L A G  B I E G E V E R S U C H
MECHANICAL CHARACTERISTICS  I M P A C T  T E S T
CARACTERISTIQUES MECANIQUES  E S S A I  D E  R E S I L I E N C E

                    C01/
B07     C00         02   B05  C40   C41          C03      C42   C42   C42   C43
SCHM.-  PROBE-NR.LAGE ZUST.FORM  B mm ALTER PRUEF-          ARBEIT [Joule]
NR.                                          TEMP.
                                             °C        1     2     3     M
726625  41160   0101 0004 0010 10,00 0006    -20      234   222   225   227

726625  88838   0101 0004 0010 10,00 0006    -20      227   233   235   232
```

Erzeugnisnorm DIN EN 10028-2;
mechanisch-technologische Eigenschaften

Güte	Dicke, mm	Re, MPa	Rm, MPa	A, %	AV(-20°C), J	Bemerkung
P295GH	≤ 16	≥ 295	460-580	21	27	aus Erzeugnisspezfikation (DIN EN 10028)
P355GH	≤ 16	≥ 355	510-650	20	27	aus Erzeugnisspezfikation (DIN EN 10028)

Aufwertung von P295GH in P355GH möglich

Bild 6.3 Prüfergebnisse und Umschreibung

Von der Umschreibung zu unterscheiden, mit dieser aber eng verbunden, sind sogenannte **Umstempelungen** von Stahlprodukten: Bei der Umschreibung eines Erzeugnisses in eine andere Stahlgüte muss diese neue Gütebezeichnung auch im Erzeugnis (hart-)gestempelt sein. Diese Art von Umstempelung kann der Hersteller ebenfalls auf den Händler oder Verarbeiter im Rahmen einer Umstempelbescheinigung (siehe Teil A, Abschnitt 4.2.2) übertragen. Für die 3.2-Prüfbescheinigung für das betreffende Erzeugnis gelten die unter dem Aspekt „fehlerhafte Prüfbescheinigungen" genannten Zusammenhänge (Teil A, Abschnitt 4.2.2).

Eigenverantwortliche Prüfung bei Abnahmeprüfzeugnissen 3.2. Nach Abschnitt 4.2 der DIN EN 10204 wirken an einem Abnahmeprüfzeugnis 3.2 sowohl ein von der Fertigungsabteilung des Herstellers unabhängiger („interner") Abnahmebeauftragter als auch der Abnahmebeauftragte des Bestellers bzw. ein in technischen („amtlichen") Regeln genannter („externer") Abnahmebeauftragter mit. Zu den Rechten und Pflichten solcher externer Abnahmebeauftragten gehört es nach Abschnitt 8.3.1.3 und Abschnitt 8.3.1.4 der DIN EN 10021, dass diese zur Durchführung der vereinbarten Prüfungen zu der vereinbarten Zeit Zugang zu den Stellen haben, an denen die zu prüfenden Erzeugnisse gefertigt und gelagert werden. Sie haben das Recht, bei der Auswahl der Probestücke anwesend zu sein und die Durchführung der Prüfungen zu verfolgen. Sie haben ferner alle Anweisungen, insbesondere die Sicherheitsanweisungen des Werkes zu befolgen. Das Werk behält sich vor, sie von einem Werksangehörigen begleiten zu lassen. Die Prüfungen sind so durchzuführen, dass sie den Betriebsablauf so wenig wie möglich stören. Dazu ist der Termin der Abnahme zu vereinbaren. Wenn der Käufer oder sein Abnahmebeauftragter ohne Begründung an der Prüfung zu dem vereinbarten Termin nicht teilnimmt, ist der Hersteller nach Abschnitt 8.3.1.3 der DIN EN 10021 als autorisiert zu betrachten, mit der Prüfung fortzufahren und eine Prüfbescheinigung 3.1 auszustellen. Dem externen Abnahmebeauftragten ist spätestens zu Beginn der Prüfung ein Vorstellungsschein zu übermitteln, in dem auf die Bestellung oder auf die zur Prüfung vorgestellten Teile der Bestellung Bezug genommen wird.

In der Praxis der Fremdabnahme schließen Stahlhersteller häufig sogenannte **Überwachungsvereinbarungen**, die eine eigenverantwortliche Prüfung und Kennzeichnung der Stahlprodukte durch den Hersteller ohne Anwesenheit und Kontrolle durch den externen Abnahmebeauftragten gestatten. Diese auch als MSA (Materials Survey Agreement) bezeichnete Vereinbarung erleichtert dem Hersteller die Abnahme. Sie kommt allerdings auch der überwachenden Stelle zugute, indem diese gegebenenfalls weniger Einsätze für den Fremdabnehmer einplanen muss. Im Wesen ist dies das produktbezogene Anerkenntnis des QM-Systems des Herstellers, insbesondere in Bezug auf die Einhaltung der betreffenden Materialspezifikation, der Materialnachverfolgbarkeit, der Sicherstellung der Produktkennzeichnung, der Überwachung und Kalibrierung der eingesetzten Messmittel sowie der Eignung des für die zerstörungsfreie Prüfung (ZfP) eingesetzten Personals. Der entsprechende Überwachungsvertrag wird regelmäßig durch Überwachungsaudits mit Schwerpunkt auf Produkten und Prozessen überprüft. Die Vereinbarung wird in einem Zertifikat dem Hersteller bescheinigt. Bei standardmäßiger Auftragsabwicklung entfällt die Notwendigkeit der Anwesenheit des Fremdabnehmers bei Produktkontrolle und Prüfung. Die Anwesenheit des Fremdabnehmers beschränkt sich dann auf die Zeugniskontrolle und -freigabe im Rahmen von Regelterminen. Davon unberührt sind sogenannte Blechbesichtigungen durch den Kunden.

Nachträgliche Erstellung eines 3.2-Zeugnisses aus einem vorliegenden 3.1-Zeugnis. Nach Abschnitt 4.2 der DIN EN 10204 wird das Abnahmeprüfzeugnis 3.2 von den Abnahmebeauftragten des Herstellers und des Bestellers erstellt. Das gilt auch für die nachträgliche Erstellung solcher Bescheinigungen z. B. in Fällen von Reparaturen oder Ersatzlieferungen (siehe hierzu vorangehende Ausführungen zu Abschnitt 6). Die nachträgliche Erstellung eines 3.2-Abnahmeprüfzeugnisses entsprechend DIN EN 10204 durch ein Prüflabor oder eine benannte Stelle ist nur dann möglich, wenn zuvor ein Abnahmeprüfzeugnis 3.1 für die gleiche Stahlgüte mit den gleichen Zusatzanforderungen vorliegt und die beanspruchte Stahlgüte im Zulassungsumfang der Fremdabnahmegesellschaft liegt. Ist Letzteres nicht der Fall, muss mit der Fremdabnahmegesellschaft eine sogenannte „Zulassung im Einzelfall“ beantragt werden. Werden im Abnahmeprüfzeugnis 3.2 von einem Prüflabor oder einer benannten Stelle andere Stahlsorten oder Zusatzanforderungen als im Abnahmeprüfzeugnis 3.1 aufgenommen, dann fehlt für diese Bestätigung des Herstellers, dass die gelieferten Produkte die festgelegten Anforderungen erfüllen.

3.2-Prüfbescheinigung für ein Produkt ohne Zulassung. Will der Hersteller ein Produkt fertigen und mit einer Fremdabnahme belegen, für das der Hersteller keine Zulassung hinsichtlich Stahlgüte/Abmessung/Fertigungsverfahren hat, muss der Hersteller eine „Zulassung im Einzelfall“ beantragen. Dies geht häufig mit einem spezifischen Produktaudit durch die Fremdabnahmegesellschaft einher, mit dem praktisch eine spezifische Zulassung des Produktes für eine konkrete Beauftragung erteilt und die Fremdabnahme möglich wird.

Fremdabnahme nach veralteten technischen Regelwerken. Insbesondere im Druckbehälterbau entstehen nach Jahren des Betriebs Reparaturbedarfe. Dabei bestellt der Verbraucher dann häufig nach den ursprünglichen technischen Regelwerken. Sind diese weiterhin gültig, hat der Hersteller eine entsprechende Zulassung und kann er alle Anforderungen daraus weiterhin erfüllen, so kann die Bestellung analog der Ursprungsbestellung abgewickelt werden. Ist das Regelwerk zwar gültig, jedoch veraltet, indem z. B. nicht die aktuellen Stahlgütebezeichnungen enthalten sind, so kann die entsprechende aktuelle Version des Regelwerkes als Erzeugnisspezifikation herangezogen werden, wobei das veraltete Regelwerk als Zusatzspezifikation gelten kann. Wichtig ist, dass insgesamt alle Forderungen aus aktuellem und veraltetem Regelwerk bei der Qualitätskontrolle überprüft und die Ergebnisse im Abnahmeprüfzeugnis vermerkt werden. Das Vorgehen ist immer mit der Fremdabnahmegesellschaft abzusprechen und entspricht formal auch einer „Zulassung im Einzelfall“.

7 Bestätigung und Weitergabe der Prüfbescheinigungen

„5 Bestätigung und Weitergabe der Prüfbescheinigungen

Die Prüfbescheinigungen müssen von der (den) verantwortlichen Person (Personen) bestätigt sein (Name und Dienststellung).

Die Aufbewahrung und Weitergabe von Prüfbescheinigungen müssen entweder auf elektronischem Wege oder in Papierform erfolgen."

Anmerkungen

Nach Satz 1 müssen Prüfbescheinigungen von der jeweils verantwortlichen (zuständigen) Person bestätigt sein. „Bestätigt" bedeutet nicht „unterschrieben"; es genügen die Angabe von Name und Dienststellung der verantwortlichen Person(en). Dies gilt auch im Fall eines externen Abnahmebeauftragten, z. B. einer Abnahmeorganisation. In der Praxis ist/sind jedoch die (Faksimile-)Unterschrift/en des/der Abnahmebeauftragten üblich.

Bestätigung durch den Abnahmebeauftragten des Herstellers. Neben der Konformitätserklärung, dass die Lieferung den Vereinbarungen der Bestellung entspricht, bestätigt der Hersteller die Prüfbescheinigung in der Praxis durch seine Unterschrift. Da Prüfbescheinigungen heute zumeist digital verwaltet werden, geschieht dies durch Aufbringen einer elektronischen Unterschrift in der Prüfbescheinigung in Ergänzung mit den Kennzeichnungen nach DIN EN 10168 (vgl. Teil B, Kapitel 3). Gleichzeitig wird der Abnahmeprüfstempel des Herstellers in der Prüfbescheinigung mit ausgewiesen, so wie er real auf das Erzeugnis durch Hartstempelung oder Signierung aufgebracht ist. Bild 7.1 zeigt beispielhaft eine entsprechend bestätigte 3.1-Prüfbescheinigung mit den zugehörigen Bestätigungsangaben.

Bestätigung durch externe Abnahmebeauftragte. Die Bestätigung der 3.2-Prüfbescheinigungen durch externe Abnahmebeauftragte erfolgt in der Praxis vielfach durch Aufbringen eines Stempels/Kennzeichnung der Überwachungsgesellschaft in der Prüfbescheinigung auf jeder einzelnen Seite des Dokumentes. Zusätzlich kann auch eine Konformitätserklärung vermerkt werden; dies insbesondere dann, wenn Hersteller und Überwachungsgesellschaft eine eigenverantwortliche Prüfung (MSA) vereinbart haben, z.B. mit folgendem Wortlaut: *„This is to certify that the material described above has been made by an approved process and has been satisfactory tested in accordance with the applicable <...Erzeugnisspezifikation ...>. This certificate is issued in accordance with the survey arrangement authorized by <... Vereinbarung mit der Abnahmegesellschaft ...>. The ...... certification involvement within this Inspection report is limited to the requirements of the applicable <...Erzeugnisspezifikation ...>."* Bild 7.2 zeigt beispielhaft einen entsprechenden Auszug aus einem 3.2-Prüfzeugnis mit den Bestätigungsangaben des externen Abnahmebeauftragten zusätzlich zu den Abnahmebeauftragten des Herstellers.

Satz 2 bestimmt, dass Prüfbescheinigungen entweder „auf elektronischem Wege“ oder „in Papierform“ **aufbewahrt und weitergegeben** werden dürfen. Dieser „Normenbefehl“ wirkt zunächst nur inter partes, d.h. zwischen den Vertragsparteien. Es gibt also keine öffentlich-rechtliche Verpflichtung des Herstellers oder Händlers zur elektronischen oder papiermäßigen Aufbewahrung und Weitergabe von Prüfbescheinigungen allein aus der EN 10204 heraus. Allerdings kann sich eine solche Pflicht aus der vertraglichen Bezugnahme einer gesetzlichen Regelung (z.B. der der Druckgeräterichtlinie 2014/68/EU oder der BauPVO) auf die EN 10204 als harmonisierte Norm ergeben. „Papierform“ ist nicht gleichbedeutend mit „Original“; vielmehr können Bescheinigungen auch in Kopie sowie als Mikrofiche archiviert werden.

Abschnitt 5 lässt die Aufbewahrung und Weitergabe von Prüfbescheinigungen auf elektronischem Weg unter Verzicht auf den Postweg zu. Dies ermöglicht eine schnellere Zusendung von Prüfbescheinigungen sowie eine Erleichterung der elektronischen Archivierung. „Elektronisch“ bedeutet für die Aufbewahrung „gescannt“ oder in anderer Form elektronisch, also auf einem Datenträger oder Server oder einer Internetplattform gespeichert.

Die Weitergabe auf „elektronischem Wege“ erfordert keine elektronische Signatur im Sinne von § 126 b BGB (*„Soll die gesetzlich vorgeschriebene schriftliche Form durch die elektronische Form ersetzt werden, so muss der Aussteller der Erklärung dieser seinen Namen hinzufügen und das elektronische Dokument mit einer qualifizierten elektronischen Signatur versehen. Bei einem Vertrag müssen die Parteien jeweils ein gleichlautendes Dokument in der in Absatz 1 bezeichneten Weise elektronisch signieren.“*), es sei denn, diese Schriftform ist vertraglich für die Bestätigung und Weitergabe von Prüfbescheinigungen vereinbart. Prüfbescheinigungen werden von den Herstellern warmgewalzter Flachprodukte zumeist im PDF-Format per Mail weitergegeben oder auf für die Kunden eingerichteten Internet-Plattformen bereitgestellt. Als Kundenservice erfolgt dies auch mit Nennung entsprechender Kontaktanschriften für Rückfragen.

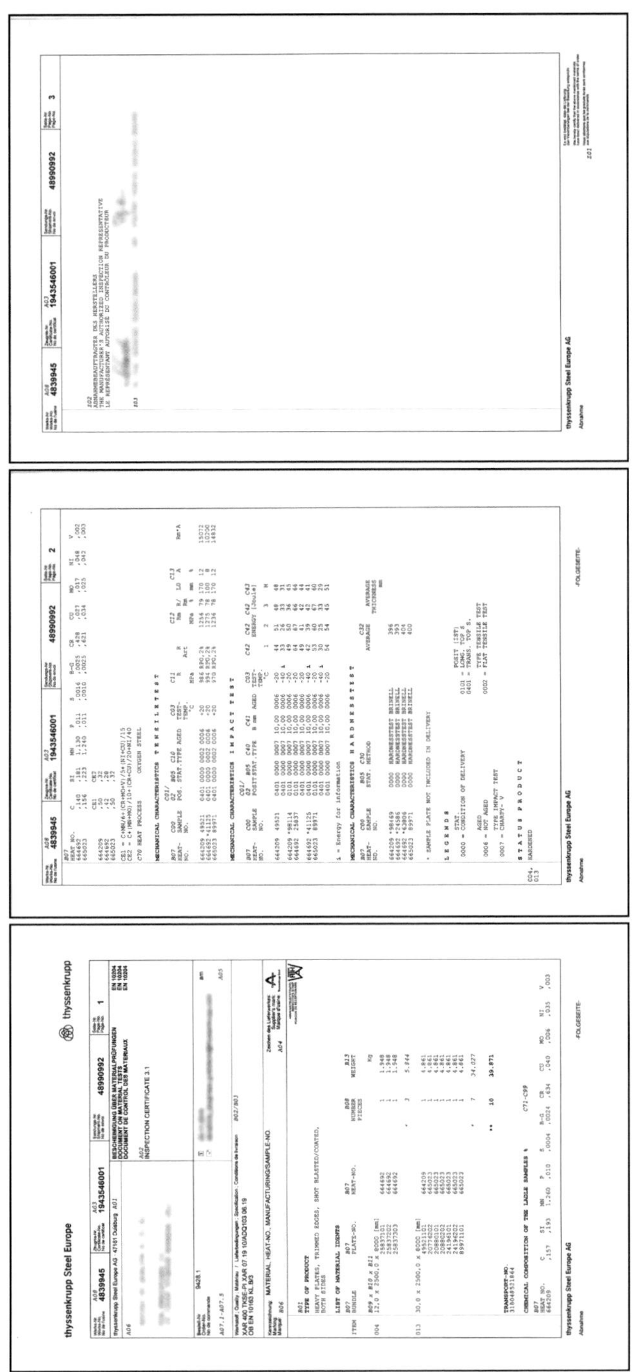

Bild 7.1 3.1-Prüfzeugnis mit Bestätigungsangaben des Abnahmebeauftragten des Herstellers

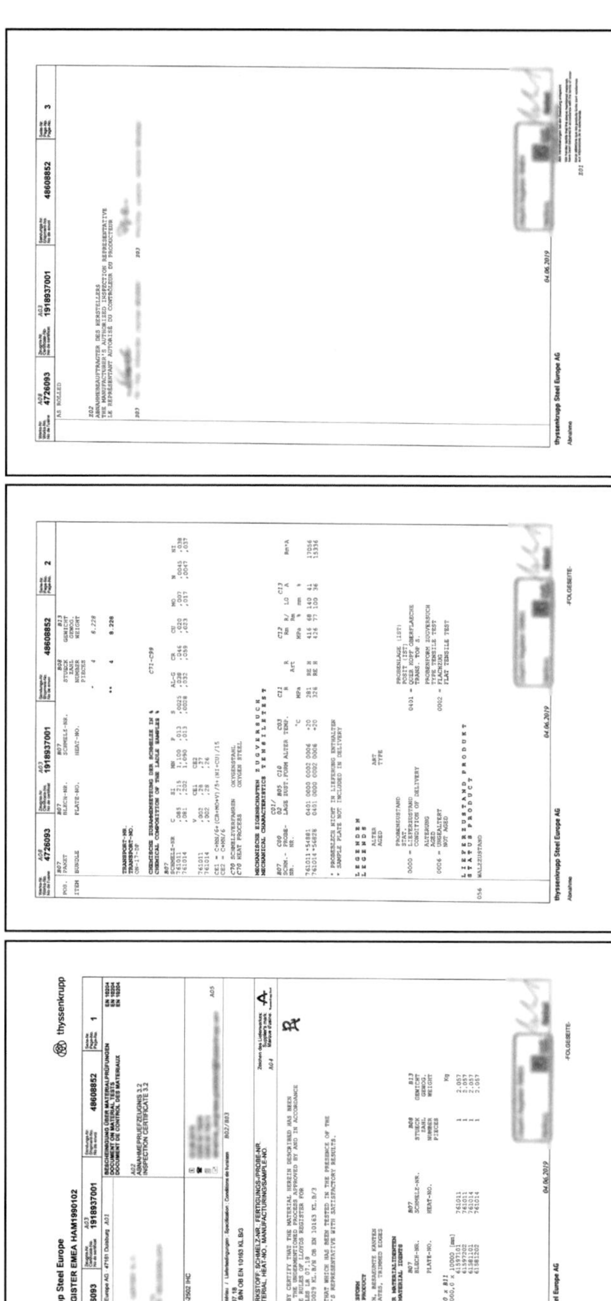

Bild 7.2 3.2-Prüfzeugnis mit Bestätigungsangaben des Abnahmebeauftragten des Herstellers und des externen Abnahmebeauftragten

Sicherung elektronisch versendeter Prüfbescheinigungen. Prüfbescheinigungen sind Dokumente, die gegen nachträgliche Änderungen geschützt werden müssen. In der heutigen Zeit werden Prüfbescheinigungen zumeist durch elektronische Datenverarbeitung in PDF-Formatierung erstellt und bestätigt. Hier erfolgt ein entsprechender Dokumentenschutz, eine Art digitaler Verschlüsselung, die ein Konvertieren, Ändern, Löschen, Hinzufügen von Informationen in das Dokument verhindert.

Aufbewahrungsfristen. Abschnitt 5 regelt nicht die Aufbewahrungsfristen; sie können zwischen den Vertragsparteien festgelegt werden und gelten dann auch nur zwischen ihnen („inter partes"). Im Übrigen ergeben sie sich vielfach aus gesetzlichen Regelungen wie der Druckgeräterichtlinie 2014/68/EU (zehn Jahre) oder der BauPVO (zehn Jahre). Sie können aber auch in einer vereinbarten Norm enthalten sein, so z. B. der DIN EN 10025 Anhang B.2.4 (zehn Jahre). Diese Klausel richtet sich allerdings ausschließlich an den Hersteller von Baustählen und verpflichtet weder den Händler noch den Verarbeiter zur (fristgerechten) Aufbewahrung von Unterlagen.

Aufbewahrungspflichten und -fristen müssen und sollten, wenn sie gewollt sind, daher in den Vereinbarungen mit dem Abnehmer festgeschrieben werden. Das kann auch in der Weise geschehen, dass bestimmte branchentypische Regelwerke mit Aufbewahrungsfristen als Vertragsbestandteil vereinbart werden. So enthält z. B. Band 1 der VdA-Schriftenreihe 6 (Qualitätsmanagement in der Automobilindustrie) „VdA 6.1" in Abschnitt 5.3 (Nutzungs- und Archivierungsdauer von Dokumenten mit Bezug zu kritischen Merkmalen) Archivierungsfristen für „Qualitätsaufzeichnungen zum Nachweis von zum Produkt oder Produktionsprozess gehörenden Freigabeprozessen" bis zu 15 Jahren.

8 Weitergabe von Prüfbescheinigungen durch einen Händler

„6 Weitergabe von Prüfbescheinigungen durch einen Händler

Ein Händler darf nur Originale oder Kopien der vom Hersteller gelieferten Prüfbescheinigungen ohne irgendwelche Veränderung weitergeben. Diesen Bescheinigungen muss ein geeignetes Mittel zur Identifizierung des Erzeugnisses beigefügt werden, damit die eindeutige Zuordnung von Erzeugnis und Bescheinigung sichergestellt ist.

Kopien der Originalbescheinigung sind zulässig unter der Voraussetzung, dass

- Verfahren zur Sicherstellung der Rückverfolgung angewendet werden,
- die Originalbescheinigung auf Anforderung verfügbar ist.

Wenn Kopien hergestellt werden, ist es zulässig, die Angabe der ursprünglichen Liefermenge durch die aktuelle Teilmenge zu ersetzen."

Anmerkungen

Abschnitt 6 regelt die **Weitergabe von Prüfbescheinigungen** durch einen Händler (engl. *intermediary*). Er entspricht im Wesentlichen Abschnitt 4 der EN 10204: 1991/1995 (mit der Maßgabe, dass dort auch der „Verarbeiter" in die Regelung eingeschlossen war), der wiederum im Wesentlichen wortgleich ist mit Abschnitt 6 der EN 10021:*„Wenn ein Erzeugnis durch einen Händler geliefert wird, so muss dieser dem Besteller die Bescheinigungen des Herstellers, ohne sie zu verändern, zur Verfügung stellen. Diesen Bescheinigungen des Herstellers muss ein geeignetes Mittel zur Identifizierung des Erzeugnisses beigefügt werden, damit eine eindeutige Zuordnung von Erzeugnis und Bescheinigungen sichergestellt ist (siehe Abschnitt 10). Wenn der Händler den Zustand oder die Maße des Erzeugnisses in irgendeiner Weise verändert hat, müssen diese besonderen neuen Eigenschaften in einer zusätzlichen Bescheinigung bestätigt werden. Anmerkung: Jede Organisation, die bei der Weiterverarbeitung den metallurgischen Zustand des Erzeugnisses verändert, gilt auch als Hersteller"*.

Beide Regelungen beschreiben die Voraussetzungen der Weitergabe von Prüfbescheinigungen und Kopien hiervon durch einen Händler (zu diesem Begriff siehe Abschnitt 2.4). Abschnitt 6 der DIN EN 10021 geht jedoch weiter als Abschnitt 6 der DIN EN 10204: Er erfasst auch den Fall, dass der Händler den „Zustand“ oder „die Maße“ des betreffenden Erzeugnisses „in irgendeiner Weise“ verändert, und ordnet für diesen Fall an, dass „diese neuen besonderen Eigenschaften“ in einer „zusätzlichen Bescheinigung“ zu bestätigen sind.

Nach Satz 1 darf ein Händler Prüfbescheinigungen des Herstellers nur im Original oder in Kopie an seine(n) Kunden ohne irgendwelche Veränderungen weitergeben. Insbesondere darf er nicht den Aussteller der Prüfbescheinigung abdecken oder verfälschen, um so z.B. seine Bezugsquelle zu verschleiern. Zu den strafrechtlichen Aspekten dieser Praxis siehe Teil A, Abschnitt 2.4.

Ob „Kopien“ gleichbedeutend mit „Abschriften“ sind, ist zweifelhaft. § 39 des Beurkundungsgesetzes definiert „Abschriften“ als „Abschriften, Abdrucke, Ablichtungen und dergleichen“. Danach sind Fotokopien Abschriften im weiteren Sinne. Die DIN EN 10204 geht nach ihrem Normzweck aber ersichtlich von einem engeren Begriff der „Kopie“ aus und versteht darunter ausschließlich „Fotokopien“ der Originalbescheinigung. „Abschriften“, also im Wortsinne „abgeschriebene“ Duplikate des Originals, sind dagegen nicht zulässig und muss der Kunde des Händlers nicht akzeptieren, es sei denn, sie wären vertraglich vereinbart.

Nach Satz 2 muss der Händler bei der Weitergabe von Prüfbescheinigungen ein geeignetes Mittel zur Identifizierung des Erzeugnisses beifügen zwecks Sicherstellung einer eindeutigen Zuordnung von Erzeugnis und Bescheinigung. Solche Mittel sind zum Beispiel eine zusätzliche (Farb-)Signierung der Bescheinigungsnummer auf dem Erzeugnis oder Listen, die den Zusammenhang zwischen Erzeugniskennung und zugehöriger Prüfbescheinigung zeigen.

Satz 3 gestattet die Weitergabe von Kopien der Bescheinigung unter folgenden Voraussetzungen:

- Es müssen Verfahren zur Sicherstellung der Rückverfolgung angewendet werden.
- Die Originalbescheinigung muss auf Anforderung verfügbar sein.

In der Praxis werden üblicherweise die Originalbescheinigungen beim Händler verwaltet. Sie sind dort jederzeit verfügbar und können bei Anforderung in kurzer Zeit dem Anfragenden verfügbar gemacht werden. Darüber hinaus können weitere Originale oder Kopien auch immer vom Hersteller angefordert werden. Prüfbescheinigungen werden zumeist durch ein Nummerierungssystem identifizierbar gemacht („Zeugnisnummer“). Werden Kopien erstellt, schließt dieses Nummerierungssystem eine Versionierung des Dokumentes ein, wodurch eine Rückverfolgbarkeit sichergestellt ist. Die Voraussetzungen für die Weitergabe von Kopien der Prüfbescheinigung durch den Händler sind in der Praxis damit erfüllt.

Satz 4 gestattet dem Händler für den Fall der Weitergabe der Bescheinigung in Kopie, die Angabe der ursprünglichen Liefermenge durch die „aktuelle Teilmenge“

zu ersetzen, so z. B. für den Fall, dass aus einer Lieferung von *x* Blechen oder *x* Bandblechpaketen, die in einer Prüfbescheinigung aufgelistet sind, nur ein Teil von *x* weiterverkauft wird. Dies ist als Ausnahme des Grundsatzes von Satz 1 anzusehen, wonach Bescheinigungen „ohne irgendwelche Veränderungen" weiterzugeben sind. Die entsprechende Eintragung der Teilmenge muss der Händler zwangsläufig händisch vornehmen. Hierzu werden in der Praxis vielfach manuelle Eintragungen auf der Prüfbescheinigung (Stückzahl- und Gewichtsänderungen, Streichungen nicht benötigter Daten) vorgenommen, die durch einen Händlerstempel oder Unterschrift eines Zeichnungsberechtigten des Händlers quittiert werden. Im Sinne der Norm regelkonform ist es aber, die vollständige, unveränderte Originalprüfbescheinigung mit einer ergänzenden Auflistung der gelieferten Teilmenge (Identnummern etc.) seitens des Händlers bei der Weitergabe zu versehen. Unabhängig davon kann hiervon natürlich durch getrennte Vereinbarung zwischen Händler und Endkunde von der Norm abgewichen werden.

9 Anhang

Von der Wiedergabe des Anhangs der DIN EN 10204 wurde abgesehen. Er besteht aus folgenden Teilen:

„Anhang A (informativ) – Zusammenstellung der Prüfbescheinigungen“

„Anhang ZA (informativ) – Die Beziehung zwischen dieser Europäischen Norm und den grundlegenden Anforderungen der EU-Direktive 97/23/EG“ (= Richtlinie 2014/68/EU vom 15. Mai 2014 zur Harmonisierung der Rechtsvorschriften der Mitgliedstaaten über die Bereitstellung von Druckgeräten auf dem Markt / DGRL)

Anhang A weist die Kennzeichen der unterschiedlichen Arten von Prüfbescheinigungen aus. Diese Angaben sind in Teil A, Abschnitt 3.4, dargestellt und kommentiert. Die Beziehungen der Druckgeräterichtline (DGRL) zu DIN EN 10204 aus **Anhang ZA** sind in Teil A, Kapitel 5, kommentiert.

TEIL C

Anhang

Fragen und Hinweise zur DIN EN 10204

Häufige Fragen und Antworten (FAQ)

Der Normenausschuss Materialprüfung (NMP) im DIN hat im Jahre 2006 eine Reihe von Fragen und Antworten (Frequently Asked Questions, FAQs) zur Auslegung der DIN EN 10204:2005 formuliert. Diese wurden sowohl in den DIN-Mitteilungen, Heft 10/2006, S. 16 ff., als auch im Beuth-Kommentar *Prüfbescheinigungen – Anwendung von DIN EN 10204*, 2. Auflage 2007, veröffentlicht. Auf Letzteren wird im nationalen Vorwort zur deutschen Ausgabe der EN 10204:2004 verwiesen. Diese FAQs werden im Folgenden wörtlich wiedergegeben, wobei deren Inhalt nicht in allen Fällen der Ansicht der Verfasser entspricht. Sie haben auch keinen „amtlichen" Charakter, sondern geben die Ansicht des Ausschusses wieder.

Antworten auf häufig gestellte Fragen im Zusammenhang mit der Anwendung von DIN EN 10204:2005, Metallische Erzeugnisse – Arten von Prüfbescheinigungen; Deutsche Fassung EN 10204:2004

„1 Abnahmebeauftragter

1.1 Was ist ein Abnahmebeauftragter?

Abnahmebeauftragter ist eine Funktionsbezeichnung für eine Person, die Prüfbescheinigungen bestätigt.

1.2 Welche Abnahmebeauftragten unterscheidet die DIN EN 10204?

In Abschnitt 4 der Norm werden nachstehende Abnahmebeauftragte unterschieden:

- der Abnahmebeauftragte des Herstellers
- der Abnahmebeauftragte des Bestellers
- der in amtlichen Vorschriften genannte Abnahmebeauftragte

Der Abnahmebeauftragte des Herstellers wird von diesem im Rahmen seiner Organisationsverantwortung zur Bestätigung der Prüfbescheinigungen autorisiert.

Speziell für Stahlerzeugnisse werden die o. g. Abnahmebeauftragten auch in DIN EN 10021 in Bezug genommen.

Der Abnahmebeauftragte des Bestellers und der in amtlichen Vorschriften genannte Abnahmebeauftragte werden auch als externe Abnahmebeauftragte bezeichnet.

1.3 Besteht ein Unterschied zwischen ‚Abnahmebeauftragter des Herstellers' und ‚Werkssachverständiger'?

Nein, Abnahmebeauftragter ist der aktuelle, in DIN EN 10204 und DIN EN 10021 verwendete Begriff.

1.4 Welche Anforderungen gelten für einen Abnahmebeauftragten eines Herstellers?

Aus der Funktion des Abnahmebeauftragten folgt, dass Fachgebietskenntnisse (Erzeugnisse/Prüfverfahren), Erfahrungen im Qualitätswesen und in der Abnahme vorhanden sein sollten (Entsprechendes gilt sinngemäß für externe Abnahmebeauftragten). Der Hersteller kann in einer Funktions- oder Arbeitsplatzbeschreibung Details nach eigenem Ermessen festlegen.

1.5 Muss jeder Hersteller einen Abnahmebeauftragten haben?

Nein, nur im Fall der Bestätigung von Abnahmeprüfzeugnissen 3.1 oder 3.2.

1.6 Muss der Abnahmebeauftragte des Herstellers unabhängig von der Fertigungsabteilung sein?

Ja, nach Abschnitt 4.1 und 4.2 von DIN EN 10204. Die Unabhängigkeit bezieht sich auf die fachliche Entscheidungsbefugnis in Abnahmefragen.

1.7 Müssen spezifische Prüfungen immer vom Abnahmebeauftragten persönlich durchgeführt werden?

Nein, bedingt durch Umfang und der Art der Prüfungen ist das zum Teil nicht möglich. Jedoch muss der Abnahmebeauftragte seiner generellen ‚Aufsichtspflicht' nachweisbar in angemessenem Umfang nachkommen.

1.8 Muss der Abnahmebeauftragte des Herstellers (oder der externe Abnahmebeauftragte) bei allen Schritten der Abnahme (z. B. Probenahme und -fertigung, Prüfung) anwesend sein?

Nein, sofern der Abnahmebeauftragte aufgrund organisatorischer Maßnahmen oder anderer vertrauensbildender Umstände seiner Verantwortlichkeit auch ohne ständige Anwesenheit gerecht werden kann. So können z. B. mit Abnahmegesellschaften „Vereinbarungen zur Probennahme und Prüfung durch den Hersteller" abgeschlossen werden. Durch die Tätigkeit externer Abnahmebeauftragten darf der Produktions- und Prüfablauf nicht gestört werden (siehe für Stahlerzeugnisse z. B. 8.3.1.3 und 8.3.1.4 in DIN EN 10021).

1.9 Sind mit dem Wegfall der Abnahmeprüfzeugnisse 3.1.A (in den amtlichen Vorschriften genannter Sachverständiger) und 3.1.C (Abnahmebeauftragter des Bestellers) der DIN EN 10204:1995 auch die entsprechenden Abnahmetätigkeiten weggefallen?

Nein, die Abnahmetätigkeiten bleiben unverändert bestehen. Die beiden weggefallenen Zeugnisarten 3.1 A und 3.1 C werden durch das Abnahmeprüfzeugnis 3.2 abgedeckt.

2 Prüfbescheinigungen

2.1 Müssen Prüfbescheinigungen unterschrieben werden?

Nein, jedoch müssen die Prüfbescheinigungen den Namen und die Dienststellung der Person(en) enthalten, die die Bestätigung vorgenommen hat (haben), (siehe Abschnitt 5 von DIN EN 10204).

2.2 Müssen Abnahmeprüfzeugnisse 3.2 aus einem Dokument bestehen, das die Bestätigung von beiden Abnahmebeauftragten (Abnahmebeauftragter des Herstellers und externer Abnahmebeauftragter) enthält?

Ja, diese Verfahrensweise entspricht Abschnitt 4.2 von DIN EN 10204. Der externe Abnahmebeauftragte kann eine separate Bescheinigung erstellen, der die des Herstellers beigefügt ist. Eine solche Verfahrensweise sollte bei der Bestellung vereinbart werden, da die Norm die Form und den Aussteller eines Abnahmeprüfzeugnisses 3.2 offenlässt.

2.3 Ist ein Abnahmeprüfzeugnis 3.2 ohne die Bestätigung durch den Abnahmebeauftragten des Herstellers gültig?

Nein, Abschnitt 4.2 der DIN EN 10204 fordert ausdrücklich die Bestätigung durch den Abnahmebeauftragten des Herstellers.

2.4 Wie ist die Verfahrensweise, wenn Erzeugnisse mit Abnahmeprüfzeugnis 3.1 nach einer anschließenden Weiterverarbeitung unter Beteiligung eines externen Abnahmebeauftragten geprüft werden müssen?

Bei der Weiterverarbeitung von z. B. Blechen, die mit Abnahmeprüfzeugnis 3.1 geliefert wurden, zu Rohren ist der Umformer als Hersteller der Rohre zu betrachten, da er die in der Erzeugnisspezifikation für die Rohre festgelegten Eigenschaften einstellt. Damit ist der Rohrhersteller die herstellerseitig zuständige Partei für die Bestätigung des Abnahmeprüfzeugnisses 3.2 für die Rohre. Für dieses Abnahmeprüfzeugnis 3.2 für das Rohr gelten grundsätzlich die Festlegungen von DIN EN 10204, unabhängig davon, ob für das Vormaterial (Blech) bereits ein Abnahmeprüfzeugnis 3.1 erstellt wurde. Sollen in das Abnahmeprüfzeugnis 3.2 für das Rohr spezifische Prüfergebnisse für nicht veränderte Eigenschaften aus dem Abnahmeprüfzeugnis 3.1 des Vormaterialherstellers (Blech) übernommen werden (z. B. Schmelzenanalyse), müssen Verfahren zur Sicherstellung der Rückverfolgbarkeit angewendet werden.

2.5 Ist DIN EN 10204 auch für die Bestätigung der Ergebnisse von Funktionsprüfungen anwendbar?

Ja, wobei die Prüfspezifikation zwischen Hersteller und Besteller zu vereinbaren ist.

2.6 Wie lange können noch Abnahmeprüfzeugnisse 3.1 A und 3.1 C nach DIN EN 10204:1995 bestellt werden?

Die Parteien eines Kaufvertrages können beliebig lange die Anwendung der DIN EN 10204:1995 und die dort festgelegten Bescheinigungen vereinbaren. In diesem Fall muss aber die Ausgabe 1995 zitiert werden. Es sollte jedoch im Einzelfall geprüft werden, ob einer vertraglichen Vereinbarung nicht Festlegungen in anzuwendenden Regelwerken entgegenstehen.

2.7 Enthalten Prüfbescheinigungen nach DIN EN 10204 „zugesicherte Eigenschaften"?

Nein, Angaben in Prüfbescheinigungen sind weder „zugesichert" noch garantiert, sondern bestätigen, dass das Erzeugnis der Bestellung entspricht.

2.8 Ersetzt eine mitgelieferte Prüfbescheinigung die Wareneingangskontrolle durch den Besteller/Empfänger?

Nein, denn das Handelsgesetzbuch entbindet den Käufer auch bei der Mitlieferung von Prüfbescheinigungen nicht von der Durchführung zumutbarer Prüfungen an der gelieferten Ware. Ob und inwieweit die Prüfung von Merkmalen, für die in Prüfbescheinigungen bereits Prüfergebnisse bestätigt wurden, für den Käufer zumutbar ist, ist sicher fallweise zu beurteilen. Dabei sollte auch die Art der Prüfbescheinigung, d. h. 2.2 auf der Grundlage nichtspezifischer oder 3.1 bzw. 3.2 auf der Grundlage spezifischen Prüfungen, Berücksichtigung finden.

3 Nichtspezifische/spezifische Prüfungen

3.1 Sind bei nichtspezifischer Prüfung die Prüfverfahren durch den Hersteller frei wählbar?

Nein, siehe auch Abschnitt 2.1 der DIN EN 10204. Es müssen die in den Erzeugnisspezifikationen festgelegten Prüfverfahren angewandt werden.

3.2 Darf ein Verarbeiter Ergebnisse nichtspezifischer Prüfungen aus Prüfbescheinigungen des Herstellers in seine Bescheinigung über spezifische Prüfungen übernehmen?

Nein, siehe Abschnitt 4.2. der DIN EN 10204. Wenn spezifische Prüfergebnisse gefordert werden, diese vom Hersteller jedoch nicht geliefert wurden, so müssen sie vom Hersteller nachgefordert werden.

4 Händler

4.1 Darf ein Händler eigene Prüfbescheinigungen ausstellen, wenn er keine eigenschaftsverändernden Arbeitsschritte an den Erzeugnissen vornimmt?

Nein, siehe Abschnitt 6 von DIN EN 10204. Die Norm sieht für diesen Fall ausschließlich die Weitergabe von Originalen oder Kopien der Prüfbescheinigungen des Herstellers vor.

4.2 Darf ein Händler Prüfbescheinigungen ausstellen, wenn er eigenschaftsverändernde Verarbeitungsschritte vornimmt?

Ja, in diesem Fall ist er „Hersteller“ im Sinne der DIN EN 10204 für die betreffenden Eigenschaften. Nur über diese Eigenschaften darf er eine Prüfbescheinigung ausstellen. Die anderen unveränderten Eigenschaften muss er durch entsprechende Vorbescheinigungen dokumentieren.

4.3 Darf ein Händler anstelle einer Kopie der Prüfbescheinigung des Herstellers auch eine Abschrift an seine Kunden weiterreichen?

Nein, Abschnitt 6 von DIN EN 10204 spricht nur von Kopien.

Wenn eine Abschrift wegen der Vertragsfreiheit dennoch vereinbart ist (z. B. durch die Klausel „Abnahmeprüfzeugnis 3.1 in Abschrift“), muss sie als vollständige Abschrift vom Händler bestätigt sein. Das Original der Prüfbescheinigung muss zur Einsichtnahme verfügbar sein.“

Hilfreiche Hinweise

Die folgenden 30 Hinweise fassen den Inhalt von Teil A und Teil B dieses Buches zusammen und sollen einen Überblick zur Thematik der DIN EN 10204 geben.

1. Die EN 10204 gilt für alle metallischen Erzeugnisse wie Bleche, Feinbleche, Stangen, Schmiedestücke und Gussstücke, unabhängig von der Art ihrer Herstellung; die Norm kann auch für nichtmetallische Werkstoffe angewendet werden, wie z. B. Kunststoffe, Schläuche usw. Dagegen gilt die DIN EN 10168 zu den Angaben in Prüfbescheinigungen nur für Stahlerzeugnisse.
2. Die EN 10204 kennt nur noch vier Arten von Prüfbescheinigungen: die Werksbescheinigung 2.1, das Werkszeugnis 2.2 sowie die Abnahmeprüfzeugnisse 3.1 und 3.2.
3. Zweck und Rechtsnatur der Prüfbescheinigungen liegen in erster Linie in der Bestätigung der Konformität, und dies insbesondere in den sogenannten überwachungspflichtigen (gelegentlich auch „geregelt“ genannten) Bereichen der Druckgeräte und der Bauprodukte. Sie sichern den Nachweis über die Herkunft des Materials und erleichtern damit dessen Rückverfolgung. Darüber hinaus dienen sie der Qualitätssicherung beim Besteller, indem sie – mehr oder weniger spezifisch – Auskunft zu bestimmten Eigenschaften des Materials geben.
4. Im geregelten Bereich, so z. B. bei der Herstellung von Druckbehältern, dienen Prüfbescheinigungen dem Nachweis der in den technischen Regeln enthaltenen Qualitätsanforderungen. Sie sind also ein Mittel der Qualitätssicherung. Schließlich enthalten Prüfbescheinigungen je nach Typ wertvolle Informationen zu den inneren Eigenschaften des Erzeugnisses und damit zur deren Verarbeitbarkeit.

5. Prüfbescheinigungen sind, wenn und soweit nichts anderes vereinbart ist, in Übereinstimmung mit der EN 10204 und mit dem Inhalt zu liefern, wie ihn die jeweilige Erzeugnisspezifikation vorschreibt. Dabei sind die Vorgaben der jeweiligen Normen genau zu beachten. Im Übrigen richtet sich der Inhalt von Prüfbescheinigungen nach EN 10168, dies allerdings begrenzt auf die Stahlerzeugnisse.
6. Der Prüfumfang ergibt sich ebenfalls aus der zuständigen Norm. Bei abnahmepflichtigem Material sind für den Inhalt der Prüfbescheinigungen zusätzlich die einschlägigen technischen Regeln zu beachten. Das sind bei Druckgeräten die AD 2000-Merkblätter „Metallische Werkstoffe".
7. Es gibt keine einheitliche Form von Prüfbescheinigungen, wenngleich sich für metallische Erzeugnisse ein gewisser einheitlicher Standard gebildet hat.
8. Prüfbescheinigungen stellt im Grundsatz der Hersteller aus. Das ist nach der Definition der EN 10204 die Organisation, die die jeweiligen Erzeugnisse den Anforderungen der Bestellung mit den Eigenschaften entsprechend der Erzeugnisspezifikation herstellt. Dabei gilt nach der EN 10021 jede Organisation (auch) als Hersteller, die bei der Weiterverarbeitung den metallurgischen Zustand des Erzeugnisses verändert. Damit gilt jeder Betrieb, der den metallurgischen Zustand des Stahlerzeugnisses herstellt oder verändert, auf jeden Fall als Hersteller, darüber hinaus aber auch jeder Betrieb, der die Eigenschaften des Erzeugnisses (Abmessungen, Ebenheit etc.) gemäß einer vorliegenden Erzeugnisspezifikation verändert.
9. Ein Stahlservice-Center kann und darf in der Regel Abnahmeprüfzeugnisse des Typs 3.1 nur auf der Grundlage entsprechender Bescheinigungen des Herstellers des Vormaterials (z.B. des Warmband-Coils) ausstellen, wobei es die Werte aus diesen Bescheinigungen in seine eigene Bescheinigung übernehmen kann und muss.
10. Der Zwischenhändler ist zur Weitergabe von Prüfbescheinigungen im Original oder in Kopie berechtigt. Wenn Kopien hergestellt werden, darf er die Angabe der ursprünglichen Liefermenge durch die aktuelle Teilmenge ersetzen. Andere Veränderungen sind nicht zulässig, insbesondere nicht das Löschen des Herstellers oder Empfängers aus dem Zeugnis, denn damit ist die Rückverfolgbarkeit nicht mehr gewährleistet.
11. Keine Prüfbescheinigungen im Sinne der DIN EN 10204 sind sogenannte Händlerbescheinigungen, in denen eine in den Absatzprozess eingegliederte Zwischenperson bescheinigt, ihr habe für das betreffende, von ihr verkaufte Erzeugnis eine Prüfbescheinigung vorgelegen.
12. Prüflabore können als solche keine Abnahmeprüfzeugnisse ausstellen. Sie können aber als Abnahmebeauftragte des Herstellers handeln.

13. Stahl- und Metallerzeugnisse können ab 2005 auf Händler- und Verbraucherlägern nicht mehr ohne Mitwirkung des Herstellers dieser Erzeugnisse gesondert geprüft und hierüber Prüfbescheinigungen nach DIN EN 10204:2005 erstellt werden. Allerdings gestattet die Vertragsfreiheit in solchen Fällen die Ausstellung von Prüfbescheinigungen des Typs 3.1 C nach der (alten) EN 10204:1995. Die Neufassung der DIN EN 10204 steht also der weiteren Verwendung von Abnahmeprüfzeugnissen des Typs 3.1 A und 3.1C nicht entgegen, soweit nicht andere vertraglich vereinbarte Regelwerke Bescheinigungen des Typs 3.2 zwingend vorschreiben. Dagegen lässt die EN 10204 es nicht zu, aus einer Prüfbescheinigung 3.1 ohne Mitwirkung des Herstellers eine Prüfbescheinigung 3.2 zu machen. Vertraglich kann freilich etwas anderes vereinbart werden.
14. Regelmäßig wird die Mitlieferung einer Prüfbescheinigung in der Weise vereinbart, dass der Käufer sie in seiner Bestellung aufführt und der Verkäufer sie in seiner Auftragsbestätigung bestätigt.
15. Die Beistellung einer Prüfbescheinigung kann aber auch durch Bezugnahme auf bestimmte Erzeugnisnormen vereinbart werden. Wenn und soweit dies die jeweilige Norm mit der notwendigen Bestimmtheit anordnet, hat der Besteller gegen den Hersteller des betreffenden Erzeugnisses einen Rechtsanspruch auf Mitlieferung einer Prüfbescheinigung.
16. Prüfbescheinigungen müssen die Anforderungen der EN 10204, der EN 10168 und der jeweiligen Erzeugnisnorm erfüllen. Das Fehlen von und Fehler in vereinbarten Werksbescheinigungen, Werkszeugnissen und Abnahmeprüfzeugnissen berechtigen den Käufer regelmäßig zur Zurückhaltung des Kaufpreises und zum Rücktritt bzw. Schadensersatz nach erfolgloser Fristsetzung.
17. Prüfbescheinigungen sind, wie die Ware selbst, rechtzeitig zu liefern. Im Verzugsfall haftet der Verkäufer seinem Käufer auf die verzugsbedingten Schäden.
18. Zeugnismängel sind keine Sachmängel. Ein Fehler im Zeugnis macht also das Erzeugnis, zu dem es gehört, nicht fehlerhaft und löst daher keine Mängelansprüche des Käufers aus.
19. Zeugnismängel indizieren jedoch regelmäßig einen Mangel des Erzeugnisses.
20. Prüfbescheinigungen muss der Käufer daher wie die Ware selbst unverzüglich nach deren Eingang überprüfen und entdeckte Fehler ebenso unverzüglich dem Verkäufer anzeigen.
21. Der Händler haftet nicht für Fehler in solchen Prüfbescheinigungen, die er vom Aussteller erhalten und unverändert an seinen Abnehmer weitergereicht hat, es sei denn, er hat den Fehler gekannt oder kennen müssen; dann freilich haftet er seinem Kunden auf Schadensersatz.

22. Im Falle der 3.1-Abnahme (= Eigenabnahme) haftet der Hersteller und Aussteller der Prüfbescheinigung für etwaige Fehler seines Abnahmebeauftragten und anderer Personen/Unternehmen, deren er sich bedient. Anders verhält es sich bei der Fremdabnahme (Abnahmeprüfzeugnis 3.2): Hier haftet der Hersteller nicht für Fehler der betreffenden Personen und Institutionen.
23. Fehler in einer Prüfbescheinigung begründen regelmäßig die Haftung des Ausstellers für aus diesen Fehlern entstandene Schäden, dies im Grundsatz aber nur dort, wo der Geschädigte das betreffende Erzeugnis zusammen mit dem Zeugnis unmittelbar bei dem Aussteller gekauft hat. Außerhalb solcher kaufvertraglichen Beziehungen ist ein Durchgriff auf den Aussteller nur dort zulässig, wo dieser die Bescheinigung gefälscht oder wo die fehlerhafte Bescheinigung einen Sach- und/oder Personenschaden verursacht hat.
24. Soweit in Prüfbescheinigungen geprüfte Werte testiert sind, ist der Käufer in aller Regel von seiner handelsrechtlichen Rügepflicht nach § 377 HGB befreit.
25. Prüfbescheinigungen entbinden den Endabnehmer und Zwischenhändler zwar in aller Regel von der Untersuchung des Erzeugnisses hinsichtlich solcher Eigenschaften, die in der Prüfbescheinigung bestätigt sind. Andererseits sind Fehler und solche Angaben in Prüfbescheinigungen, die auf einen Mangel des Erzeugnisses schließen lassen, ebenso unverzüglich anzuzeigen wie der Mangel selbst.
26. Wer inhaltlich falsche Prüfbescheinigungen herstellt oder inhaltlich richtige verfälscht, macht sich wegen Urkundenfälschung, unter Umständen auch wegen Betruges strafbar.
27. Aufbewahrungspflichten und -fristen können sich aus bestimmten Gesetzeswerken wie der Maschinen- und Druckgeräterichtlinie, aber auch aus Regelwerken wie der VdA-Norm 6.1 ergeben, gelten aber nicht generell und allenfalls für den Hersteller solcher Anlagen.
28. In AGB sollte auf die richtige und wirksame Gestaltung von Haftungsklauseln geachtet werden, die auch den Besonderheiten der durch die Ausstellung und Weitergabe begründeten Schutzpflichten Rechnung trägt.
29. Im Zusammenhang mit und zur Eingrenzung von Haftungsrisiken aus Fehlern in Prüfbescheinigungen kann die erweiterte Deckung nach dem PH-Modell durchaus sinnvoll sein.
30. Im grenzüberschreitenden Verkehr haftet der Verkäufer seinem Käufer gegenüber aus Fehlern von Prüfbescheinigungen auf Schadensersatz ohne Rücksicht darauf, ob ihn an dem betreffenden Fehler ein Verschulden trifft. Grund genug, Verträge in diesem Bereich besonders sorgfältig zu gestalten und dabei insbesondere auf die richtige und rechtlich wirksame Ausgestaltung von Haftungsklauseln zu achten!

Position der Experten des Arbeitsausschusses NA 062-08-92 AA zur Auslegung der DIN EN 10204

DIN-Normenausschuss Materialprüfung (NMP); DIN EN 10204:2005-01 „Metallische Erzeugnisse – Arten von Prüfbescheinigungen; Deutsche Fassung EN 10204:2004"

„Im Bericht ‚Ausstellung von Abnahmeprüfzeugnissen 3.1 und 3.2 nach DIN EN 10204 durch Prüflabors und Abnahmeorganisationen' von Ingolf Friederici in den DIN-Mitteilungen Oktober 2012, Seiten 136 bis 137, waren einige Aussagen zu Verfahrensweisen enthalten, die vielleicht gängige Praxis in einigen Bereichen sind, aber nicht zwangsläufig aus der Norm abgeleitet werden können. Diesen Aussagen wurde in den Erwiderungen von Peter Henseler und vom Verband der TÜV e. V. in den DIN-Mitteilungen September 2013, Seiten 134 bis 137, widersprochen. Dort wiederum wurden Interpretationen abgeleitet, die nicht konform zu DIN EN 10204 sind. Im Folgenden wird eine Klarstellung der strittigen Punkte veröffentlicht. Es handelt sich hierbei um die offizielle Position der Experten des Arbeitsausschusses NA 062-08-92 AA, ‚Probenahme, Abnahme (Stoffartunabhängige Grundlagen)', der für Auskünfte zur Anwendung der Norm DIN EN 10204 auf nationaler Ebene zuständig ist. Ein 3.1-Abnahmeprüfzeugnis kann nur vom Hersteller herausgegeben werden, weil das in Abschnitt 4.1 so festgelegt ist. Welche Vertragsverhältnisse existieren, spielt keine Rolle. Wer Hersteller ist, wird in Abschnitt 2.3 definiert. Weder bei 3.1- noch 3.2-Abnahmeprüfzeugnissen ist eine Unterschrift erforderlich. Es genügen der Name und die Position des/der Abnahmebeauftragten. In DIN EN 10204:2005-01 ist nicht festgelegt, wer das 3.2-Abnahmeprüfzeugnis erstellt. Bei einem 3.2-Abnahmeprüfzeugnis bestätigt sowohl der Abnahmebeauftragte des Herstellers als auch der Abnahmebeauftragte des Bestellers die Konformität mit der Bestellung und die angegebenen Prüfergebnisse. Daher kann es auch kein 3.2-Abnahmeprüfzeugnis geben, bei dem der Hersteller eine Stahlsorte (zum Beispiel S355N) und die für diese Stahlsorte erforderlichen Prüfergebnisse in einem 3.1-Abnahmeprüfzeugnis bescheinigt sowie ein Abnahmebeauftragter des Bestellers nachträglich und ohne Mitwirken des Herstellers eine andere Stahlsorte (zum Beispiel S355NL) oder zusätzliche Prüfungen bestätigt. In AD 2000-W0, Abschnitt 3.4.3, ist auch nichts anderes vorgesehen. Dort wird zwar explizit eine Prüfbescheinigung 3.1C nach DIN EN 10204:1995-08 zugelassen, jedoch nur, wenn die Einhaltung der Werkstoffspezifikation und der Bestellung vom Hersteller bestätigt wird.Auch die Bauproduktenverordnung (EU 305/2011) in Verbindung mit der harmonisierten Norm DIN EN 10025-1:2005-02 ‚Warmgewalzte Erzeugnisse aus Baustählen – Teil 1: Allgemeine technische Lieferbedingungen; Deutsche Fassung EN 10025-1:2004' fordert, dass der Hersteller eine CE-Kennzeichnung aufbringt und eine Leistungserklärung bereitstellt, sobald er ein Produkt für den Stahlbau in Verkehr bringt. Diese Tätigkeiten sind mit strengen

Auflagen an die Hersteller verknüpft, unter anderem einer Erstinspektion des Werks und der werkseigenen Produktionskontrolle sowie einer laufenden Überwachung, Bewertung und Evaluierung der werkseigenen Produktionskontrolle durch eine akkreditierte notifizierte Zertifizierungsstelle. Damit sind nachträgliche Änderungen der Stahlsorte ohne Wissen des Herstellers in diesem Marktsektor nicht möglich. Im Falle nachträglicher Prüfungen im Auftrag des Bestellers und ohne Mitwirken des Herstellers sind Werkstoffprüfberichte, Maß- und Besichtigungsprotokolle und dergleichen möglich. Ob solche Dokumente geeignet sind, vorliegendes Material in einem Bauteil zu verwenden, ist vom Hersteller dieses Bauteils und, wenn zutreffend, von der zuständigen Überwachungsorganisation zu entscheiden und zu verantworten. Die nachträgliche Erstellung eines 3.2-Abnahmeprüfzeugnisses entsprechend DIN EN 10204 durch ein Prüflabor oder eine benannte Stelle ist nur dann möglich, wenn zuvor ein Abnahmeprüfzeugnis 3.1 für die gleiche Stahlsorte mit den gleichen Zusatzanforderungen vorliegt. Werden im Abnahmeprüfzeugnis 3.2 von einem Prüflabor oder einer benannten Stelle andere Stahlsorten oder Zusatzanforderungen als im Abnahmeprüfzeugnis 3.1 aufgenommen, dann fehlt für diese die Bestätigung des Herstellers, dass die gelieferten Produkte die festgelegten Anforderungen erfüllen. Wer für die Ermittlung der Prüfergebnisse zuständig ist, lässt sich aus DIN EN 10204 nicht herleiten. Für Stahlsorten nach EN-Normen gilt jedoch zusätzlich DIN EN 10021:2007-03 ‚Allgemeine technische Lieferbedingungen für Stahlerzeugnisse; Deutsche Fassung EN 10021:2006'. Dort ist festgelegt (Abschnitt 8.3.1.2), dass unter bestimmten Bedingungen eine Prüfung an anderen Orten als im Herstellerwerk möglich ist. Dann darf das Produkt allerdings erst ausgeliefert werden, wenn die Prüfergebnisse dem Hersteller vorliegen."[1]

[1] Quelle: *Normenausschuss Materialprüfung (NMP):* NA 062-08-92 AA des DIN-Normenausschusses Materialprüfung. DINMitt. 2014, S. 121

Normenverzeichnis

Harmonisierte Normen im Rahmen der Druckgeräterichtlinie

Harmonisierte Normen für das Bauwesen

ISO 31-0

Ausg. 1992

Größen und Einheiten; Teil 0: Allgemeine Grundsätze

DIN EN ISO 148-1

Ausg. 20011-01

Metallische Werkstoffe-Kerbschlagbiegeversuch nach Charpy

Teil 1: Prüfverfahren

DIN EN ISO 148-1 Beiblatt 1

Ausg. 2014-02

Werkstoffe-Kerbschlagbiegeversuch nach Charpy

Teil 1: Prüfverfahren, Beiblatt 1: Sonderprobenformen

DIN EN ISO 286

Ausg. 2010-11

Geometrische Produktspezifikation (GPS) – ISO-Toleranzsystem für Längenmaße

Teil 1: Grundlagen für Toleranzen, Abmaße und Passungen

Teil 2: Tabellen der Grundtoleranzgrade und Grenzabmaße für Bohrungen und Wellen

DIN EN ISO 377

Ausg. 2017-09

Stahl und Stahlerzeugnisse – Lage und Vorbereitung von Probenabschnitten und Proben für mechanische Prüfungen

DIN EN ISO 404

Ausg. 2013

Steel and steel products – General technical delivery requirements

DIN 488-1

Ausg. 1984-09

Betonstahl

Teil 1: Sorten, Eigenschaften, Kennzeichnung

DIN 488-5

Ausg. 2009-08

Betonstahl – Gitterträger

DIN EN 583-1

Ausg. 1981-12

Zerstörungsfreie Prüfung-Ultraschallprüfung – Teil 1: Allgemeine Grundsätze

DIN EN 583-2

Ausg. 2001-04

Zerstörungsfreie Prüfung-Ultraschallprüfung – Teil 2: Empfindlichkeits-und Entfernungsjustierung

DIN EN 583-3

Ausg. 1997-06

Zerstörungsfreie Prüfung-Ultraschallprüfung – Teil 3: Durchschallungstechnik

DIN EN 583-4

Ausg. 2002-12

Zerstörungsfreie Prüfung-Ultraschallprüfung – Teil 4: Prüfung auf Inhomogenität senkrecht zur Oberfläche

DIN EN 583-5

Ausg. 2001-02

Zerstörungsfreie Prüfung-Ultraschallprüfung – Teil 5: Beschreibung und Größenbestimmung von Inhomogenitäten

DIN EN 583-6

Ausg. 2009-03

Zerstörungsfreie Prüfung-Ultraschallprüfung – Teil 6: Beugungslaufzeittechnik, eine Technik zum Auffinden und Ausmessen von Inhomogenitäten

DIN EN ISO 642

Ausg. 2000-01

Stirnabschreckversuch (Jominy-Versuch)

DIN EN ISO 643-12

Ausg. 2015-06

Stahl: Mikrophotographische Bestimmung der erkennbaren Korngröße

DIN EN ISO 683-17

Ausg. 2015-02

Für eine Wärmebehandlung bestimmte Stähle, legierte Stähle und Automatenstähle – Teil 17: Wälzlagerstähle

DIN EN 764-5

Ausg. 2015

Druckgeräte – Teil 5: Prüfbescheinigungen für metallische Werkstoffe und Übereinstimmung mit Werkstoffspezifikation

DIN 820-3

Ausg. 2014

Normungsarbeit – Teil 3: Begriffe

DIN EN 1011-1

Ausg. 2009-07

Schweißen – Empfehlungen zum Schweißen metallischer Werkstoffe – Teil 1: Allgemeine Anleitungen für das Lichtbogenschweißen

DIN EN 1069-2

Ausg. 2017

Wasserrutschen – Teil 2: Hinweise

DIN EN 1090

Ausg. 2012-02

Ausführung von Stahltragwerken und Aluminiumtragwerken

DIN EN 1130

Ausg. 2000-09

Zerstörungsfreie Prüfung.

DIN EN 1176-1

Ausg. 2017

Spielplatzgeräte und Spielplatzböden – Teil 1: Allgemeine sicherheitstechnische Anforderungen und Prüfverfahren

DIN EN 1330-4

Zerstörungsfreie Prüfung- Technologie

Teil 4 Begriffe der Ultraschallprüfung

DIN EN 1623-1

Ausg. 2009

Kaltgewalztes Band und Blech – Technische Lieferbedingungen – Allgemeine Baustähle

DIN EN 1712

Ausg. 2018-05

Zerstörungsfreie Prüfung von Schweißverbindungen – Ultraschallprüfung – Zulässigkeitsgrenzen (ersetzt durch DIN EN ISO 11666)

DIN EN 1713

Ausg. 2017-12

Zerstörungsfreie Prüfung von Schweißverbindungen – Ultraschallprüfung – Charakterisierung von Inhomogenitäten in Schweißnähten (ersetzt durch DIN EN 23279)

DIN EN 1714

Ausg. 2019-02

Zerstörungsfreie Prüfung von Schweißverbindungen – Ultraschallprüfung – Techniken, Prüfklassen und Bewertung (ersetzt durch DIN EN ISO 17640)

DIN EN 1992

EUROCODE 2

Ausg. 2011-01

Bemessung und Konstruktion von Stahlbeton- und Spannbetontragwerken

DIN EN 1993

EUROCODE 3

Ausg. 2000-09

Bemessung und Konstruktion von Stahlbauten

1: Allgemeine Bemessungsregeln und Regeln für den Hochbau

Teil 1-9: Ermüdung

Teil 5: Pfähle und Spundwände

DIN EN 1994

EUROCODE 4

Ausg. 2010-12

Bemessung und Konstruktion von Verbundtragwerken aus Stahl und Beton

Teil 1-1: Allgemeine Bemessungsregeln und Anwendungsregeln für den Hochbau

Teil 1: Allgemeine Regeln

Teil 1: Zugversuch bei Raumtemperatur

DIN EN 2394-2

Ausg. 1994

Geschweißte maßgewalzte Präzisionsstahlrohre – Teil 2: Technische Lieferbedingungen (ersetzt durch DIN EN 10305-3:2003)

DIN 2470-1

Ausg. 1987

Gasleitungen aus Stahlrohren mit zulässigen Betriebsdrücken bis 16 bar; Anforderungen an Rohrleitungsteile (ersetzt durch DIN EN 12007-3)

DIN EN ISO 3452

Ausg. 2014-09

Zerstörungsfreie Prüfung – Eindringprüfung

Teil 1: Allgemeine Grundlagen

Teil 2: Prüfung von Eindringmitteln

DIN EN 4109

Ausg. 2018

Schallschutz im Hochbau

DIN EN ISO 4885

Ausg. 2017-07

Begriffe der Wärmebehandlung von Eisenwerkstoffen

DIN EN ISO 4957

Ausg. 2017-04

Werkzeugstähle

DIN EN ISO 5579

Ausg. 2014-04

Zerstörungsfreie Prüfung – Durchstrahlungsprüfung von metallischen Werkstoffen mit Film und Röntgen- oder Gammastrahlen – Grundlagen

DIN EN ISO 6506-01

Ausg. 2006-03

Metallische Werkstoffe – Härteprüfung nach Brinell

Teil 1: Prüfverfahren

DIN EN ISO 6507-01

Ausg. 2006-03

Metallische Werkstoffe – Härteprüfung nach Vickers

Teil 1: Prüfverfahren

DIN EN ISO 6508-01

Ausg. 2006-03

Metallische Werkstoffe – Härteprüfung nach Rockwell

Teil 1: Prüfverfahren (Skalen A,B,C)

DIN EN ISO 6892

Ausg. 2017-02

Metallische Werkstoffe – Zugversuch

Teil 1: Prüfverfahren bei Raumtemperatur

DIN EN ISO 7438

Ausg. 2016-07

Metallische Werkstoffe – Biegeversuch

DIN EN ISO 8044

Ausg. 2015-12

Korrosion von Metallen und Legierungen – Grundbegriffe

DIN EN ISO 8501

Ausg. 2007-12

Vorbereitung von Stahloberflächen vor dem Auftragen von Beschichtungsstoffen – Visuelle Beurteilung der Oberflächenreinheit

DIN EN ISO 8503

Ausg. 2013-05

Vorbereitung von Stahloberflächen vor dem Auftragen von Beschichtungsstoffen – Rauheitskenngrößen von gestrahlten Stahloberflächen

DIN 8580

Ausg. 2003-09

Fertigungsverfahren – Begriffe, Einteilung

DIN 8582

Ausg. 2003-09

Fertigungsverfahren Umformen – Einordnung; Unterteilung, Begriffe, Alphabetische Übersicht

DIN 8588

Ausg. 2013-08

Fertigungsverfahren Zerteilen – Einordnung, Unterteilung, Begriffe

DIN 8589

Ausg. 2003-09

Fertigungsverfahren Spanen

Teil 1: Drehen; Einordnung, Unterteilung, Begriffe

DIN 8593

Ausg. 2003-09

Fertigungsverfahren Fügen

Teile 1 bis 8

DIN EN ISO 9000

Ausg. 2015

Qualitätsmanagementsysteme – Grundlagen und Begriffe

DIN EN ISO 9001

Ausg. 2015-11

Qualitätsmanagementsysteme – Anforderungen

ISO 9223

Ausg. 2012-02

Korrosion von Metallen und Legierungen – Korrosivität von Atmosphären – Klassifizierung, Bestimmung und Abschätzung

DIN EN ISO 9692

Ausg. 2013-12

Schweißen und verwandte Prozesse – Arten der Schweißnahtvorbereitung

DIN EN ISO 9934

Ausg. 2015-12

Zerstörungsfreie Prüfung – Magnetpulverprüfung

Teil 1: Allgemeine Grundlagen

Teil 2: Prüfmittel

Teil 3: Geräte

DIN EN 10020

Ausg. 2000-07

Begriffsbestimmungen für die Einteilung der Stähle

DIN EN 10021

Ausg. 2007-03

Allgemeine technische Lieferbedingungen für Stahlerzeugnisse

DIN EN 10024

Ausg. 1995

I-Profile mit geneigten inneren Flanschflächen – Grenzmaße und Formtoleranzen

DIN EN 10025

Ausg. 2019-10

Warmgewalzte Erzeugnisse aus Baustählen

Teil 1: Allgemeine technische Lieferbedingungen

Teil 2: Technische Lieferbedingungen für unlegierte Baustähle

Teil 3: Technische Lieferbedingungen für normalgeglühte/normalisierend gewalzte schweißgeeignete Feinkornbaustähle

Teil 4: Technische Lieferbedingungen für thermomechanisch gewalzte schweißgeeignete Feinkornbaustähle

Teil 5: Technische Lieferbedingungen für wetterfeste Baustähle

Teil 6: Technische Lieferbedingungen für Flacherzeugnisse aus Stählen mit höherer Streckgrenze im vergüteten Zustand

DIN EN 10027

Ausg. 2017-01

Bezeichnungssysteme für Stähle

Teil 1: Kurznamen

Teil 2: Nummernsystem

DIN EN 10028

Ausg. 2017-10

Flacherzeugnisse aus Druckbehälterstählen

Teil 1: Allgemeine Anforderungen

Teil 2: Unlegierte und legierte Stähle mit festgelegten Eigenschaften bei erhöhten Temperaturen

Teil 3: Schweißgeeignete Feinkornbaustähle, normalgeglüht

Teil 4: Nickellegierte kaltzähe Stähle

Teil 5: Schweißgeeignete Feinkornbaustähle, thermomechanisch gewalzt

Teil 6: Schweißgeeignete Feinkornbaustähle, vergütet

Teil 7: Nichtrostende Stähle

DIN EN 10029

Ausg. 2011-02

Warmgewalztes Stahlblech von 3 mm Dicke an – Grenzabmaße und Formtoleranzen

DIN EN 10034

Ausg. 1994

I- und H-Profile aus Baustahl; Grenzabmaße und Formtoleranzen

DIN EN 10051

Ausg. 2011-02

Kontinuierlich warmgewalztes Band und Blech abgelängt aus Warmbreitband aus unlegierten und legierten Stählen – Grenzabmaße und Formtoleranzen

DIN EN 10052

Ausg. 2010-10

Akustik – Messung der Luftschalldämmung und Trittschalldämmung und des Schalls von haustechnischen Anlagen in Gebäuden – Kurzverfahren

DIN EN 10056-2

Ausg. 1994

Gleichschenklige und ungleichschenklige Winkel aus Stahl; Teil 2: Grenzabmaße und Formtoleranzen

DIN EN 10060

Ausg. 2004-02

Warmgewalzte Rundstäbe aus Stahl – Maße, Formtoleranzen und Grenzabmaße

DIN EN 10079

Ausg. 2007-06

Begriffsbestimmungen für Stahlerzeugnisse

DIN EN 10080

Ausg. 2005-08

Stahl für die Bewehrung von Beton – Schweißgeeigneter Betonstahl – Allgemeines

DIN EN 10083

Ausg. 2007-01

Vergütungsstähle

Teil 1: Allgemeine technische Lieferbedingungen

Teil 2: Technische Lieferbedingungen für unlegierte Stähle

Teil 3: Technische Lieferbedingungen für legierte Stähle

DIN EN 10084

Ausg. 2007-01

Einsatzstähle - Technische Lieferbedingungen

DIN EN 10085

Ausg. 2001-07

Nitrierstähle - Technische Lieferbedingungen

DIN EN 10087

Ausg. 1999-01

Automatenstähle - Technische Lieferbedingungen für Halbzeug, warmgewalzte Stäbe und Walzdraht

DIN EN 10088

Ausg. 2014-12

Nichtrostende Stähle

Teil 1: Verzeichnis der nichtrostenden Stähle

Teil 2: Technische Lieferbedingungen für Blech und Band aus korrosionsbeständigen Stählen für allgemeine Verwendung

Teil 3: Technische Lieferbedingungen für Halbzeug, Stäbe, Walzdraht, gezogenen Draht, Profile und Blankstahlerzeugnisse aus korrosionsbeständigen Stählen für allgemeine Verwendung

Teil 4: Technische Lieferbedingungen für Blech und Band aus korrosionsbeständigen Stählen für das Bauwesen

Teil 5: Technische Lieferbedingungen für Stäbe, Walzdraht, gezogenen Draht, Profile und Blankstahlerzeugnisse aus korrosionsbeständigen Stählen für das Bauwesen

DIN EN 10089

Ausg. 2003-04

Warmgewalzte Stähle für vergütbare Federn - Technische Lieferbedingungen

DIN EN 10095

Ausg. 1999

Hitzebeständige Stähle und Nickellegierungen

DIN EN 10106

Ausg. 2016-03

Kaltgewalztes nicht kornorientiertes Elektroband und -blech im schlussgeglühten Zustand

DIN EN 10107

Ausg. 2014-07

Kornorientiertes Elektroband und -blech im schlussgeglühten Zustand

DIN EN 10108

Ausg. 2005-01

Runder Walzdraht aus Kaltstauch- und Kaltfließpressstählen – Maße und Grenzabmaße

DIN EN 10111

Ausg. 2008-06

Kontinuierlich warmgewalztes Band und Blech aus weichen Stählen zum Kaltumformen – Technische Lieferbedingungen

DIN 10120

Ausg. 2017-10

Stahlblech und -band für geschweißte Gasflaschen

DIN EN 10130

Ausg. 2007-02

Kaltgewalzte Flacherzeugnisse aus weichen Stählen zum Kaltumformen

DIN EN 10131

Ausg. 2006

Kaltgewalzte Flacherzeugnisse ohne Überzug und mit elektrolytischem Zink- oder Zink-Nickel-Überzug aus weichen Stählen sowie aus Stählen mit höherer Streckgrenze zum Kaltumformen – Grenzabmaße und Formtoleranzen

DIN EN 10132

Ausg. 2000-05

Kaltband aus Stahl für eine Wärmebehandlung – Technische Lieferbedingungen

DIN EN 10138

Ausg. 2000-10

Spannstähle

Teil 1: Allgemeine Anforderungen

DIN EN 10142

Ausg. 2000

Kontinuierlich feuerverzinktes Band und Blech aus weichen Stählen sowie aus Stählen mit höherer Streckgrenze zum Kaltumformen – Grenzabmaße und Formtoleranzen

DIN EN 10143

Ausg. 2006

Kontinuierlich schmelztauchveredeltes Blech und Band aus Stahl – Grenzabmaße und Formtoleranzen

DIN EN 10149-2

Ausg. 2013-12

Warmgewalzte Flacherzeugnisse aus Stählen mit hoher Streckgrenze zum Kaltumformen

Teil 2: Technische Lieferbedingungen für thermomechanisch gewalzte Stähle

DIN EN 10152

Ausg. 2017-06

Elektrolytisch verzinkte kaltgewalzte Flacherzeugnisse aus Stahl zum Umformen – Technische Lieferbedingungen

DIN EN 10160

Ausg. 1999-09

Zerstörungsfreie Prüfung-Ultraschallprüfung von Flacherzeugnissen aus Stahl mit einer Dicke größer oder gleich 6 mm (Reflexionsverfahren)

DIN EN 10162

Ausg. 2003

Kaltprofile aus Stahl – Technische Lieferbedingungen – Grenzabmaße und Formtoleranzen

DIN EN 10163

Ausg. 2005-03

Lieferbedingungen für die Oberflächenbeschaffenheit von warmgewalzten Stahlerzeugnissen (Blech, Breitflachstahl und Profile)

DIN EN 10168

Ausg. 2004-09

Stahlerzeugnisse – Prüfbescheinigungen – Liste und Beschreibung der Angaben

DIN EN 10207

Ausg. 2018-02

Stähle für einfache Druckbehälter – Technische Lieferbedingungen für Blech, Band und Stabstahl

DIN EN 10208-2

zurückgezogen

Steel pipes for pipelines for combustible fluids – Technical delivery conditions – Part 2: Pipes of requirement class B10208-2

DIN EN 10210

Ausg. 2006-07

Warmgefertigte Hohlprofile für den Stahlbau aus unlegierten Baustählen und aus Feinkornbaustählen

Teil 1: Technische Lieferbedingungen

DIN EN 10213

Ausg. 2016-10

Stahlguss für Druckbehälter

DIN EN 10216

Ausg. 2014-03

Nahtlose Stahlrohre für Druckbeanspruchungen – Technische Lieferbedingungen

Teil 1: Rohre aus unlegierten Stählen mit festgelegten Eigenschaften bei Raumtemperatur

Teil 2: Rohre aus unlegierten und legierten Stählen mit festgelegten Eigenschaften bei erhöhten Temperaturen

Teil 3: Rohre aus legierten Feinkornbaustählen

Teil 4: Rohre aus unlegierten und legierten Stählen mit festgelegten Eigenschaften bei tiefen Temperaturen

Teil 5: Rohre aus nichtrostenden Stählen

DIN EN 10217

Ausg. 2017-10

Geschweißte Stahlrohre für Druckbeanspruchungen

Teil 1: Elektrisch geschweißte und unterpulvergeschweißte Rohre aus unlegierten Stählen mit

festgelegten Eigenschaften bei Raumtemperatur

Teil 2: Elektrisch geschweißte Rohre aus unlegierten und legierten Stählen mit festgelegten Eigenschaften bei erhöhten Temperaturen

Teil 3: Rohre aus legierten Feinkornbaustählen

Teil 4: Elektrisch geschweißte Rohre aus unlegierten Stählen mit festgelegten Eigenschaften bei tiefen Temperaturen

Teil 5: Unterpulvergeschweißte Rohre aus unlegierten und legierten Stählen mit festgelegten Eigenschaften bei erhöhten Temperaturen

Teil 6: Unterpulvergeschweißte Rohre aus unlegierten Stählen mit festgelegten Eigenschaften bei tiefen Temperaturen

Teil 7: Rohre aus nichtrostenden Stählen

DIN EN 10219

Ausg. 2016-01

Kaltgefertigte geschweißte Hohlprofile für den Stahlbau aus unlegierten Baustählen und aus Feinkornbaustählen

Teil 1: Technische Lieferbedingungen

DIN EN 10222

Ausg. 2017-06

Schmiedestücke aus Stahl für Druckbehälter

Teil 1: Allgemeine Anforderungen an Freiformschmiedestücke

Teil 2: Ferritische und martensitische Stähle mit festgelegten Eigenschaften bei erhöhten Temperaturen

Teil 3: Nickelstähle mit festgelegten Eigenschaften bei tiefen Temperaturen

Teil 4: Schweißgeeignete Feinkornbausstähle mit hoher Dehngrenze

Teil 5: Martensitische, austenitische und austenitisch-ferritisch nichtrostende Stähle

DIN EN 10224

Ausg. 2005

Rohre und Fittings aus unlegiertem Stahl für den Transport von Wasser und anderen wässrigen Flüssigkeiten – Technische Lieferbedingungen

DIN EN 10225

Ausg. 2009-10

Schweißgeeignete Baustähle für feststehende Offshore-Konstruktionen – Technische Lieferbedingungen

DIN EN 10228-3

Ausg. 2016-10

Zerstörungsfreie Prüfung von Schmiedestücken aus Stahl – Teil 3: Ultraschallprüfung von Schmiedestücken aus ferritischem oder martensitischem Stahl

DIN EN 10228-4

Ausg. 2016-10

Zerstörungsfreie Prüfung von Schmiedestücken aus Stahl – Teil 4: Ultraschallprüfung von Schmiedestücken aus austenitischem und austenitisch-ferritischem nichtrostendem Stahl

DIN EN 10248-1

Ausg. 2006-05

Warmgewalzte Spundbohlen aus unlegierten Stählen

Teil 1: Technische Lieferbedingungen

Teil 2: Grenzabmaße und Formtoleranzen

DIN EN 10249

Ausg. 2006-05

Kaltgeformte Spundbohlen aus unlegierten Stählen

Teil 1: Technische Lieferbedingungen

Teil 2: Grenzabmaße und Formtoleranzen

DIN EN 10253

Ausg. 2007/2008

Formstücke zum Einschweißen

Teil 2: Unlegierte und legierte ferritische Stähle mit besonderen Prüfanforderungen

Teil 4: Austenitische und austenitisch-ferritische (Duplex-) Stähle mit besonderen Prüfanforderungen

DIN EN 10263

Ausg. 2014-04

Walzdraht, Stäbe und Draht aus Kaltstauch- und Kaltfließpressstählen

Teil 1: Allgemeine technische Lieferbedingungen

Teil 2: Technische Lieferbedingungen für nicht für eine Wärmebehandlung nach der Kaltverarbeitung vorgesehene Stähle

Teil 3: Technische Lieferbedingungen für Einsatzstähle

Teil 4: Technische Lieferbedingungen für Vergütungsstähle

Teil 5: Technische Lieferbedingungen für nichtrostende Stähle

DIN EN 10264-3

Ausg. 2012-03

Stahldrahterzeugnisse – Stahldraht für Seile

Teil 1: Allgemeine Anforderungen

Teil 3: Runder und profilierter Draht aus unlegiertem Stahl für hohe Beanspruchungen

DIN EN 10267

Ausg. 1998-02

Von Warmformgebungstemperatur ausscheidungshärtende ferritisch-perlitische Stähle

DIN EN 10269

Ausg. 2013

Stähle und Nickellegierungen für Befestigungselemente für den Einsatz bei erhöhten und/oder tiefen Temperaturen

DIN EN 10272

Ausg. 2016

Stäbe aus nichtrostendem Stahl für Druckbehälter

DIN EN 10270

Ausg. 2012-01

Stahldraht für Federn

Teil 1: Patentiert gezogener unlegierter Federstahldraht

Teil 2: Ölschlussvergüteter Federstahldraht

DIN EN 10273

Ausg. 2016-10

Warmgewalzte schweißgeeignete Stäbe aus Stahl für Druckbehälter mit festgelegten Eigenschaften bei erhöhten Temperaturen

DIN EN 10277

Ausg. 2017-03

Blankstahlerzeugnisse – Technische Lieferbedingungen

Teil 1: Allgemeines

Teil 2: Stähle für allgemeine technische Verwendung

Teil 3: Automatenstähle

Teil 4: Einsatzstähle

Teil 5: Vergütungsstähle

DIN EN 10283

Ausg. 2010-06

Korrosionsbeständiger Stahlguss

DIN EN 10293

Ausg. 2015-04

Stahlguss – Stahlguss für allgemeine Anwendungen

DIN EN 10295

Ausg. 2003-01

Hitzebeständiger Stahlguss

DIN EN 10296

Ausg. 2004-02

Geschweißte kreisförmige Stahlrohre für den Maschinenbau und allgemeine technische

Anwendungen – Technische Lieferbedingungen

DIN EN 10303

Ausg. 2016-02

Dünnes Elektroband und -blech aus Stahl zur Verwendung bei mittleren Frequenzen

DIN EN 10305

Ausg. 2016-08

Päzisionsstahlrohre – Technische Lieferbedingungen

DIN EN 10307

Ausg. 2002-03

Zerstörungsfreie Prüfung-Ultraschallprüfung von Flacherzeugnissen aus austenitischem und austenitisch-ferritischem nicht-rostendem Stahl ab 6 mm Dicke (Reflexionsverfahren)

DIN EN 10308

Ausg. 2003-03

Zerstörungsfreie Prüfung – Ultraschallprüfung von Stäben aus Stahl

DIN EN 10325

Ausg. 2006-10

Stahl – Bestimmung der Streckgrenzenerhöhung durch Wärmebehandlung (Bake Hardening Index)

DIN EN 10343

Ausg. 2009-07

Vergütungsstähle für das Bauwesen – Technische Lieferbedingungen

DIN EN 10346

Ausg. 2015-10

Kontinuierlich schmelztauchveredelte Flacherzeugnisse aus Stahl zum Kaltumformen

Technische Lieferbedingungen

DIN EN ISO 10365

Ausg. 1995-08

Klebstoffe – Bezeichnung der wichtigsten Bruchbilder

DIN EN 10474

Ausg. 2013

Steel and steel products – Inspection documents

DIN EN ISO 12004

Ausg. 2009-02

Metallische Werkstoffe – Bleche und Bänder – Bestimmung der Grenzformänderungskurve

DIN EN 12007-1

Ausg. 2012

Gasinfrastruktur – Rohrleitungen mit einem maximal zulässigen Betriebsdruck bis einschließlich 16 bar – Teil 1: Allgemeine funktionale Anforderungen

DIN EN 12007-3

Ausg. 2015

Gasinfrastruktur – Rohrleitungen mit einem maximal zulässigen Betriebsdruck bis einschließlich 16 bar – Teil 3: Besondere funktionale Anforderungen für Stahl

DIN EN 12063

Ausg. 1999-05

Ausführung von besonderen geotechnischen Arbeiten (Spezialtiefbau) – Spundwandkonstruktionen

DIN EN 12223

Zerstörungsfreie Prüfung – Ultraschallprüfung – Beschreibung des Kalibrierkörpers Nr. 1

DIN EN 12501-1

Ausg. 2003-08

Korrosionsschutz metallischer Werkstoffe – Korrosionswahrscheinlichkeit in Böden

DIN EN 12668

Ausg. 2010-05

Zerstörungsfreie Prüfung – Charakterisierung und Verifizierung der Ultraschall-Prüfausrüstung

Teil 1: Prüfgeräte

Teil 2: Prüfköpfe

Teil 3: Komplette Prüfausrüstung

DIN EN 12680

Ausg. 2003-06

Gießereiwesen – Ultraschallprüfung

Teil 1: Stahlgussstücke für allgemeine Verwendung

Teil 2: Stahlgussstücke für hoch beanspruchte Bauteile

Teil 3: Gussstücke aus Gusseisen mit Kugelgraphit

DIN EN 12732

Ausg. 2014-07

Gasinfrastruktur – Schweißen an Rohrleitungen aus Stahl – Funktionale Anforderungen

DIN EN ISO 12932

Ausg. 2013-10

Schweißen – Laserstrahl-Lichtbogen-Hybridschweißen von Stählen, Nickel und Nickel legierungen – Bewertungsgruppen für Unregelmäßigkeiten

DIN EN 12953

Ausg. 2012-05

Großwasserraumkessel

Teil 1: Allgemeines

Teil 2: Werkstoffe für drucktragende Kesselteile und Zubehör

Teil 3: Konstruktion und Berechnung für drucktragende Teile

Teil 4: Verarbeitung und Bauausführung für drucktragende Kesselteile

Teil 5: Prüfung während der Herstellung, Dokumentation und Kennzeichnung für drucktragende Kesselteile

DIN EN 13001

Ausg. 2015-06

Krane – Konstruktion allgemein

Teil 1: Allgemeine Prinzipien und Anforderungen

DIN EN 13445

Ausg. 2016-12

Unbefeuerte Druckbehälter

Teil 1: Allgemeines

Teil 2: Werkstoffe

Teil 3: Konstruktion (NEU: 2017-07)

Teil 4: Herstellung

Teil 5: Inspektion und Prüfung

DIN EN 13480

zurückgezogen

Metallische industrielle Rohrleitungen

Teil 2: Werkstoffe

Teil 3: Konstruktion und Berechnung

Teil 4: Fertigung und Verlegung

Teil 5: Prüfung

ISO 13623

Ausg. 2009-06

Erdöl- und Erdgasindustrien – Rohrleitungstransportsysteme

DIN EN 13674-1

Ausg. 2017-07

Bahnanwendungen – Oberbau – Schienen

Teil 1: Vignolschienen ab 46 kg/m

DIN EN 13906

Ausg. 2013-11

Zylindrische Schraubenfedern aus runden Drähten und Stäben – Berechnung und Konstruktion

Teil 1: Druckfedern

DIN EN ISO 13919

Ausg. 1996-09

Schweißen – Elektronen- und Laserstrahl-Schweißverbindungen – Leitfaden für Bewertungsgruppen für Unregelmäßigkeiten

Teil 1: Stahl

DIN 15018

Ausg. 1984-11

Krane; Grundsätze für Stahltragwerke; Berechnung von Fahrzeugkranen

ISO 15156

Ausg. 2015-09

Erdöl- und Erdgasindustrie – Werkstoffe für den Einsatz in H2S-haltiger Umgebung bei der Öl- und Gasgewinnung

Teil 1: Allgemeine Grundlagen für die Auswahl von gegen Rissbildung beständigen Werkstoffen

Teil 2: Gegen Rissbildung beständige unlegierte und niedriglegierte Stähle und Gusseisen

DIN EN ISO 15549

Ausg. 2011-03

Zerstörungsfreie Prüfung – Wirbelstromprüfung – Allgemeine Grundlagen

DIN EN ISO 16810

Ausg. 2014-07

Zerstörungsfreie Prüfung – Ultraschallprüfung – Allgemeine Grundsätze

UNE ISO/TS 16949

Ausg. 2012-09

Quality management systems – Particular requirements for the application of ISO 9001:2008 for automotive production and relevant service part organizations

DIN EN 17350

Ausg. 1980

Werkzeugstähle – Technische Lieferbedingungen (ersetzt durch DIN EN ISO 4957:2001)

DIN EN 18360

Ausg. 2012

Metallbauarbeiten

DIN 28011

Ausg. 2012-06

Gewölbte Böden – Klöpperform

DIN EN 30690-1

Ausg. 2019

Bauteile in Anlagen der Gasversorgung – Teil 1: Anforderungen an Bauteile in Gasversorgungsanlagen

DIN EN 45020

Ausg. 2007

Normung und damit zusammenhängende Tätigkeiten – Allgemeine Begriffe

DIN 50049

Ausg. 1951-12

Bescheinigungen über Werkstoffe

DIN 50905

Ausg. 2009-09

Korrosion der Metalle – Korrosionsuntersuchungen

DIN 50928

Ausg. 2017-08

Korrosion der Metalle – Prüfung und Beurteilung des Korrosionsschutzes beschichteter metallener Werkstoffe bei Korrosionsbelastung durch wässrige Korrosionsmedien

DIN 50930-3

Ausg. 1993

Korrosion der Metalle; Korrosion metallischer Werkstoffe im Inneren von Rohrleitungen, Behältern und Apparaten bei Korrosionsbelastungen durch Wasser; Beurteilung der Korrosionswahrscheinlichkeit feuerverzinkter Eisenwerkstoffe

Alle Normen erscheinen im Beuth Verlag Berlin und sind von dort zu beziehen.

Literaturverzeichnis

Literatur

Adams, J.: Prüfbescheinigungen – aktuell wie nie zuvor. Unterlagen DVS-Vortrag. 2013

Adams, J.: Interne Qualitätsschulung. Schulungsunterlagen. Thyssen Krupp Stahl AG 1999

Aegerter, J.; Wehrstedt, A.: Von der DIN 50145 zur DIN EN ISO 6892 – Der Zugversuch ist jetzt einheitlich genormt. In: *Pohl, M.:* Konstruktion, Qualitätssicherung und Schadensanalyse. Verlag Stahleisen, Düsseldorf 2007

Axmann, G. et al.: Lieferzustände von unlegierten Baustählen nach DIN EN 10025-2. In: Stahlbau 10 (2012), S. 788 – 791

Bahke, T.; Blum, U.; Eickhoff, G.: Normen und Wettbewerb. Beuth Verlag, Berlin 2002

Bahke, T.: Technische Regelsetzung auf nationaler, europäischer und internationaler Ebene. In: *Hendler, E.; Marburger, P.:* Technische Regeln im Umwelt- und Technikrecht. Erich Schmidt Publishers, Berlin 2006

Bargel, H.-J.: Werkstoffkunde. Springer Verlag, Berlin 2008

Bergmann, W.: Werkstofftechnik. Carl Hanser Verlag, München 1984

Bleck, W.: Definition und Systematik von Stählen. In: *Bleck, W.; Möller, E.:* Handbuch Stahl. Carl Hanser Verlag, München 2017a

Bleck, W.: Eigenschaften von Stählen. In: *Bleck, W.; Möller, E.:* Handbuch Stahl. Carl Hanser Verlag, München 2017b

Boer, H. de; Fröber, H.-J.; Degenkolbe, J.; Müsgen, B.: Normalfeste und hochfeste Baustähle. In: *Dahl, W.:* Werkstoffkunde Stahl. Verlag Stahleisen, Düsseldorf 1984

Bronsema, G.; Jarchow, M.: Neues Konzept für Spannbacken erlaubt extreme Bandbreite. In: Stahl und Eisen 7 (2009), S. S58–S60

Bronsema, G.; Kern, A.; Schriever, U.: Abnahmeprüfung und Abnahmetechnik bei der Herstellung von Grobblechen. In: *Pohl, M.:* Konstruktion, Qualitätssicherung und Schadensanalyse. Verlag Stahleisen, Düsseldorf 2007

Bültmann, J.; Hof, J.; Prahl, U.: Wärmebehandlung von Stahl. In: *Bleck, W.; Möller, E.:* Handbuch Stahl. Carl Hanser Verlag, München 2017

Degenkolbe, J.: Beeinflussung von Werkstoffeigenschaften bei der Herstellung von Grobblech. In: Thyssen Technische Berichte 1 (1993), S. 19 – 30

Degenkolbe, J.; Müsgen, B.; Schönherr, W.: Stähle und Stahlerzeugnisse. In: Stahlbau Handbuch. Stahlbau Verlagsgesellschaft, Köln 1993

Dietrich, A.; Feinle, P.; Kern, A.; Schriever, U.: Charakterisierung und Modellierung des Verschleißverhaltens hochfester Sonderbaustähle XAR. In: 48. Tribologie-Fachtagung: Reibung, Schmierung und Verschleiß. Göttingen 2007

Eckstein, H.-J.: Mikrolegieren von Stahl. VEB Deutscher Verlag für Grundstoffindustrie, Leipzig 1984

Flock, J.; Janßen, W.: Wellenlängendispersive Floureszenzspektrometrie. In: Handbuch für das Eisenhüttenlaboratorium. Band 1. Verlag Stahleisen, Düsseldorf 2016a

Flock, J.; Koch, K.-H.: Emissionsspektrometrie metallischer Werkstoffe. In: Handbuch für das Eisenhüttenlaboratorium. Band 1. Verlag Stahleisen, Düsseldorf 2016b

Friederici, I.: DINMitt. 136, 2012

Friederici, I.: Produktkonformität – Grundlagen der DIN EN 10204 und anderer Konformitätsdokumente. Carl Hanser Verlag, München 2010

Hamme, U.; Hauser, J.; Kern, A.; Schriever, U.: Einsatz hochfester Baustähle im Mobilkranbau. In: Stahlbau 4 (2000), S. 295 – 305

Heitkemper, M.; Spirowski, T.; Tikhovskiy, I.; Weiß, S.: Praktikum Grundlagen der Werkstofftechnik 1. Skript. Universität Duisburg Essen, Institut für Technologie der Metalle 2016

Henseler, P.: DINMitt. 134, 2013

Henseler, P.: Prüfbescheinigungen nach EN 10204 in der Praxis. Bundesverband Deutscher Stahlhandel, Düsseldorf 2011

Henseler, P.: Stahlrecht. Bundesverband Deutscher Stahlhandel, Düsseldorf 2016

Hoffstiepel, J.: Verbesserung der Verarbeitungseigenschaften von verschleißfestem Stahl durch Einstellen eines Rauheitsprofils. Masterarbeit. Hochschule Bochum 2018

Höfler, A.: Härteprüfung. tec-science 2019. URL: *https://www.tec-science.com/de/werkstofftechnik/werkstoffpruefung/hartepruefung* (Zugriff am 16. September 2019)

Höfler, A.: Kerbschlagbiegeversuch. tec-science 2019. URL: *https://www.tec-science.com/de/werkstofftechnik/werkstoffpruefung/kerbschlagbiegeversuch* (Zugriff am 8. September 2019)

Höfler, A.: Zugversuch. tec-science 2019. URL: *https://www.tec-science.com/de/werkstofftechnik/werkstoffpruefung/zugversuch* (Zugriff am 22. August 2019)

Kaiser, H.-J.; Kern, A.; Grill, R.; Schlosser, H.; Schröter, F.: Grobbleche aus Sonderbaustählen für höchste Ansprüche. In: Stahl und Eisen 4 (2009), S. 91 – 97

Kasper, G.: Grobblechkolloquium. ThyssenKrupp Stahl AG, Duisburg 1999

Kern, A.: Computer-Simulation von Mikrostruktur und mechanischen Eigenschaften metallischer Werkstoffe. Vorlesungsskript. Technische Universität Berlin 2019

Kern, A.: Herstellung, Verarbeitung und Eigenschaften hochfester Baustähle. Vorlesungsskript. Technische Universität Berlin 2018

Kern, A.: Hochfeste Stähle für den Nutzfahrzeugbau. In: *Bleck, W.; Möller, E.:* Handbuch Stahl. Carl Hanser Verlag, München 2017

Kern, A.; Gottlieb, J.; Schriever, U.; Steinbeck, G.: High performance steels for Pressure Vessels. In: *Patel, J.; Janston, S.:* Niobium Bearing Structural Steels. The Minerals, Metals & Materials Society, Pittsburgh 2010

Kern, A.; Münstermann, S.; Pfeiffer, E.: Stähle für den Kessel- und Druckbehälterbau. In: *Bleck, W.; Möller, E.:* Handbuch Stahl. Carl Hanser Verlag, München 2017

Kern, A.; Nießen, T.; Schriever, U.; Tschersich, H.-J.: Production and properties of thermomechanical rolled high-strength steel plates with min YS up to 700 MPa. In: Ironmaking and Steelmaking 4 (2005), S. 331 – 336

Kern, A.; Schriever, U.: Niobium in Quenched and Tempered HSLA-Steels. In: *Hulka, K.; Klinkenberg, C.; Mohrbacher, H.:* Recent Advances of Niobium Containing Materials in Europe. Verlag Stahleisen, Düsseldorf 2005

Kern, A.; Schriever, U.: Quality Assurance and Quality Control during the production of heavy plates of steel. In: Zeitschrift für Metallkunde 10 (2000), S. 874 – 881

Kern, A.; Walter, P.: Material modelling as a tool for quality assurance and product development of heavy plate steels for steel construction. Steel Construction Design and research 4 (2014), S. 267-273

Kern, A.; Walter, P.; Pfeiffer, E.; Tschersich, H.-J.: Modelling for optimization and development of modern steels for heavy plates. In: Stahl und Eisen 11 (2016), S. 138 – 147

Lücken, H.; Kern, A.; Schriever, U.: High-performance Steel Grades for special applications in Ships and Offshore Constructions. In: Proceedings Int. Conference ISOPE, Peking 2008

Marburger, P.: Die haftungs- und versicherungsrechtliche Bedeutung technischer Regeln. In: VersichR (1983), S. 572 – 576

Müsgen, B.: High strength quenched and tempered steels – production, properties and applications. In: Steel Construction 8 (1985), S. 495 – 499

Müsgen, B.: Umformen und Wärmebehandlung schweißbarer Baustähle. In: Thyssen Technische Berichte 2 (1980), S. 78 - 83

N. N.: Werkstoffprüfung im Labor. Skript. Institut für Werkstofftechnik, TU Berlin 2016

Normenausschuss Materialprüfung (NMP): NA 062-08-92 AA des DIN-Normenausschusses Materialprüfung. DINMitt. 2014, S. 121

Paul, G.; Pretorius, T.; Heller, T.: The value of on-line prediction and the challenge of modern multiphase steels. In: Stahl und Eisen 6 (2012), S. 51 - 58

Pfeiffer, E.; Kern, A.: Modern production of heavy plates for constructional application. In: Steel Construction Design and Research 2 (2014), S. 147 - 153

Pircher, H.; Lewandowski, H.; Dißelmeyer, H.: Verhalten niedriglegierter Stähle in verschiedenen Verschleißsystemen. 1986

Reinhold, H.; Geschke, D.: Stähle und ihre Wärmebehandlung, Werkstoffprüfung. Deutscher Verlag für Grundstoffindustrie, Leipzig 1990

Richter, K.; Luxemburger, G.; Cawelius, R.: Grobblech Herstellung und Anwendung – Grobblech im Kessel- und Druckbehälterbau. Stahl-Informations-Zentrum, Verlag Stahleisen, Düsseldorf 2001

Rüdiger, J. et al.: Fehlerkatalog Grobblech. Verlag Stahleisen, Düsseldorf 2015

Sandström, R.; Langenberg, P.; Sieurin, H.: New brittle fracture model for the European pressure vessel standard. In: International Journal of Pressure Vessels and Piping 81 2004, S. 837 - 845

Schäf, C.; Kern, A.; Dietrich, A.: New constructional steel for pressure vessels with a high resistance to hydrogen-induced cracking. In: Steel Construction 5 (2012), S. 117 - 122

Schiebold, K.: Zerstörungsfreie Werkstoffprüfung – Ultraschallprüfung. Springer Verlag, Berlin 2015

Schwich, H.; Engineer, S.; Prahl, U.: Herstellung und Lieferformen von Stahl. In: *Bleck, W.; Möller, E.:* Handbuch Stahl. Carl Hanser Verlag, München 2017

Senuma, T.; Suehiro, M.; Yada, S.: Mathematical models for predicting microstructural evolution and mechanical properties of hot strips. In: ISIJ International 3 (1992), S. 423 - 432

SEW 088: Schweißgeeignete Feinkornbaustähle; Richtlinien für die Verarbeitung, besonders für das Schmelzschweißen. Beuth Verlag 1993

Siebel, E.: Handbuch der Werkstoffprüfung. Springer Verlag, Berlin 1955

Stahl-Informationszentrum: Wetterfester Baustahl. Verlag Stahleisen, Düsseldorf 2004

Technical Committee, TC 459 SC 12: Determination of the Physical and Mechanical Properties of Steels Using Models. Doc Typ TC 459 SC 12 WI EC100025. Brüssel 2019

Uwer, D.: Schweißen der Stähle für den Stahlbau. In: Thyssen Technische Berichte 1 (1981), S. 69 – 75

Uwer, D.; Höhne, H.: Determination of suitable minimum preheating temperatures for the cold-crack-free welding of steel. In: Welding and cutting 5 (1991), E108– E111

Stahlinstitut VDEh: Stahlfibel. Verlag Stahleisen, Düsseldorf 2015

Weber, W.: Grundlagen zerstörungsfreier Werkstoffprüfung. Vorlesungsunterlagen. Hochschule Esslingen 2014

Wegmann, H.; Gerster, P.: Schweißtechnische Verarbeitung und Anwendung hochfester Baustähle im Nutzfahrzeugbau. Fortschrittsberichte Große Schweißtechnische Tagung, Berlin 2013

Weißbach, W.; Dahms, M.; Jaroschek, C.: Werkstoffkunde – Strukturen, Eigenschaften, Prüfung. Springer Verlag, Berlin 2015

Wilms, Walter A.: Entwicklung der Warmbandstraßen. In: Thyssen Technische Berichte 1 (1985), S. 21 – 27

Wichtige Gerichtsentscheidungen

Gericht/Datum/Schlagwort	Aktenzeichen	Fundstelle
RG, 11.10.1910	II 1214/10,	RGSt 44, S. 86
BGH, 25.9.1968 - Dieselöl	VIII ZR 108/66	NJW 1968, S. 2238
BGH, 24.9.1968- Hühnerpest	VI ZR 212/66	BGHZ 51, S. 91
BGH, 24.10.1976 - Schwimmerschalter	VIII ZR 137/75	BGHZ 67, S. 359
BGH, 25.2.1981- VDE-Norm	VIII ZR 35/80	NJW 1981, S. 1501
BGH, 29.11.1983 - Eishockey	VI ZR 137/82	NJW 1984, S. 801
BGH, 22.2.1984 - Baukran	VIII ZR 316/82	BGHZ 90, S. 198
BGH, 9.12.1986 - Honda	VI ZR 65/86	BGHZ 99, S. 167
OLG Hamm, 21.10.1986 - Edelstahlrohre	19 U 35/86	BB 1987, S. 363
BGH, 10.3.1987	VI ZR 144/86	NJW 1987, S. 2222
OLG Düsseldorf, 29.12.1988 - Erdgasleitung	VI U 37/88	n.v.
BGH, 9.5.1995 - Mineralwasserflasche	VI ZR 158/94	BGHZ 129, S. 353
BGH, 14.5.1998 - Luftschallschutz	VII ZR 184/97	BGHZ 139, S. 16
OLG Nürnberg, 20.12.2000 - Leitungsrohre	12 U 3349/00	n.v.
OLG Düsseldorf, 25.7.2003 - Granulat	17 U 121/02	NRWE-Datenbank
BGH, 3.2.2004 - Wasserrutsche	VI ZR 95/03	NJW 2004, S. 1449
BGH, 17.6.2004	VIII ZR 75/03	NJW-RR 2004, S. 1248
BGH, 3.11.2004	VIII ZR 344/03	NJW-RR 2005, S. 386
BGH, 29.11.2006	VIII ZR 92/06	Tz 20
BGH, 14.6.2007	VII ZR 45/06	BGHZ 172, S. 346
BGH, 16.6.2009 - Airbag	VI ZR 107/08	BGHZ 181, S. 253
OLG Hamm, 25.6.2010 - Spaltband	19 U 154/09	NRWE-Datenbank
OLG Düsseldorf, 4.5.2012	I 23 U 80/11	IBR 2013, S. 618
OLG Düsseldorf, 7.2.2013 - Metallbolzen	I-16 U 66/1	NRWE-Datenbank
AG Ahaus, 9.7.2013 - Klettergerüst	3 Ls-91 Js 1664/12	DIN Mitt. 2014, S. 122
EuGH, 5.3.2015	C503/13 und C504/13	NJW 2015, S. 1163
BGH, 9.6.2015	VI ZR 284/12	NJW 2015, S. 1396
LG Mönchengladbach	Az. 4	S. 141/14

Index